U0158337

光纤光栅水听器技术基础

马丽娜　蒋　鹏　胡琪浩　卞玉洁◎编著

海洋出版社

2023 年 · 北京

图书在版编目(CIP)数据

光纤光栅水听器技术基础/马丽娜等编著 . —北京:
海洋出版社,2023. 1

ISBN 978 - 7 - 5210 - 1066 - 4

Ⅰ. ①光…　Ⅱ. ①马…　Ⅲ. ①光纤光栅 - 水听器
Ⅳ. ①TB565

中国国家版本馆 CIP 数据核字(2023)第 016549 号

责任编辑:赵　娟
责任印制:安　森
海洋出版社　**出版发行**

http://www. oceanpress. com. cn
北京市海淀区大慧寺路 8 号　邮编:100081
鸿博昊天科技有限公司印刷　新华书店北京发行所经销
2023 年 1 月第 1 版　2023 年 3 月北京第 1 次印刷
开本:787mm × 1092mm　1/16　印张:11
字数:220 千字　定价:108. 00 元
发行部:010 - 62100090　总编室:010 - 62100034
海洋版图书印、装错误可随时退换

序

当前海洋在国家发展中的战略地位愈发突出，维护海洋安全、开发海洋、经略海洋的重要性达到前所未有的高度。由于声波是水下唯一能远距离传播的信息载体，通过声波获取水下信息的水听器在实施国家海洋战略中具有不可替代的重要支撑作用。

光纤光栅水听器所带来的突破性在于水下可仅含在线式光纤光栅，用一个光纤串联起多个光栅即可构建起水下声信号传感网络。更进一步地，建立在光敏光刻和与之相适应的结构设计技术之上的在线式光纤光栅串结构和制造工艺大大简化，为水听器的小型化、高可靠性、低成本和大规模的工业制造提供了可能。在技术领域，其意义可与当年晶体管分离电路向大规模集成电路的跨越式发展相比拟，已成为高性能光纤水听器和大规模阵列应用的重要技术基础和发展方向，典型代表是挪威的海底油气田永久监测系统和美国的 TB－33 细线拖曳阵。

光纤光栅水听器技术的挑战性在于水下可仅含在线式光纤光栅。从电磁波传感的本质上而言，信号是加载在信息载体的频率上的，这决定了频率越高，灵敏度就越高，但也越容易受到干扰。采用光学相位检测方式的光纤光栅水听器需要解决的最关键技术问题即为：如何在不改变湿端仅含光栅的前提下准确地从光强的变化中提取出水声信号导致的光相位变化，而不受其他干扰因素的影响。因此，光纤光栅水听器技术创新的核心在光波物理层面，这一点对所有类型光纤水听器都是适用的。

光纤光栅水听器是我在 2010 年前后布局的一个研究方向，我很高兴这么多年无论人员如何调整改革，团队始终在这个方向上持续攻关。近年来，研究团队在推进光纤光栅水听器的技术创新的同时，将已经成熟固化的研究结果进行梳理，形成了本书的主要内容。相信本书会帮助读者建立起对光纤光栅水听器技术全面而深刻的认知。我很欣慰看到光纤光栅水听器首本专著的出版，并对研究团队加快推进研究进程、始终保持在光波物理层面的创新性寄予厚望。

胡永明

2022 年于长沙

前　言

由于声波是水下唯一能够远程传播的能量方式，声呐的出现在人类了解和认识海洋、开发海洋经济、推动海上军事活动等历史进程中发挥了不可替代的作用。声呐通常包括主动声呐和被动声呐两种，其中位于湿端用于接收声信号，并将其转化为电信号的部分是所有类型声呐都必不可少的部分，这一部分即为水听器。从 1917 年法国科学家朗之万发明压电水听器，到 19 世纪 70 年代末期光纤水听器的出现，再到 MEMS 水听器，水听器在感知水下声学信号的物理机理上不断突破创新。光纤光栅水听器本质上是光纤水听器的一种，是将水声信号转化为光强信号、再进一步转化为电信号的传感器。

在各种机理的水听器中，光纤水听器以光学相干检测方式获取水下声信号，具有天然的灵敏度高、抗电磁干扰等绝对优势，且这些优势是光波的物理本质所决定的。但是作为一把“双刃剑”，光波自身的特性也带来了光纤水听器独有的技术问题，且这些问题绝大部分起源于光波在光纤这种介质中传输时的物理过程，例如偏振诱导信号衰落现象和随机相位衰落现象等。光纤光栅水听器作为光纤水听器的一种，继承了这种由光波物理本质带来的天然优势和技术瓶颈，同时由于光纤光栅的特殊性，又发展出了新的技术优势和技术瓶颈。光纤光栅水听器技术基础本质上可以概括为：从物理本质上分析光波在这种系统中传输时产生的光学现象及对水声探测性能的影响，并寻求解决问题的方法。

光纤光栅水听器技术基础涉及物理光学、光电子学、光纤光学、信号处理以及材料学等多个技术领域，对这些技术的全面掌握非一朝一夕之事。从 20 世纪 90 年代末期开始，国防科技大学的胡永明教授开始带领团队对光纤水听器技术进行攻关，解决了从基础器件到系统研制的多个技术问题。光纤光栅水听器技术正是在这些积累的基础上朝着下一代水听器发展而不断突破创新，谨在此向所有光纤水听器领域的前期开拓者们致敬！时至今日，光纤光栅水听器技术依然随着水下应用需求的发展而不断出现新的技术突破，本书所阐述仅为到目前为止光纤光栅水听器领域已经成熟并经过案例应用检验的技术，并非全部技术，有必要先进行说明。

本书共包括 9 章。第 1 章介绍光纤光栅水听器的内涵、发展历史与主要应用领域；第 2 章从光在光纤中的传播物理图像出发，介绍光纤光栅水听器的基本原理；第 3 章介绍在水听器应用中的光纤光栅指标要求和制作方法；第 4 章介绍光纤光栅水听器标量和矢量探头技术；第 5 章介绍光纤光栅水听器中的偏振诱导信号衰落及其抑制技术；第 6 章介绍光纤光栅水听器中的随机相位衰落及其抑制技术；第 7 章介绍光纤光栅水听器组阵技术及时分复用串扰抑制技术；第 8 章介绍光纤光栅水听器在系统集成状态下的综合调制解调技术；第 9 章对光纤光栅水听器的两个应用案例进行系统地介绍和分析。

本书编写中的分工如下：第 1 章、第 2 章、第 5 章、第 6 章、第 7 章、第 9 章为马丽娜编写，第 3 章、第 8 章为蒋鹏编写，第 4 章为胡琪浩编写，全书由卞玉洁、戚悦进行详细校正。全书在编写过程中参考了倪明、林惠祖、尹小兵、甘鹏、王文鼎等的学位论文，感谢朱小谦、孟洲、胡正良、熊水东、徐攀、王俊、陈羽、陈伟等在光纤光栅水听器研究过程中给予的支持和指导！

本书可用于本领域初学者全面了解和掌握光纤光栅水听器技术，也可用于本方向相关研究生课程的参考教材。由于作者团队认知有限，书中难免出现错误，请读者朋友们不吝指教！此外，随着技术的不断发展，当前光纤光栅水听器领域尚在研究中的技术问题也将会获得更加清晰有效的解决方案，我们期待未来能够将更多的技术内容与读者分享！

编著者

2022 年 10 月于长沙

目　　录

第1章　绪　论

在水下，声信号是唯一能够远距离传输的能量辐射形式。通过水声信号来获取信息的传感器是各类型水下传感系统中最重要的一种，典型的设备就是各种水听器。到目前为止，水听器的技术体制已经发展出了压电水听器、光纤水听器及多种新机理水听器（例如，MEMS 水听器）等，其中压电水听器和光纤水听器已经逐步走向实用化。光纤光栅水听器是光纤水听器中一种特殊的形式，也是目前实用化程度较高的一种。

1.1 概念与内涵

光纤水听器，也称为光纤声呐，是一种获取水下声信息的传感器形式。通常把水听器系统中置于水下的部分称为湿端，一般为传输链路和传感阵列；置于水上的部分称为干端，一般为调制解调系统，包括光源光调制模块和光电转换与采集解调模块。与压电声呐相比，光纤水听器的水下湿端结构主要为光纤，水下声信息加载在光波上，且通常通过调制光波的相位来加载信号，具备灵敏度高、动态范围大、水下无电、抗电磁干扰等突出优势，因此从 20 世纪 70 年代末开始得到迅速发展。

由于水下声信息通常为微弱信号，传感效果良好的光纤水听器通常采用光学相干检测方式，即水下声信息加载在光波的相位上。因此，光纤水听器的传感核心结构为光纤干涉仪，以光学相位检测的方式来获取极微弱的水下声信号。技术发展最早且目前较为成熟，并且在海上经过多年应用验证的光纤水听器主要是基于光纤迈克尔逊干涉仪。光纤迈克尔逊干涉仪包括一个耦合器和一对法拉第旋光镜共 3 个光纤元器件及按照应用要求设计长度的光纤（图 1.1）。不同的迈克尔逊干涉仪通过时分复用、空分复用或者波分复用等方式构成传感阵列，满足水下声信息获取的增益要求，因此，水下湿端还会包括大量的用于时分延迟的光纤耦合器、用于波分复用和解复用的光纤波分复用器。对于一套 512 基元光纤水听器阵列，如果采用迈克尔逊干涉仪构造水下传感终端，水下湿端至少要包括需要 2 000 多个光学器件、5 000 多个光纤熔接点，这对水下湿端的可靠性而言是巨大的挑战。事实上，光纤水听器在海上多年的应用验证表明，水下可靠性是制约其发展的主要因素。

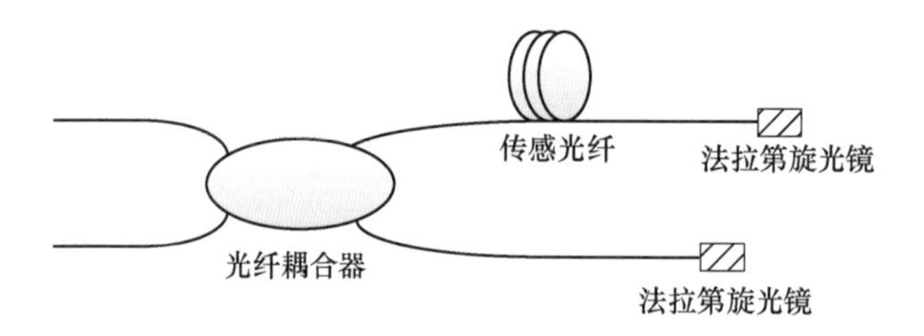

图 1.1 迈克尔逊干涉仪结构

光纤光栅的出现为解决光纤水听器的水下可靠性问题提供了新的解决方案。广义的光纤光栅水听器指采用光纤光栅作为传感单元核心器件来获取水下声信息的传感系统，从传感原理上主要涵盖波长型和相位型两种。其中波长型指水声信号调制系统的光波波长，相位型指水声信号调制系统的光波相位。狭义的光纤光栅水听器则主要针对水下微弱声信号的高灵敏度检测需求，特指相位型。相位型光纤光栅水听器一般采用匹配干涉方案。典型系统结构如图 1.2 所示。水听器湿端为一对反射中心完全重合的光纤布拉格光栅（Fiber Bragg Grating，FBG）。采用一对激光脉冲对水下湿端进行问询，激光脉冲的中心波长与光栅的反射中心完全对应。脉冲对的时间间隔与两个光栅之间光纤往返传输一次的时间延迟完全一致。这样，第一个光栅反射回来的尾脉冲会与第二个光栅反射回来的首脉冲在时间上完全重合，从而发生干涉，干涉结果由两个光纤光栅中间光纤相位延迟决定。通过对干涉光强进行检测，可获取两个光栅之间的光纤相位信息，当这一段光纤受到水下声信号作用时，即可实现对水下声信息的获取。从本质上来讲，匹配干涉型的光纤光栅水听器依然为光学相位检测方式，即水下声信息加载在光波的相位上，因此具备灵敏度高、动态范围大等优势。如无特殊说明，本书中的光纤光栅水听器特指采用匹配干涉方案的相位型光纤光栅水听器，也称为匹配干涉型光纤光栅水听器。

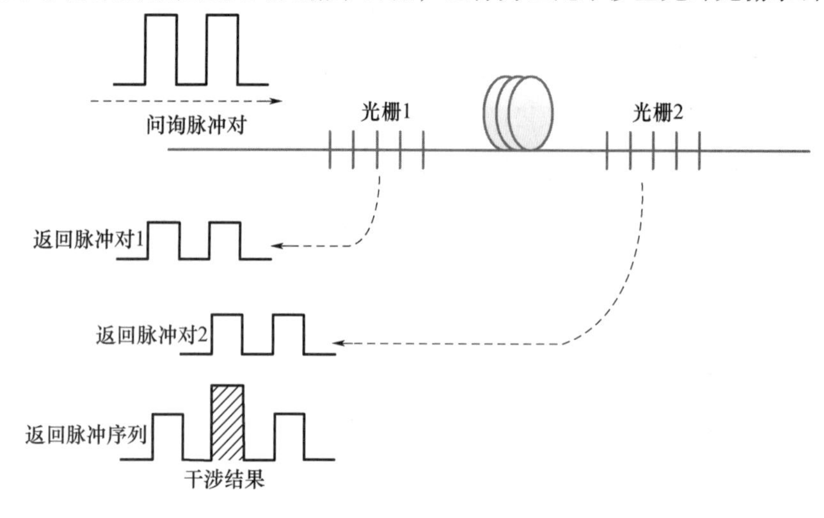

图 1.2 匹配干涉型光纤光栅水听器结构

由于光纤光栅水听器采用了具有反光特性、透光特性和波长选择性的光纤光栅作为水下唯一光纤器件，同时利用在线刻写技术，在一根光纤上可刻写上百个光纤光栅，大大减少了光纤熔接点，因而系统可靠性得到提高。同时，由于减少了众多的光纤独立器件，探头尺寸可以做得更小，在绕制小型甚至微型水听器基元、降低阵列流噪声等方面具有突出的优势。成阵后因为少了时分复用和波分复用所用的耦合器和波分复用器，缆芯尺寸和重量都得到降低，因而阵列尺寸、体积都可以做得更小。可以说，建立在光敏光刻和与之相适应的结构设计技术之上的光纤光栅水听器结构和制造工艺大大简化，为光纤水听器实现小型化、高可靠性、低成本和大规模工业制造提供了可能。在技术领域，其意义可与当年晶体管分离电路向大规模集成电路的跨越式发展相比拟，已成为高性能光纤水听器和大规模阵列应用的重要技术基础和发展方向。

1.2 发展历史

1966年，高锟博士的发现最终带来了现代光纤技术时代。1970年，第一根现代意义上的光纤在康宁公司诞生，随后带来了人类在光纤通信和光纤传感领域的飞速发展，并由此带来了社会的巨大变革。1977年，第一个真正适用于水下微弱声信号传感的相位型光纤水听器诞生。光纤光栅水听器则是建立在现代光纤技术和光纤光栅技术都初步成熟的基础之上的，距今已有20多年的发展历史。

光纤光栅自诞生以来，便因其天然良好的波长传感性能及天然的波分复用优势，在光纤传感领域异军突起，至今仍是光纤传感领域市场化程度最高的一种光纤结构。很多学者都进行了将光纤光栅应用于水听器领域的研究工作，即用光纤光栅来感知水中的声信号。由于水声信号是微弱的动态信号，在众多的研究报道中最终走向工程实用的为匹配干涉型光纤光栅水听器。

最早与光纤光栅水听器相关的技术报道出现在1991年。美国海军实验室（Naval Research Laboratory，NRL）的Morey等率先披露匹配干涉型光纤光栅传感方案，其基本原理如图1.3所示。该型传感器在单根光纤上成对刻写光纤布拉格光栅，每对光栅及其之间的传感光纤构成一个传感单元。系统采用脉冲问询方式，并采用了一个补偿干涉仪。当补偿干涉仪两臂差恰好等于相邻两个光栅之间光纤长度的两倍时，即构成路径匹配条件，则相邻光纤光栅反射的问询光脉冲发生会在匹配干涉仪输出端发生干涉。根据干涉光强变化情况，可解调得到传感光纤敏感的外部信息。若连续刻写多对本征波长相同的光纤光栅随即实现时分复用，若刻写不同本征波长的光纤光栅对则可实现波分复用。不难看出，这种匹配干涉型光纤光栅传感方案正是匹配干涉型光纤光栅水听器的原型技术方案。报道中鲜明地揭示出了这类传感结构中显著减少了分立光学元件及光纤熔接点的数量，可能带来工程实用上极大的革命，但受制于当时光纤光栅刻写工艺、光源技术、传感调制解调技术等因素，并未引起广泛的重视。

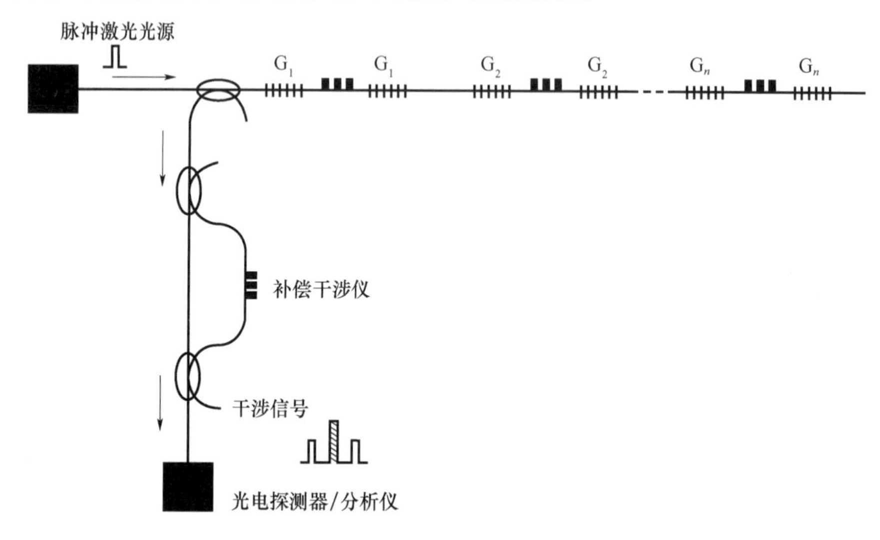

图 1.3　最早出现的匹配干涉型光纤传感器光路结构（Morey et al.，1991）

随着光纤光栅光敏光刻、窄线宽光纤光源及调制解调等技术相继成熟，2006 年，由 NRL 研制的 TB－33 细线远程搜索拖曳声呐阵开始进行“洛杉矶”和“弗吉尼亚”级攻击型核潜艇的试装试验。该型声呐阵列采用超低反射率光纤光栅匹配干涉型光纤光栅传感结构，结合时分复用与波分复用技术，仅使用 4 根光纤即可实现多达上百通道的水声信号采集。由于湿端阵缆中分立光学元件的数量显著减少，TB－33 水听器传感器直径仅为 10 mm 左右，这使设计中可以采用更厚的外部软管以提升阵列系统整体的耐用性和可靠性。需要特别指出的是，尽管 NRL 在基于耦合器的迈克尔逊水听器领域已深耕多年，且已将其成功应用于包括海底、艇底和舷侧在内的声呐基阵中，如舷侧轻型宽口径阵列，但在研制新型细线拖曳阵列时，NRL 依然选择匹配干涉型光纤光栅传感方案，这足以说明光纤光栅水听器具备更为优异的拖曳使用性能。

另一个取得巨大成功的光纤光栅水听器应用案例是挪威 OptoPlan 小组研制的 Optowave 地震波测井系统。该系统主要用于大规模永久式海上油田地震波监测及油气储层勘察服务。早在 2002 年，OptoPlan 小组便启动了干涉型光纤传感研究计划。从随后披露的相关论文及专利文献中可以确定，OptoPlan 小组选择了湿端光路结构极简，但调制解调系统相对复杂的干涉型光纤光栅矢量传感结构并沿用至今，其核心的 OBC（Ocean Bottom Seismic Cable）4C 传感器基站（含 3 个加速度计、1 个声压标量水听器和 1 个参考通道）内部光学结构及实物如图 1.4 和图 1.5 所示。

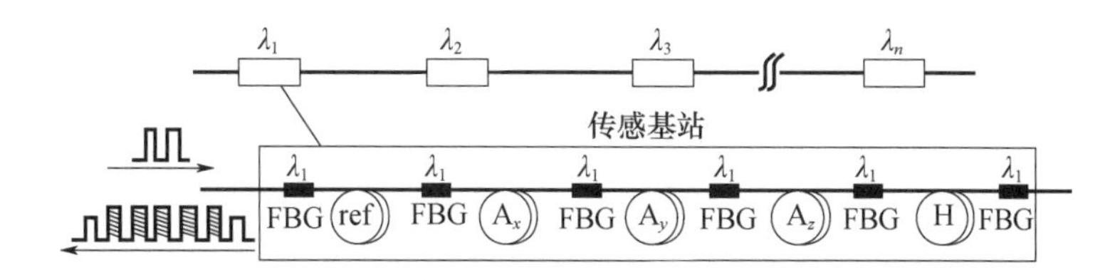

图 1.4 OptoPlan 小组的 OBC 矢量传感器基站时分与波分光学结构（Nakstad et al. , 2008）

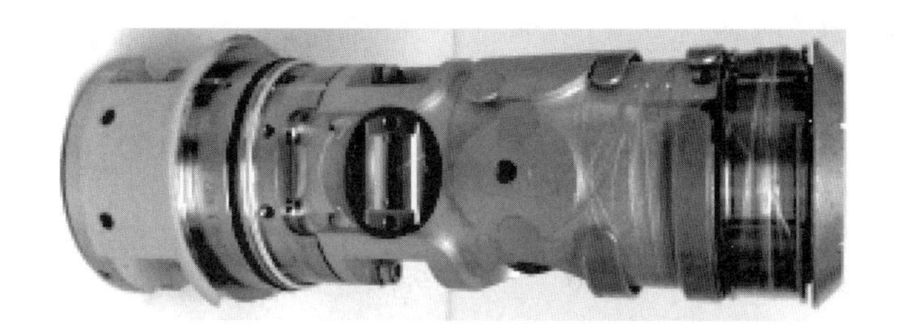

图 1.5 OBC 矢量 4C 传感器基站实物（Kringlebotn et al. , 2009）

2006 年，在先后攻克偏振诱导信号衰落、时分串扰、大规模时分 - 波分复用等关键技术瓶颈后，OptoPlan 小组在挪威沿岸特隆赫姆港和杰尔德贝霍登完成了小规模高性能 OBC 组件的海上部署安装及性能测试实验，所研制的试验系统命名为“Optowave”。试验共掩埋布放传感光缆 10 km，光缆含 14 个 4C 传感器基站，掩埋深度 1 m，测试系统连续工作 6 个月。Optowave 传感系统原理如图 1.6 所示，特隆赫姆港海试期间，OBC 声基阵实物与试验船施工情况如图 1.7 所示。

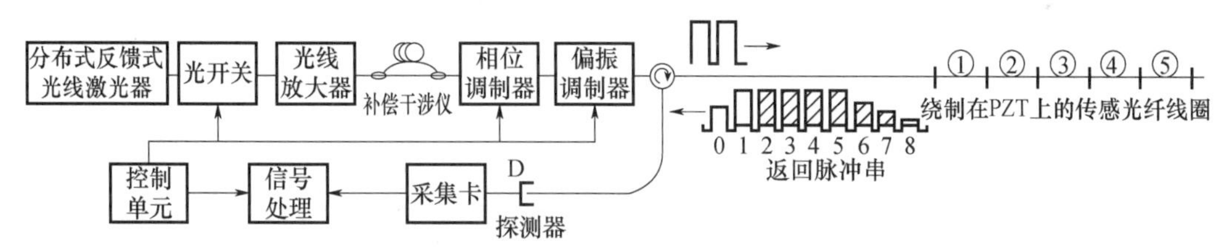

图 1.6 Optowave 传感系统原理（Waagaard et al. , 2008）

图 1.7 OptoPlan 光纤光栅水听器在特隆赫姆港进行海上试验

（Kringlebotn et al. , 2009）

2008 年，OptoPlan 公司的 Optowave 光纤光栅传感系统在与另外 5 个同类型产品的竞争中脱颖而出，成功获得埃克菲斯克（Ekofisk）油田永久式储量监测系统建设合同。竞标过程中，其中 3 家系统供应商提供了包含微电子机械 MEMS 技术在内的传统“有源式”（需电缆供电）解决方案，另外 3 家提出了包含基于光纤光栅与基于耦合器的干涉型、“被动”式全光传感方案。从后续报道披露得知，极简且无源的“湿端”传感阵列其带来的高可靠性及耐久性，是 Optowave 系统赢得合同的关键因素之一。2010 年底，该系统安装调试完成，并交付使用。整套系统光纤总长度达到 350 km，共包含 200 km 传感光缆，内置 3 966 个 4C 传感器基站（15 864 个传感单元），设计寿命 15 ~20 年。传感光缆间距 300 m，传感器基站间距 50 m，掩埋深度 1.5 m，覆盖区域达到 60 km^2。至 2019 年底，在 17 次储量调查周期后（每调查周期工作 30 ~70 天），系统 98.8% 的传感器基站工作正常，充分说明系统具有极高的可靠性与耐久性。图 1.8 为埃克菲斯克油田永久式岸基阵近期工作情况。

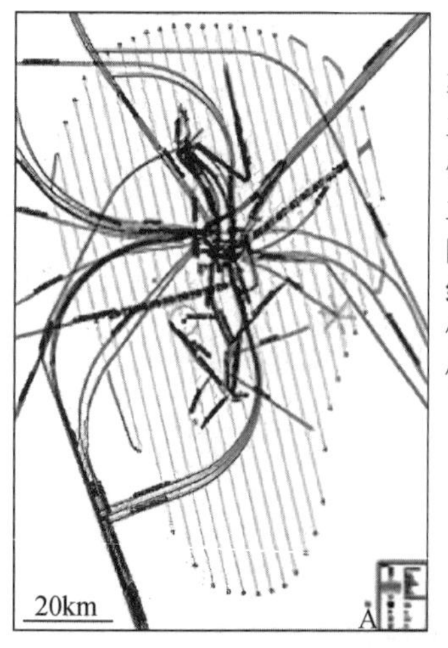

覆盖在埃克菲斯克油田上的永久式地震波系统
主缆间距300 m
传感基站间距50 m
主缆总长200 km
附加缆长40 km
约4 000个水下传感基站
传感海域覆盖60 km^2
传感器传输揽超出预定监测海域500~1 000 km (取决于水域的结构)

(a) 安装示意图

(b) 工作模式

（Ekofisk：The Discovery That Transformed Norway，2019）

图 1.8 埃克菲斯克油田永久式岸基阵近期工作情况

在 Ekofisk 阵列蝉联世界最大规模海底传感系统近 10 年之后，2019 年，OptoPlan 再次宣称其在 Johan Sverdrup 油田的第一阶段永久式地震波检测系统已建设成功并交付使用，第二阶段工程原计划于 2022 年建设完毕。该系统全部建设完成后，将包含 600 km 传感光缆，10 300 个 4C 传感器基站，覆盖海域约 200 km^2，可为油田提供长达 25 年的全寿命油气储层调查服务。

国内已开展相关技术研究的主要单位有国防科技大学、海军工程大学、中国电子科技集团第二十三研究所、中国科学院半导体物理研究所等。

（1）海军工程大学与中国科学院半导体物理研究所分别采用有源式光纤光栅激光传感方案及通用型单光纤光栅传感方案。海军工程大学的黄俊斌团队于 2017 年完成 64 基元光纤激光水听器舷侧阵实验、直径为15 mm的 32 基元光纤激光水听器拖曳阵的湖上静态和动态拖曳试验。近年来，又开始与武汉理工大学开始合作进行基于弱反射光栅的水听器研究。

（2）中国电子科技集团第二十三研究所初期采用有源式激光传感方案，后转为研究匹配干涉型光纤光栅传感器方案。2010 年进行了 48 基元匹配干涉型光纤光栅阵列的湖上试验。2019 年，郭振等报道了外径 20 mm 的光纤光栅干涉型拖曳水听器阵列。

（3）2011 年，国防科技大学的牛嗣亮对非对称反射率的光纤法布里 - 珀罗水听器技术进行了研究，采用宽谱光源进行问询，初步探索了系统的技术可行性。2013 年，国防科技大学的林惠祖对匹配干涉型光纤光栅水听器阵列系统进行了研究，采用高相干光纤环形激光器作为光源，大幅度降低了系统噪声，对系统时分串扰问题进行了初步探索，完成了 4 路时分复用系统的搭建与测试工作。2016 年，国防科技大学的蒋鹏针对匹配干涉型光纤光栅水听器偏振衰落问题提出采用基于 PGC 解调的正交偏振切换的衰落抑制方案，取得了 0. 93 等效干涉度；同时，提出采用超低反射率光纤光栅及剥层算法抑制阵列时分串扰问题，在超低反射率（0. 2%）四时分复用系统中将通道串扰抑制在 -45 dB 以内。2017 年，国防科技大学的甘鹏针对高反射率（1% ~5%）光纤光栅水听器时分串扰问题开展进一步研究，在反射率为 5% 的两时分系统中，将时分串扰抑制在 -40 dB 以下。

纵观国内外发展历史及现状可以看出，以美国的 TB -33 拖曳阵和挪威的 OBC 监测系统为典型代表，光纤光栅水听器已经跨入实际工程应用的阶段，并在实际海上应用中充分验证了其工程优势。虽然国内在该领域的研究尚处于技术积累阶段，但其部分基础性关键技术，如光纤光栅刻写技术、偏振衰落抑制技术、高/低反射率时分串扰抑制技术已取得了阶段性进展，下一步该领域的研究重点将会逐渐集中在解决大规模阵列复用、抗加速度及流噪声干扰、链路噪声抑制等工程化应用技术上。

1.3 应用领域

作为光纤水听器的一种，光纤光栅水听器可广泛适用于传统光纤水听器的应用领域，包括海上资源勘探、水下预警探测、海洋灾害监测及海洋声学研究等，并因更加小型化和高可靠性的突出工程优势成为应用优选。

1.3.1 海上资源勘探

典型代表为挪威的 OBC 系统。通过向海底地层发射声波，声波经各地层的反射回波被光纤光栅水听器阵列接收到。通过算法处理可获取测试海域的海底地层结构，从而为判断油气储量提供依据。与其他形式的水听器相比，光纤光栅水听器由于水下湿端极简结构及由此产生的高可靠性，在海上资源勘探领域应用中具有极大的优势。图 1.9 为经光纤光栅水听器阵列反演出的油田储量分布图。

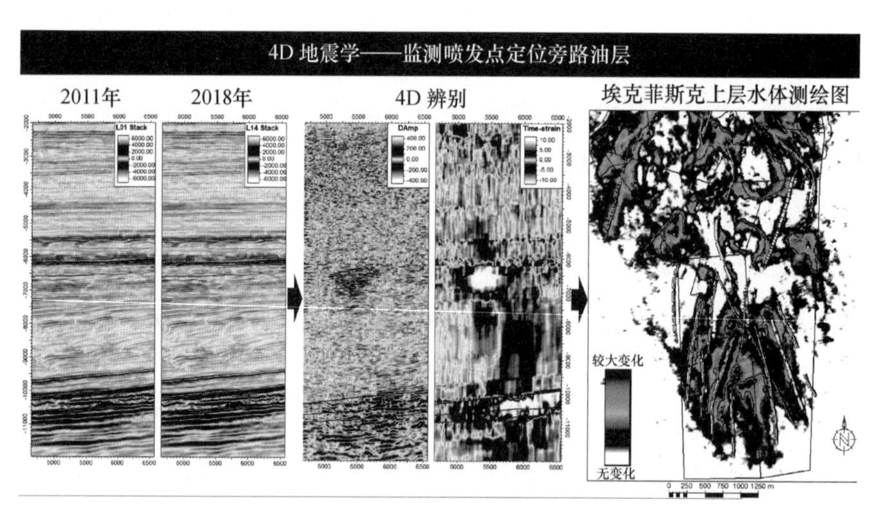

图 1.9　经光纤光栅水听器阵列反演出的油田储量分布图

（Ekofisk：The Discovery That Transformed Norway，2019）

1.3.2 水下预警探测

典型代表为美国的 TB－33 拖曳阵。通过主动探测水下目标的反射声波或被动探测水下目标辐射的声波，并经阵列信号增益算法和水声信号处理算法，可实现对水下目标的探测、定位和追踪，为水下预警探测提供信息。用于水下预警探测的光纤光栅水听器可为舰、船、艇拖曳阵或舷侧阵，也可为岸基固定阵，图 1.10 是潜艇拖曳阵和舷侧阵安装板示意图。与其他形式的水听器相比，由于光纤光栅水听器水下湿端极简结构，探头的尺度可以更小，结构更简单，因此可以提供更轻的拖曳质量、更小的舱内存储空间和更好的流噪声性能。

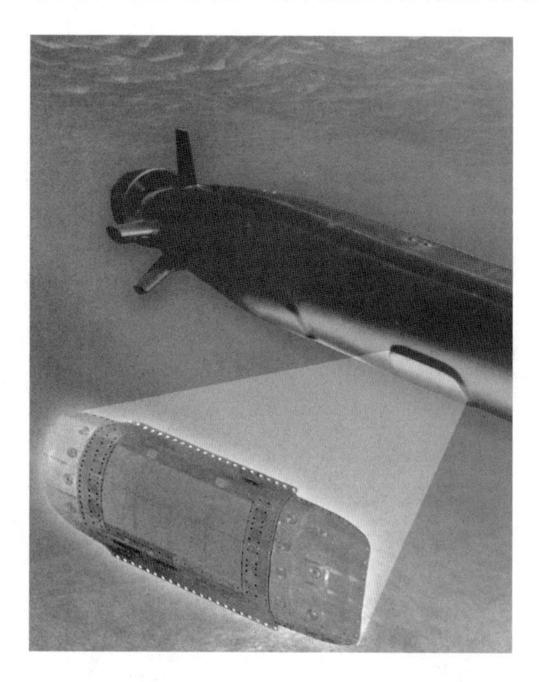

图1.10 光纤光栅水听器阵列在潜艇上的安装板示意图（Anthony Dandridge，2019）

1.3.3 海洋灾害监测

典型代表为各种海底地震仪。通过对海底地震波的监测，并充分利用光传输速度快的优势，可为海底地震、海啸等灾害的监测和预警提供信息。例如，图1.11所示为日本的海底地震观测网S－net，在这个网络里加挂了许多地震监测仪。在这种应用情境下，光纤光栅水听器可充分发挥全光传输和小型化的优势，但目前尚无真实的应用案例。

1.3.4 海洋声学研究

典型代表为各类声学浮标、潜标和海底观测网等。在海洋声学研究中，需要采用水听器作为声接收单元来获取声传播损失、海洋背景噪声等声学实验数据。光纤光栅水听器作为水听器的一种，在这一方向上依然适用。

1.4 本章小结

本章首先明晰了光纤光栅水听器的概念和内涵，即水下仅含有光纤光栅且采用相位

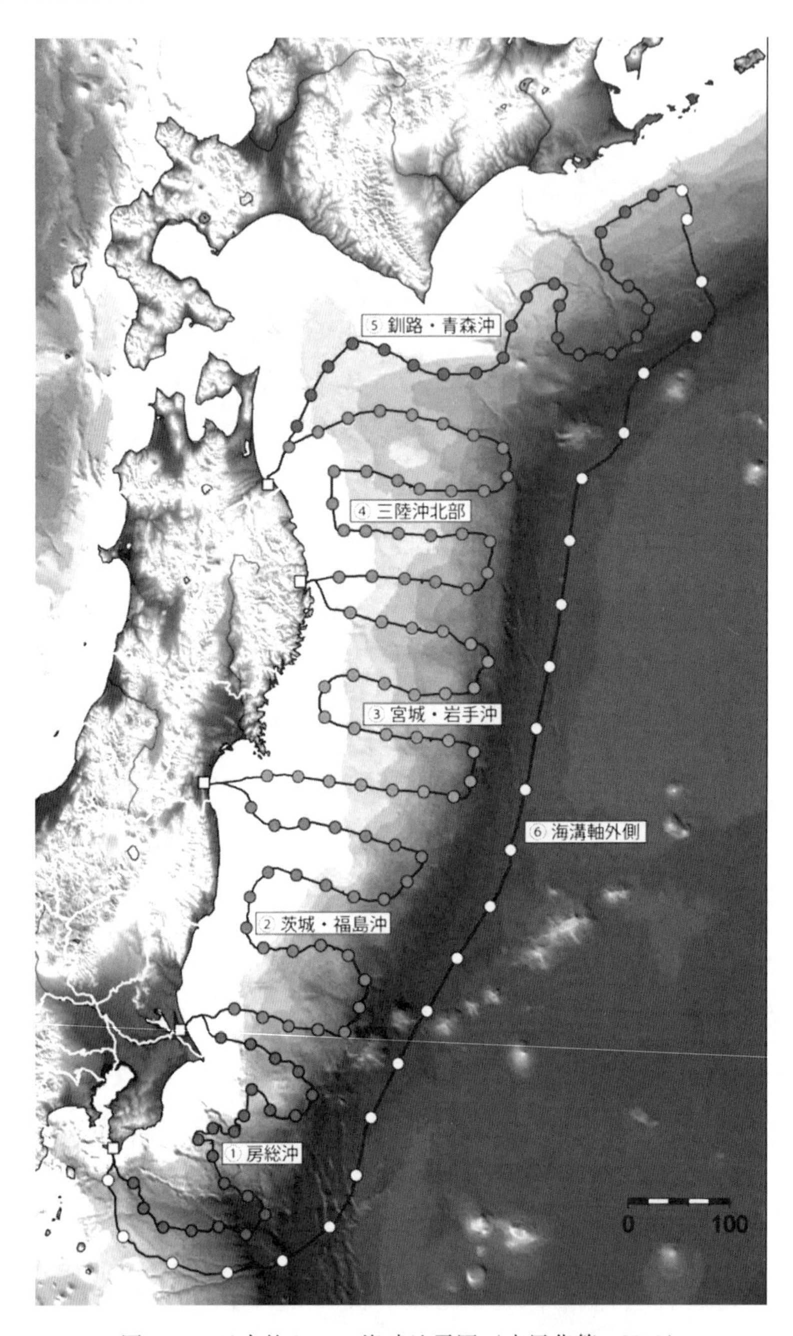

图 1.11　日本的 S-net 海啸地震网（李风华等，2019）

检测方式来感知水声信号的传感器，并对其研究历史和现状进行了分析，阐述了在海上资源勘探、水下预警探测、海洋灾害监测及海洋声学研究等领域的应用。纵观国内外 20 余年的发展历史不难看出，光纤光栅水听器由于在水下军事和民事领域都有着巨大的应用价值，一直是学者们致力于深入研究的对象。本书将从基础技术的角度，揭示光纤光栅水听器各环节的关键技术、分析技术及系统发展和应用现状，为光纤光栅水听器的教学和研究工作提供参考。

第 2 章　光纤光栅水听器的基本原理

光纤光栅水听器作为光纤水听器的一种，物理本质上是采用光波作为水声信号的载体，通过对光学相位的检测反推出水下声信号特征。特别的，这里光的传播媒质为光纤。与其他所有类型水听器一样，单个光纤光栅水听器只能检测出信号的有无，而对水下声学信号进行定位需要将多个基元组合成阵列使用。同时，阵列工作方式能够提供良好的空间增益效果，实现从海洋环境背景噪声中提取微弱声信号的目的。本章介绍光纤光栅水听器及阵列的基本原理，从物理本质上揭示其高灵敏度、高可靠性的根本来源，这同时也是其技术复杂性的根源。

2.1 基本干涉原理

2.1.1 光波在一段光纤中的传输

光波是一种电磁波。一般而言，光波在光纤中传输时，将光波视为平面波，其表达式可以写成

$$\boldsymbol{E}=\boldsymbol{E}_0\exp[-\mathrm{i}(\omega t-\varphi)] \tag{2.1}$$

式中，$\boldsymbol{E}$ 表示光波的电矢量；$\boldsymbol{E}_0$ 为电矢量的幅度；ω 为光波的频率；φ 为光波的相位。在光纤中，认为光沿光纤的轴向方向传输，这个方向为 z 轴。由于光波是横波，电矢量的振动方向在光纤的截面内，在该截面上建立两个本征坐标轴 x 轴和 y 轴，此时光纤中的光传播可用琼斯矩阵表达方式来表示为

$$\boldsymbol{E}=\begin{bmatrix}E_x\\E_y\exp(-\mathrm{i}\delta)\end{bmatrix}\exp[-\mathrm{i}(\omega t-\varphi_x)] \tag{2.2}$$

式中，E_x、E_y 分别表示光波电矢量幅度在 x 轴和 y 轴上的大小；$\delta=\varphi_x-\varphi_y$ 为 x 分量和 y 分量的传输相位差；φ_x、φ_y 表征在 x 轴和 y 轴上的传输相位。

一段长度为 L 的光纤可视为线性变换光学器件，其传输过程同样可以用琼斯矩阵来表示，可以表示为 $\boldsymbol{B}=k\exp(-\mathrm{j}\varphi_L)\boldsymbol{U}$，其中 k 为单模光纤的振幅损耗系数，$\boldsymbol{U}$ 为光纤

双折射的琼斯矩阵，$\boldsymbol{U}$ 一般为酉矩阵，即 $\boldsymbol{U}^{\dagger}\boldsymbol{U}=\boldsymbol{I}$，算子 † 表示转置共轭运算，$\boldsymbol{I}=\begin{pmatrix}1 & 0\\ 0 & 1\end{pmatrix}$为单位矩阵。$\varphi_L=\dfrac{\beta_x+\beta_y}{2}L$ 为沿 x 轴和 y 轴传输距离 L 后产生的相位延迟平均值（一般情况下，将此平均值称为沿光纤传输产生的相位延迟），其中 β_x、β_y 分别为沿 x 轴和 y 轴的光传播常数。

如果不考虑光纤的损耗差异，通常认为光纤的琼斯矩阵满足

$$\boldsymbol{B}^{\dagger}\boldsymbol{B}=k^2\boldsymbol{I} \tag{2.3}$$

设该段光纤的入射光琼斯矩阵为$\boldsymbol{E}_i$，该段光纤的输出光琼斯矩阵可以表示为

$$\boldsymbol{E}_o=\boldsymbol{B}\boldsymbol{E}_i=k\exp(-\mathrm{j}\varphi_L)\boldsymbol{U}\boldsymbol{E}_i \tag{2.4}$$

式(2.4) 表明，光无论以何种偏振态入射到一段光纤，输出光的电矢量强度与入射光电矢量强度和光纤损耗有关，输出光偏振态与输入光偏振态和光纤的传输矩阵 $\boldsymbol{U}$ 有关。

输出光的光强可表示为

$$\boldsymbol{E}_o^{\dagger}\boldsymbol{E}_o=(\boldsymbol{B}\boldsymbol{E}_i)^{\dagger}\boldsymbol{B}\boldsymbol{E}_i=k^2\boldsymbol{E}_i^{\dagger}\boldsymbol{U}^{\dagger}\boldsymbol{U}\boldsymbol{E}_i=k^2\boldsymbol{E}_i^{\dagger}\boldsymbol{E}_i \tag{2.5}$$

式(2.5) 表明，在默认 x 轴和 y 轴的损耗相同的情况下，光无论以何种偏振态入射到一段光纤，输出光的光强仅与光纤的损耗和输入光的光强有关。

定义光波从光源沿光纤往远端传输为光路下行，用 $\vec{B}$ 表示，反之则称为光路上行，用 $\overleftarrow{B}$ 表示。由于光路下行和光路上行都是同一段光纤，两种情况下光纤的传输矩阵相互关联，一般情况下有

$$\begin{aligned}&\overleftarrow{B}^{\dagger}\overleftarrow{B}=\vec{B}^{\mathrm{T}}\vec{B}^{*}=k^2\boldsymbol{I}\\&\overleftarrow{B}_i^{\mathrm{T}}=r\,\vec{B}_i\boldsymbol{r}\end{aligned} \tag{2.6}$$

其中，$\boldsymbol{r}=\begin{pmatrix}-1 & 0\\ 0 & 1\end{pmatrix}$为偏振无关的方向反射矩阵。由于在描述光的偏振态时总是要求逆着光传播方向的右侧为 x 正轴，故偏振无关的方向反射矩阵第一个矩阵元为 -1。

2.1.2　光纤光栅水听器中干涉的形成

参考第 1 章的图 1.2，光纤光栅水听器的光学结构为在一根光纤上按照特定间隔刻写的一对反射波长相同的光纤布拉格光栅，其中光纤布拉格光栅作为内反射镜，相邻两光栅及其之间的传感光纤构成一个传感基元。当脉冲间隔与相邻光栅间往返时间相同的双问询光脉冲注入阵列时，每个光栅均反射一对光脉冲。第一个光栅反射的第二光脉冲会与第二个光栅反射的第一光脉冲在时间上完全重合，即发生干涉现象，而干涉相位中则携带有两光栅间传感光纤拾取的外界水声信息。

定义问询脉冲对从发射到第一个光栅之间的光纤传输部分为链路光纤。链路光纤的下行传输琼斯矩阵为$\vec{B}_0 = \exp(-j\varphi_0)\ \vec{U}_0$，上行传输矩阵为$\overleftarrow{B}_0 = \exp(-j\varphi_0)\ \overleftarrow{U}_0$。$\varphi_0$ 为光通过链路光纤时产生的相位延迟，$\vec{U}_0$和$\overleftarrow{U}_0$ 为光纤双折射矩阵，其由光纤双折射状态决定，且为酉正矩阵。

类似地，光纤光栅水听器中传感光纤的下行传输琼斯矩阵可表示为$\vec{B}_1 = \exp(-j\varphi_1)\ \vec{U}_1$，上行传输琼斯矩阵为$\overleftarrow{B}_1 = \exp(-j\varphi_1)\ \overleftarrow{U}_1$。$\varphi_1$ 为光纤中的相位延迟，含有待传感的水声传感信号；$\vec{U}_1$和$\overleftarrow{U}_1$ 为光纤双折射矩阵，其由光纤双折射状态决定，且为酉正矩阵。

假设图 1.2 中两个光纤光栅反射谱相同，且认为光栅反射偏振无关，则其反射矩阵可写记为 $\rho_i \boldsymbol{r} = \rho_i \begin{pmatrix} -1 & 0 \\ 0 & 1 \end{pmatrix}$（$i = 0，1$），两入射光脉冲琼斯向量分别为 $\boldsymbol{E}_{in0}$和 $\boldsymbol{E}_{in1}$，则发生干涉的两束光可表示为

$$
\begin{aligned}
E_{r1} &= \overleftarrow{B}_0 \boldsymbol{r} \rho_0\ \vec{B}_0 \boldsymbol{E}_{in1} \\
E_{s1} &= t_0^2\ \overleftarrow{B}_0 \overleftarrow{B}_1 \boldsymbol{r} \rho_1\ \vec{B}_1 \vec{B}_0 \boldsymbol{E}_{in0}
\end{aligned}
\tag{2.7}
$$

式中，ρ_0 为第一个光纤光栅的振幅反射率；ρ_1 为第二个光纤光栅的振幅反射率；t_0 为第一个光纤光栅的振幅透射率。

发生干涉后的合成光场可以表示为

$$
\begin{aligned}
I_1 &= (E_{s1} + E_{r1})^{\dagger}(E_{s1} + E_{r1}) = I_{DC} + 2\rho_0\rho_1 t_0^2 Re(E_{in1}^{\dagger} \vec{B}_0{}^{\dagger}\ \vec{B}_1{}^{\mathrm{T}}\ \vec{B}_1 \vec{B}_0 \boldsymbol{E}_{in0}) \\
&= I_{DC} + 2\rho_0\rho_1 t_0^2 Re[\exp(-j2\varphi_1)(E_{in1}^{\dagger} \vec{U}_0{}^{\dagger}\ \vec{U}_1{}^{\mathrm{T}}\ \vec{U}_1 \vec{U}_0 \boldsymbol{E}_{in0})]
\end{aligned}
\tag{2.8}
$$

I_{DC}为直流光强，与两束光的强度有关。式(2.8) 中用到了光纤传输矩阵的基本性质$\overleftarrow{B}_i^T = r\ \vec{B}_i r$，且为酉正矩阵，即式(2.6)。由式(2.8) 可知，当外界声信号作用到两个光栅之间的光纤上时，会影响 φ_1，从而导致干涉光强发生变化。

2.1.3 光纤光栅水听器时分复用阵列中的干涉结果

由于光纤光栅本身具有天然良好的反射和透射光功能，采用光纤光栅可以轻松构造出水听器时分复用（Time Division Multiplexing，TDM）阵列。典型光纤光栅水听器时分复用阵列的基本光学结构如图 2.1 所示。

在一根光纤上等间隔地刻写 $N+1$ 个相同中心波长的光栅，相邻两光栅及其之间的传感光纤构成一个传感通道，则可以形成 N 重光纤光栅水听器时分复用阵列。第一重时分复用基元的干涉结果如式(2.8) 所示。仿照式(2.8) 的推导过程，可以得到第 $n(1 < n \leqslant N)$ 重时分复用基元发生干涉的两束光表达式为

$$\left.\begin{aligned} E_{rn} &= \prod_{k=0}^{n-2}(t_k^2)\prod_{k=0}^{n-1}(\overleftarrow{B}_k)\,r\rho_{n-1}\prod_{k=n-1}^{0}\overrightarrow{B}_k E_{in1} \\ E_{sn} &= \prod_{k=0}^{n-1}(t_k^2)\prod_{k=0}^{n}(\overleftarrow{B}_k)\,r\rho_{n}\prod_{k=n}^{0}\overrightarrow{B}_k E_{in0} \end{aligned}\right\}$$

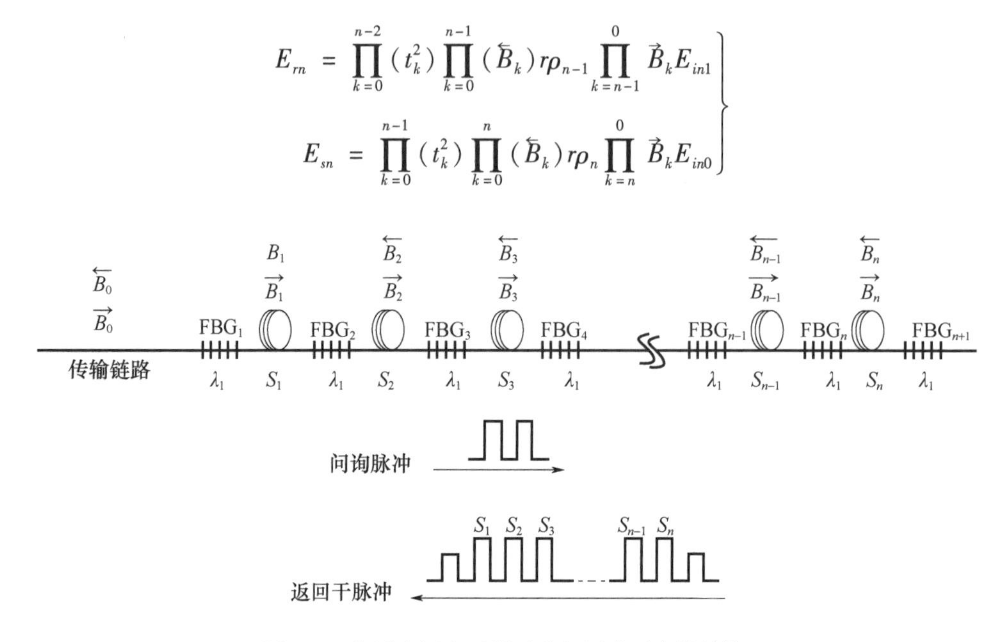

图 2.1　光纤光栅水听器时分复用阵列光学结构

则干涉结果可以表示为

$$I_n = I_{n\_DC} + 2\rho_{n-1}\rho_n t_{n-1}^2\left(\prod_{k=0}^{n-2} t_k^4\right) Re\left\{E_{in1}^{\dagger}\left(\prod_{k=0}^{n-1}\overrightarrow{B}_k^{\dagger}\right)\overrightarrow{B}_n^{\mathrm{T}}\overrightarrow{B}_n\left(\prod_{k=n-1}^{0}\overrightarrow{B}_k\right)E_{in0}\right\} \tag{2.9}$$

同单个基元的参数类似，式(2.9) 中$\overrightarrow{B}_k = \exp(-\mathrm{j}\varphi_k)\ \overrightarrow{U}_k$ （$k=1, 2, \cdots, n$）表示每个传感基元中传感光纤的下行传输琼斯矩阵，$\overleftarrow{B}_k = \exp(-\mathrm{j}\varphi_k)\ \overleftarrow{U}_k$ （$k=1, 2, \cdots, n$）为对应的上行传输琼斯矩阵。φ_k 为光纤中的相位延迟，其含有外界传感信号；$\overrightarrow{U}_k$和$\overleftarrow{U}_k$为光纤双折射矩阵，其由光纤双折射状态决定，且为酉正矩阵。ρ_k 为第 $k+1$ 个光纤光栅的振幅反射率，t_k 为第 $k+1$ 个光栅的振幅透射率。

光纤光栅水听器时分复用阵列中每个基元传感声信号的原理与单基元完全相同，即外界声信号通过调制每个基元的光纤传输光相位引起干涉光强的变化，通过对干涉光强的解调来获取外界声信号。与单个基元应用相比，多基元同时探测水下声信号将会使水听器的性能产生质的飞跃，但也会带来新的技术问题。

2.2 水声信号传感原理

采用高相干窄线宽激光器问询光纤光栅水听器时，若光波在光纤光栅水听器中两个光栅之间往返一次的时间远小于激光器的相干时间，即光纤光栅水听器中的传感光纤长度 ΔL 远远小于光源的相干长度，发生干涉的两束光相位差如式(2.10) 所示。

$$\varphi_1 = \frac{4\pi n\Delta L}{\lambda} \tag{2.10}$$

式中，n 是光纤纤芯折射率；λ 是激光的波长，通常与光纤光栅的反射中心波长一致。

当有声信号作用到光纤光栅水听器上时，声信号会引起传感光纤中光传输的相位发生变化，主要相位变化主要来源于两个方面：一是声波变化导致的光纤纵向应变使传感光纤的长度 ΔL 发生变化；二是光弹效应引起的纤芯折射率 n 发生变化。在实际应用中，一般会对传感光纤进行增敏处理，使传感光纤中的相位变化主要来自光纤的纵向应变 $\Delta\varepsilon$，相位变化可以表示为

$$\Delta\varphi_1 = \frac{4\pi n\Delta L}{\lambda}\kappa\Delta\varepsilon \tag{2.11}$$

其中，κ 为一个固定系数，与光纤光栅水听器的传感光纤增敏结构有关。

除传感光纤所产生的相位延迟以外，光纤布拉格光栅本身对光波的相位也有影响。当光源波长与光栅中心波长严格匹配时，经光栅反射的光相位改变 $\pi/2$，透射光的相位改变 π。

将 $\varphi_1 = \frac{4\pi n\Delta L}{\lambda}$和 $\Delta\varphi_1 = \frac{4\pi n\Delta L}{\lambda}\kappa\Delta\varepsilon$ 代入式(2.8) 中，光纤光栅水听器的干涉光强可以表达为

$$I_1 = I_{DC} + 2\rho_0\rho_1 t_0^2 Re\left\{\exp\left[-j\left(\frac{4\pi n\Delta L}{\lambda} + \Delta\varphi_1\right)\right](E_{in1}^{\dagger}\vec{U}_0{}^{\dagger}\vec{U}_1{}^{T}\vec{U}_1\vec{U}_0E_{in0})\right\} \tag{2.12}$$

定义$\frac{4\pi n\Delta L}{\lambda}$为直流相位 φ_0，$\Delta\varphi_1$ 为信号相位 $\varphi_s(t)$，同时考虑由于外界环境扰动导致 φ_0 的随机漂移，记为 φ_n，光纤光栅水听器的干涉光强可以表达为

$$I_1 = I_{DC} + 2\rho_0\rho_1 t_0^2 Re\{\exp[-j(\varphi_s(t) + \varphi_0 + \varphi_n)](E_{in1}^{\dagger}\vec{U}_0{}^{\dagger}\vec{U}_1{}^{T}\vec{U}_1\vec{U}_0E_{in0})\} \tag{2.13}$$

式(2.13) 在经过光电探测器转化后，可写成

$$V = A + BRe\{\exp[-j(\varphi_s(t) + \varphi_0 + \varphi_n)](E_{in1}^{\dagger}\vec{U}_0^{\dagger}\vec{U}_1{}^{T}\vec{U}_1\vec{U}_0E_{in0})\} \tag{2.14}$$

式中，V 为光电探测器的输出光电流；A 为直流量；B 为交流量的系数。V 是随着时间变化的量。定义 V 最大值为 $V_{\max} = A + B$，最小值为 $V_{\min} = A - B$，则干涉仪的相干度 K 可表示为

$$K = \frac{V_{\max} - V_{\min}}{V_{\max} + V_{\min}} \tag{2.15}$$

光纤光栅水听器技术基础的内涵可由式(2.13) 引申出，包括如何获取式(2.13)所示的干涉结果，如何感知由声信号导致的相位信号 $\varphi_s(t)$，如何从式(2.13)中正确提取处 $\varphi_s(t)$ 并还原声信号等。

同光波类似，声信号也含有多个参量，包括声压、频率等。作为纵波，声传播必须依靠传播介质与传播方向同向的质点振动。声波作用到光纤光栅水听器上时，能够显著

改变光传输相位的参量有两个：一个是声压，声压强作用在光纤上由于压力作用会导致上述光相位改变；另一个是质点振速。水质点偏离平衡位置的加速度所产生的惯性力会导致光纤产生收缩，从而引发弹光效应和波导归一化频率改变。通过检测任何一种声波参量引起的相位改变都可以反推出声信号。由于声压为标量，没有方向性，而质点振动加速度为矢量，带有方向性，这两种不同的调制光纤中光传输相位的水听器分别称为标量水听器和矢量水听器。

根据式(2.11) 可对光纤光栅水听器的声压灵敏度进行简单评估。声压灵敏度定位为：由声信号引起的光纤水听器干涉仪两臂的相位差，与在声场中引入水听器前存在于水听器声中心位置处的自由场声压的比值。光纤水听器相位灵敏度与其基准值之比值，再取以 10 为底的对数并乘以 20，其中基准值取 1 rad/μPa，则可以获得声压相位灵敏度级。当光纤在声压的作用下发生 1 个微应变时，对应的相位变化约为 1.46 rad，相比于一个 2π 周期，这一相位变化量时是相对较大的，因此光纤光栅水听器具有灵敏度高的天然优势。值得说明的是，这一优势的根源是相比于其他信息载体光波波长很小（或者称为频率很高），即在式(2.11) 中，应变量的数值前需要与光频相乘，因此导致相位变化的数值较大。这一点是采用光波作为水声信号载体的物理本质所决定，并且在所有相位型光纤水听器中都是共通的，与光栅自身无关。

2.3 本章小结

本章从光纤中的光传输出发，获得了光纤光栅水听器干涉光强的表达式，分析了水声信号影响光波相位并最终影响干涉光强的过程。水声信号所导致的微小变化与光波的频率相乘产生相位变化，正是因为这个系数项中含有光频，因此一个微小的信号即可产生较大的相位移动，这是采用相位检测方式的光纤光栅水听器天然具备高灵敏度的物理根源。但是，水声信号所导致的相位变化与干涉仪自身工作点及其漂移、整个传输链路的双折射状态耦合在一起。从水听器应用的角度而言，水声信号拾取的本质是从光强变化反推出含在光波相位中的声信号，但光纤光栅水听器输出光强的变化固然与声信号引起的 $\varphi_s(t)$ 有关，但同时也与各段光纤的传输特性、水听器自身的直流工作点及其环境扰动有关。准确地从输出光强中提取出 $\varphi_s(t)$ 而不受这些因素的影响是光纤光栅水听器基础技术中要解决的核心问题，这也是光纤光栅水听器技术复杂性的物理根源。

第3章 用于水听器的光纤光栅制备技术

光纤光栅的制备是制作光纤光栅水听器系统的基础。作为光纤光栅水听器湿端中唯一的光纤元器件，光纤布拉格光栅的技术指标决定了系统的整体性能。自第一根光纤布拉格光栅诞生至今，其制备方法已经发展了逐点刻写法、相干刻写法、相位掩模板法等多种，其中相位掩模板法已经实现了大规模的工业化生产，制备工艺和技术指标都较为稳定。用于水听器的光纤光栅制备技术以现代光纤布拉格光栅技术制备工艺为基础，主要解决针对水听器应用的光栅设计指标实现问题、时分复用阵列光栅高重复性刻写与在线检测问题。

3.1 用于水听器的光纤光栅指标要求

3.1.1 光纤布拉格光栅常规指标

光纤布拉格光栅是通过调制光纤的折射率得到的一种特殊的光波导，折射率的调制结构如图3.1所示。光纤布拉格光栅的长度为 l，有效折射率为 n_{eff}，折射率调制幅度为 Δn，Λ 为调制周期，且调制周期一般小于1 μm。

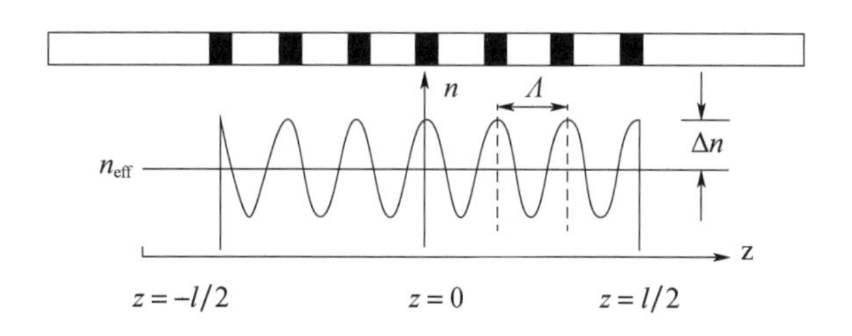

图3.1 光纤布拉格光栅折射率调制结构示意图

光纤光栅的反射谱可由耦合模理论得到

$$R(\lambda)=\begin{cases}\dfrac{\Omega^2\sinh^2(Sl)}{\Delta\beta^2\sinh^2(Sl)+S^2\cosh^2(Sl)} & \text{当 }\Omega^2>\Delta\beta^2\text{ 时}\\[2ex] \dfrac{\Omega^2\sin^2(Ql)}{\Delta\beta^2-\Omega^2\cos^2(Ql)} & \text{当 }\Omega^2<\Delta\beta^2\text{ 时}\end{cases}\tag{3.1}$$

式中，$\Delta\beta = \frac{2n\pi}{\lambda} - \frac{2n\pi}{\lambda_0}$；$\lambda_0 = 2n_{\text{eff}}\Lambda$ 为布拉格波长；λ 为传输光的波长；Ω 为耦合系数，且 $\Omega = \frac{\pi\Delta n}{\lambda_0}$，$S^2 = \Omega^2 - \Delta\beta^2$。由式(3.1) 可计算出光纤布拉格光栅的反射谱，典型反射谱如图 3.2 所示。计算中取 $l = 1$ cm，$\Delta n = 1e-4$，$\lambda_0 = 1.54$ μm。

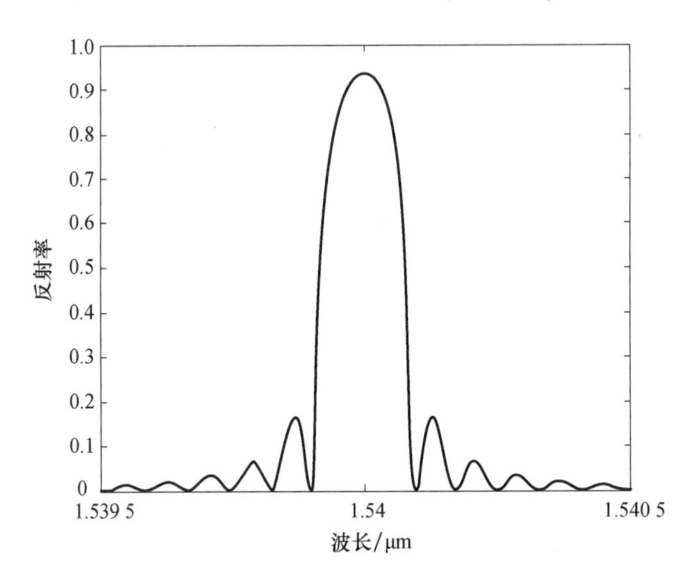

图 3.2　光栅反射谱

光纤布拉格光栅的指标参数主要包括反射中心波长、峰值反射率、反射带宽以及相位谱等。

（1）反射中心波长

光纤布拉格光栅的反射中心波长为 $\lambda_0 = 2n_{\text{eff}}\Lambda$，该波长也称为布拉格波长。布拉格波长随着调制深度的增大而向长波方向移动，随着折射率调制深度的增加而向长波方向移动。

（2）峰值反射率

当波长为布拉格波长时，光纤光栅的反射率达到最大，此时的反射率称为峰值反射率，可表示成

$$R(\lambda_B) = \tanh^2\left(\frac{\pi\Delta n}{\lambda_B}l\right) \tag{3.2}$$

峰值反射率随着折射率调制幅度的增加而增大，随着光纤光栅长度的增加而增大。

（3）反射带宽

光纤光栅的带宽一般分为零点带宽和半高全宽（FWHM）。零点带宽为光纤光栅中心波长两侧反射率第一次降为 0 对应的带宽。然而在实际应用中，为保证在光源波长与光栅中心波长失配的情况下仍然有足够的光功率，一般取 FWHM 作为光栅的带宽。在 FWHM 内，即使光栅中心波长出现漂移，经该光栅反射的光功率仍然至少有最大光功

率的一半，即

$$R\left(\lambda_B \pm \frac{\Delta\lambda_H}{2}\right) = \frac{1}{2}R(\lambda_B) \tag{3.3}$$

对 $R = \tanh^2\left(\frac{\pi\Delta n}{\lambda_B}l\right)$ 式进行化简，对于低反射率光栅，$\frac{\pi\Delta n}{\lambda_B}l$ 一般较小，对式(3.3)中的指数项采用零点附近泰勒展开，忽略高阶小项，得到 FWHM 光栅带宽的表达式为

$$\Delta\lambda_H = 2\lambda_B\sqrt{\left(\frac{\Delta n}{2n_{\text{eff}}}\right)^2 + \left(\frac{\Lambda}{l}\right)^2} = \frac{\lambda_B^2}{\pi n_{\text{eff}} l}\sqrt{\pi^2 + \left(\frac{\pi\Delta n}{\lambda_B}l\right)^2} \tag{3.4}$$

式(3.4) 表明，光栅带宽 FWHM 随着折射率调制幅度的增加而增大，随着光纤光栅长度的增加而减小。

（4）相位谱

光纤光栅的另一个重要参数是光纤光栅的相位谱，光纤光栅的波导特性使光经过光栅反射后会携带一个初相位。光栅相位谱与反射率的关系如图 3.3 所示。特别地，当光源波长与光栅的中心波长严格匹配时，经光栅反射的光波相位改变为 π/2，光经光栅透射后的相位改变为 0。

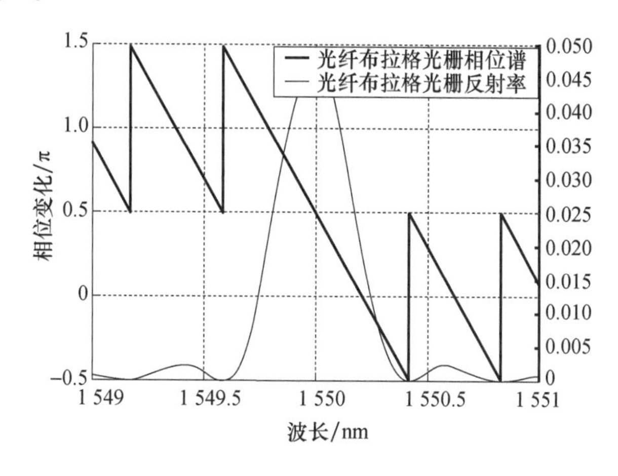

图 3.3　光纤光栅反射的相位谱

3.1.2　用于水听器的光纤光栅主要指标需求设计

3.1.2.1　反射率设计

在光纤光栅水听器中，反射率是制作光纤光栅的一个关键设计参数。影响反射率设计的主要考虑因素为水听器信号干涉度和水听器时分复用阵列信道串扰。

1）光纤光栅水听器相干度对反射率的要求

为描述通用性，以光纤光栅水听器时分复用阵列为对象，分析光纤光栅水听器相干

度对反射率的要求。光纤光栅水听器相干度由式(2.15）决定，一般在0~1之间。为使相干度能尽可能接近1，应该使发生干涉的两束光功率尽可能接近。

如本书第2章图2.1所示，光纤光栅的双向反射特性使其结构非常适用于构造时分复用阵列。对于任意光纤光栅水听器时分复用阵列，复用数量为N，共含有$N+1$个反射中心完全相同的光栅。假设入射光纤光栅水听器时分复用阵列的两个脉冲光强都为I_{in}，在忽略光纤传输损耗的情况下，经第k（$1 \leqslant k < N+1$）个光栅反射至输入端的光强I_k为

$$I_k = I_{in} \prod_{i=1}^{k-1} (1 - R_i)^2 R_k \tag{3.5}$$

R为光栅的强度反射率，即振幅反射率ρ的模方值。第k个水听器时分复用通道探测得到的干涉光强是由第k个和第$k+1$个光栅反射回来的脉冲I_k和I_{k+1}干涉而成。为了使各通道信号的干涉度尽量接近1，I_k和I_{k+1}应尽量满足$I_k = I_{k+1}$。那么相邻两光栅反射率之间的关系可以表示为

$$R_{k+1} = \frac{R_k}{(1 - R_k)^2} \tag{3.6}$$

根据式(3.6)，只要确定了第一个光纤光栅的反射率，就可以依次求出后续光栅的反射率。以10个光栅为例进行计算，如图3.4所示。

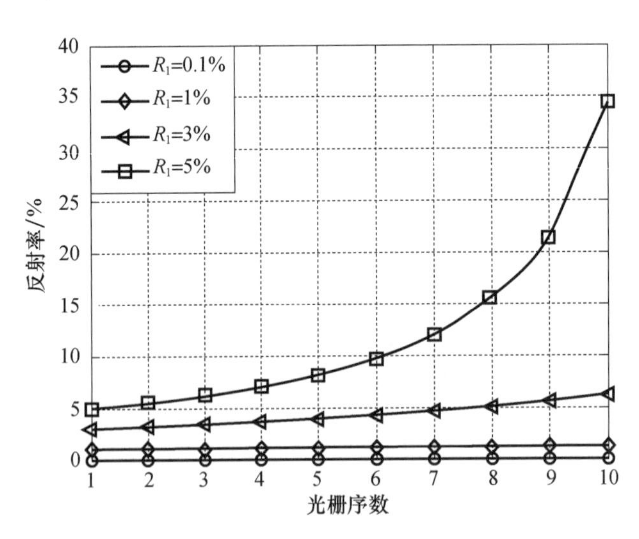

图3.4 由第一个光栅反射率求得的后续光栅反射率分布（甘鹏，2017）

由图3.4中可以看出，当$R_1 \leqslant 1\%$时，后续光栅的反射率变化不大，基本与R_1保持一致；但是随着R_1的增大，为了保证各通道探测信号的干涉度为1，后续光栅反射率的增长趋势越发明显。考虑到在实际制作过程中尽可能保持工艺的一致性和稳定性，应尽可能选择比较小的光纤光栅反射率。此外，时分复用的光栅数量越多，光栅的反射率越小。

2）时分复用阵列串扰对反射率的要求

在光纤光栅水听器阵列中，由于光学系统自身的原因，使阵列前端基元的信号出现在后端的基元中，称为通道复用串扰。若阵列采用时分复用方式，产生的通道串扰则称为时分复用阵列串扰。相比于传统的基于迈克尔逊干涉仪的光纤水听器，由于光纤光栅独特的双向反射特性，时分复用串扰的问题更加引人关注。

（1）串扰脉冲个数分析

光纤光栅水听器时分复用阵列的串扰主要是由于问询脉冲在相邻两个光栅中多次反射，造成在同一个时刻能够相遇的光脉冲既包括主脉冲（只反射一次的脉冲，也称为一阶反射脉冲），也包括串扰脉冲（反射多次，也称为高阶反射脉冲），最终导致干涉的结果除了两个反射主脉冲的相干结果外，还包括主脉冲与串扰脉冲之间的相干结果和串扰脉冲之间的相干结果，最终使阵列前端基元的信号出现在后端的基元中。

当光进入光纤光栅时分复用阵列时，会在相邻光栅之间多次反射。根据图 3. 4 的分析，为保证相干度，光纤光栅的反射率一般取较低的值。在考虑多重反射时，只考虑 3 次反射引起的高阶串扰脉冲（高阶串扰至少要经过 5 次反射），并定义为一阶串扰脉冲。图 3. 5 给出了对应于光纤光栅水听器时分复用阵列中第四个基元的主脉冲和一阶串扰脉冲的示意图。它们虽然具有不同的传播路径，但是却具有同主脉冲相同的传播时间，在时序上是一致的。当第五个光纤光栅反射的主脉冲与第四个光纤光栅的主脉冲相干时，第四个光纤光栅的一阶串扰脉冲也会参与相干。此时，相干信号不仅携带了第四个光纤光栅水听器基元的相位信息（第五个和第四个光纤光栅主脉冲的干涉结果），还包含了之前其他水听器基元的相位信息（第五个光纤光栅主脉冲和第四个光纤光栅高阶反射脉冲的干涉结果）。因此，在解调第四个基元的相位信息时，其他基元的相位信息就会以串扰的形式引入其中。需要说明的是，第五个光纤光栅同样存在串扰脉冲，也会与第四个光纤光栅的主脉冲发生干涉，这将导致串扰更加复杂。

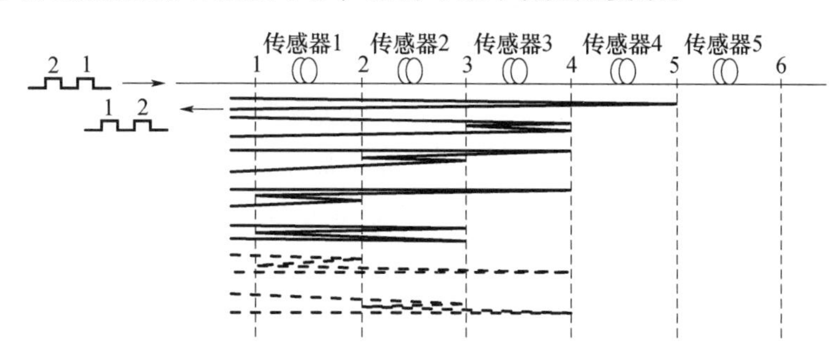

图 3. 5　从第五个光纤光栅反射回光的一阶串扰（3 次反射）

假设所有光纤光栅的反射率和中心波长都是一致的，那么从第 k 个光纤光栅反射回的主脉冲强度可以表示为

$$I_{rk}=(1-R)^{2(k-1)}RI_{in} \tag{3.7}$$

如果只考虑一阶串扰的情况，对应于第 k 个光纤光栅的串扰脉冲个数为

$$m_k=\frac{(k-2)(k-1)}{2} \tag{3.8}$$

那么第 k 个光纤光栅的一阶串扰的总光强可以表示为

$$C_k=\frac{(k-2)(k-1)}{2}(1-R)^{2(k-2)}R^3I_{in},k\geqslant 3 \tag{3.9}$$

由式(3.7) 和式(3.8) 可以分别得到光纤光栅反射率从 -40 dB（0.01%）到 -20 dB（1%），复用 1 000 个光纤光栅时，各个光纤光栅反射回的主脉冲光强及一阶串扰光强的大小，如图 3.6 所示。

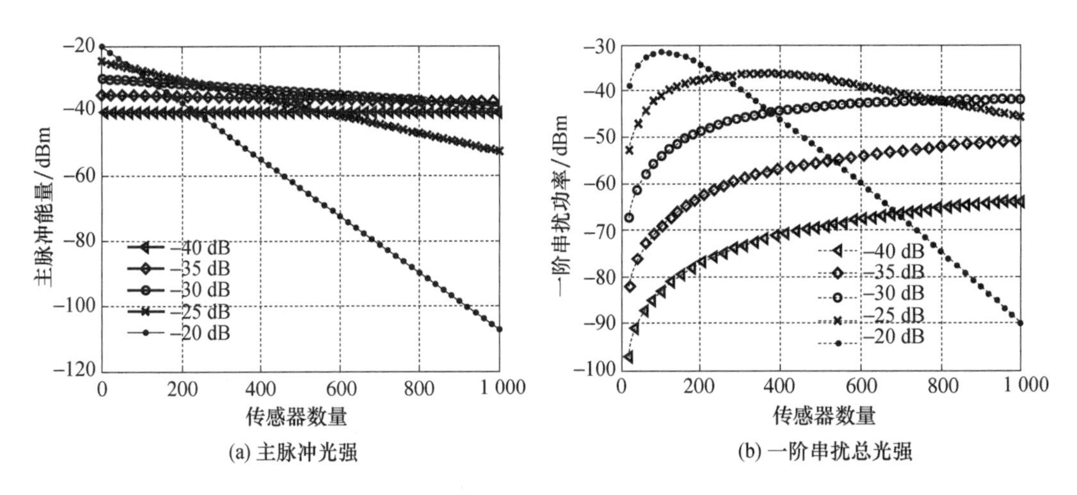

图 3.6　不同光纤光栅反射率时反射回的光强及一阶串扰总光强

由图 3.6（a）可见，当反射率较高时，第 k 个光纤光栅返回的光强随着 k 的增加而急剧减小，复用数受限于探测器的动态范围和最小可探测强度。但是如果光纤光栅反射率小于 -30 dB，那么 1 000 个光纤光栅返回的光强差异小于 10 dB，所有的光纤光栅均可以用于时分复用。而由图 3.6（b）可见，当光纤光栅的反射率较大时，较远光纤光栅的串扰会越来越小，这是由于反射率较大时，光能量在前面光纤光栅基本反射消耗完了，进而导致一定数目光纤光栅之后的高阶串扰脉冲光强反而减小。

由式(3.6) 和式(3.7) 可以得到第 k 个光纤光栅的一阶串扰脉冲总光强和主脉冲光强的比值为

$$\frac{C_k}{I_{rk}}=\frac{(k-2)(k-1)R^2}{2(1-R)^2},k\geqslant 3 \tag{3.10}$$

由式(3.10) 可得光纤光栅反射率从 -40 dB（0.01%）到 -20 dB（1%）时第 k 个光纤光栅的一阶串扰脉冲总光强和主脉冲光强的比值，如图 3.7 所示。

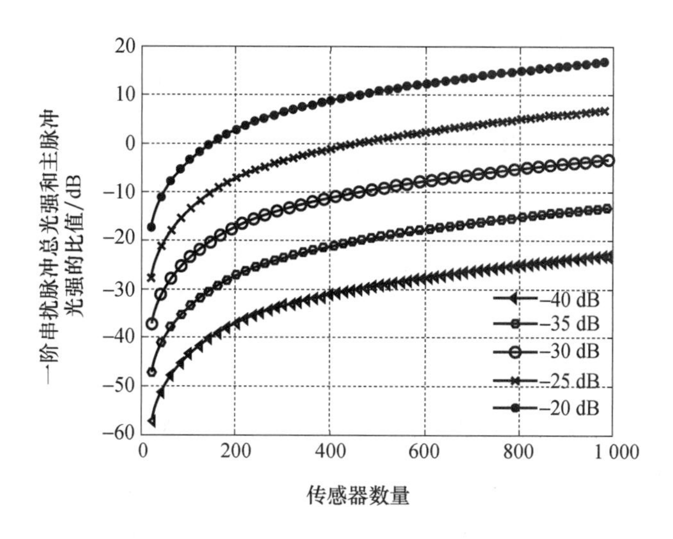

图3.7　第 k 个光纤光栅的一阶串扰脉冲总光强和主脉冲光强的比值

由图3.7可见，随着复用数量的增大，串扰也逐渐增加，且反射率越大串扰越大。对于反射率较大的光纤光栅阵列，光纤光栅反射回的主脉冲信号会被一阶串扰脉冲所覆盖。例如，当反射率为 -20 dB 时，第400个光纤光栅的一阶串扰脉冲光强将会大于主脉冲光强约10 dB，但是当反射率较低时，例如反射率小于 -35 dB 时，第400个光栅的一阶串扰脉冲光强比主脉冲光强依然小10 dB，可以近似忽略串扰的影响。

一般地，为了减小功率预算和制作难度，光纤光栅的反射率在5%左右，图3.8给出了光纤光栅的反射率为5%时第 k 个光纤光栅的一阶串扰脉冲总光强和主脉冲光强的比值。由图3.8可见，要使真实信号大于串扰信号，复用的光纤光栅数最多为31个，而要使串扰信号小于真实信号10 dB，那么最多只能复用10个。

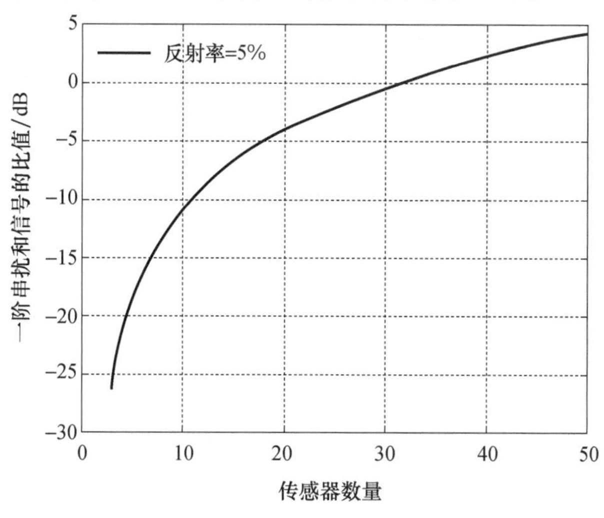

图3.8　第 k 个光纤光栅的一阶串扰与主脉冲光强比值（反射率为5%）

（2）串扰干涉个数分析

对于第 k 个光纤光栅水听器，其干涉的两个主脉冲分别来自前后两个光纤光栅，即第 k 个光纤光栅和第 $k+1$ 个光纤光栅，由式(3.7) 可得它们对应的一阶串扰脉冲个数分别为

$$m_k = \frac{(k-2)(k-1)}{2} \tag{3.11}$$

$$m_{k+1} = \frac{(k-1)k}{2} \tag{3.12}$$

其中，不同串扰脉冲之间的干涉或串扰脉冲与主脉冲之间的干涉均会引入串扰成分，虽然一般情况下，串扰脉冲较小，但是由于相干放大效应，光强较大的主脉冲与一阶串扰脉冲相干时会将串扰脉冲的作用放大，所以主脉冲和一阶串扰脉冲的干涉是串扰的主要部分，可以忽略一阶串扰脉冲之间的干涉，此时，总的干涉脉冲数目为

$$P = 2 + m_{k+1} + m_k = 2 + (k-1)^2 \tag{3.13}$$

在这些脉冲中，两个主脉冲干涉产生携带了第 k 个水听器的相位信号，称为主干涉，而其他脉冲干涉产生串扰信号，称为串扰干涉。这其中，问询脉冲对中同一个脉冲与其一阶串扰脉冲的干涉结果不含有载波信号，对解调不产生影响（关于载波及对解调的影响在本书第 6 章将会有详细分析），含有载波信号的串扰干涉个数为 N，称为有效串扰干涉，N 可表示为

$$N = m_{k+1} + m_k = (k-1)^2 \tag{3.14}$$

由此可知，越远的传感器的串扰数目越多，串扰越严重。

严格来讲，串扰指的是解调相位信号的幅度的比值，而信号的解调将在本书第 6 章中进行详细的阐述，因此对串扰模型的完整剖析放在本书第 7 章。在这里为分析光纤光栅反射率对串扰的影响，可以先简单地分析串扰干涉的交流项幅度与主干涉的交流项幅度之比，定义为 Q。在假设问询脉冲对光功率相等的前提下，串扰干涉的交流项幅度与主干涉的交流项幅度差异之比为

$$Q = \frac{NR^2}{(1-R)^2} = \frac{(k-1)^2 R^2}{(1-R)^2} \tag{3.15}$$

采用对数形式表达，可写为

$$Q = 10\ \lg\left[\frac{(k-1)^2 R^2}{(1-R)^2}\right] = 20\ \lg\left[\frac{(k-1)R}{1-R}\right] \tag{3.16}$$

由式(3.15) 可知，Q 取决于光纤光栅反射率大小和系统的复用数，图 3.9 给出了反射率分别为 0.1%、1% 和 10% 时第 k 个传感器的串扰干涉交流项幅度与主干涉

交流项幅度之比。由图3.9可见，对于复用数为100的系统，反射率为0.1%时Q总小于-20 dB，而反射率为10%时，Q总大于-20 dB 。

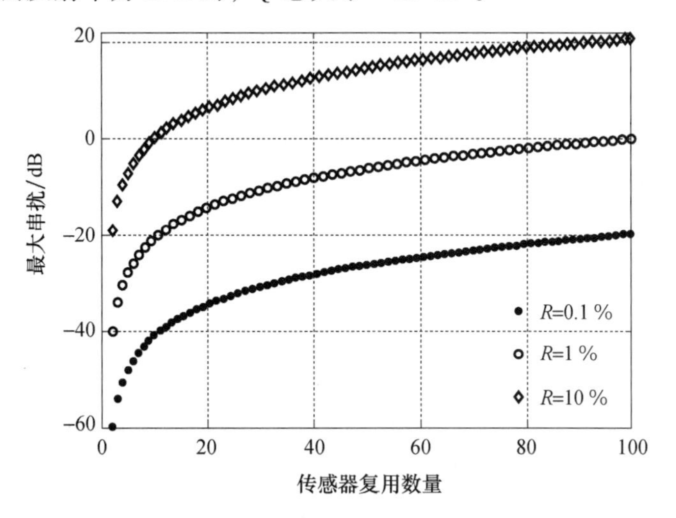

图3.9 反射率分别为0.1%、1% 和10%时的串扰大小

由式(3.15) 可知，阵列中的最小串扰为第二个水听器基元，由光纤光栅的反射率决定，而串扰的最大值由复用数和光纤光栅反射率共同决定。图3.10给出阵列中不同复用基元的串扰与光栅反射率的关系。由图3.10可见，随着反射率的增大，阵列中同一个位置基元的串扰也随之增大；随着复用数的增大，串扰也随之增大，但是增加幅度逐渐减缓。

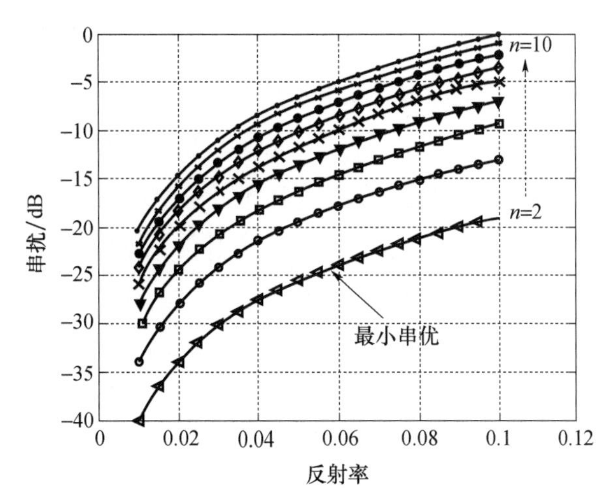

图3.10 阵列中不同传感器的串扰与光栅反射率的关系

由上述分析可知，光栅的反射率对时分复用容量和串扰都有极大的影响，复用容量越大、复用串扰越低，则要求光栅的反射率越低。由于一般光纤光栅水听器阵列都有时分复用串扰不超过-40 dB的要求，如果不做特殊信号处理的话，光栅的反射率要求一

般要求小于1%。若系统设计中含有特殊信号处理方法的话，光栅的反射率设计只由整个阵列的功率均衡和相干度要求决定，一般在8重时分以下时光栅的反射率可以达到5%左右。

综合考虑干涉相干度、阵列功率均衡及时分复用串扰等因素，用于水听器的布拉格光纤光栅峰值反射率（布拉格波长上的反射率）一般不会超过5%。参考布拉格波长反射率的计算式(3.2) 不难看出，这种光栅的栅区长度很短，折射率调制深度也很小，因此刻写起来相对容易。

有必要再次重申，本节对通道串扰的分析只是从能够形成串扰干涉的角度进行定性分析。严格来讲，串扰指的是解调相位信号的幅度的比值，而信号的解调将在本书第6章中进行详细的阐述，因此对串扰特性的分析放在本书第7章。

3.1.2.2 环境导致光纤光栅反射谱漂移对反射带宽的要求

在光纤光栅水听器中，由于所使用的光源为窄线宽光源，因此阵列中光纤光栅的中心波长需要与系统所使用的光源中心波长匹配。光纤光栅具有温度和应力敏感性，当外界温度和光栅应力改变时，光栅的光谱会发生相应地向长波或短波方向移动，当温度和应力变化到一定程度时，光栅的光谱会与光源的中心波长出现失配。光纤光栅的带宽决定了光栅与光源的中心波长的可失配程度。在实际应用中，为保证光栅可以工作在一定的温度和应力变化环境中，要求光栅的带宽尽可能地宽。

根据式(3.2)，增加光纤光栅反射带宽的主要手段是增大折射率调制幅度和减小光纤光栅长度。针对光纤光栅水听器时分复用阵列而言，无论是为了保证相干度较低还是时分复用串扰较小，都需要较低的反射率，而增加折射率调制幅度固然可以增大反射带宽，但同时会导致反射率提高，因此控制光纤光栅长度是调整反射带宽的主要手段。通常而言，用于光纤光栅水听器的光栅长度一般都很短，通常在5 mm以下，且长度越短，在同等反射率的情况下允许的折射率调制深度越高，光栅反射谱的顶部越平，意味着即使光纤光栅受到环境扰动反射中心发生漂移，但反射率变化不明显，这对光纤光栅水听器的水下应用而言是极为有利的。同时，短光纤光栅更容易通过设计封装结构来降低环境扰动对反射特性的影响。典型的低反射率光栅反射谱如图3.11所示，通常带宽为0.3 ~0.6 nm。

另外一种增加光纤光栅反射带宽的方式是采用啁啾光栅。啁啾光栅中折射率的调制周期是渐变的，示意图如图3.12所示，周期较短的部分反射的波长也较短，周期较长的部分反射中心波长也较长，组合后整个光栅的干涉带宽会大大展宽，图3.13是一个典型的啁啾光栅的反射谱，相比于均匀布拉格光纤光栅的带宽，啁啾光栅的反射带宽更宽，通常在1 nm以上，但相应的光栅长度也会增长。

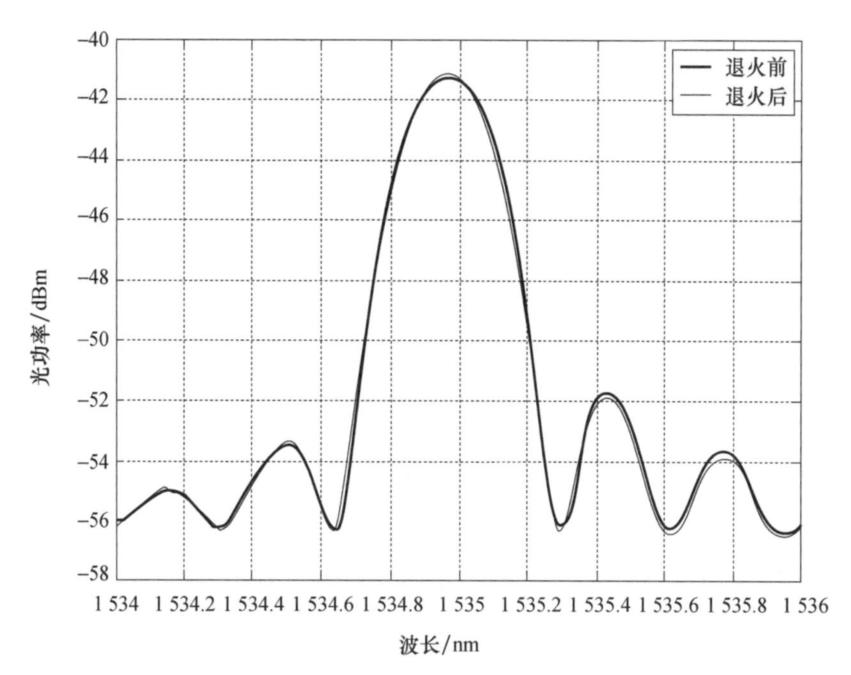

图 3.11　典型的低反射率光栅反射谱

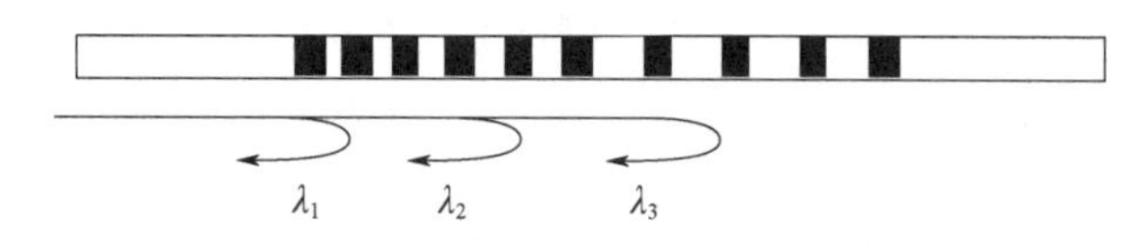

图 3.12　啁啾光栅结构示意图

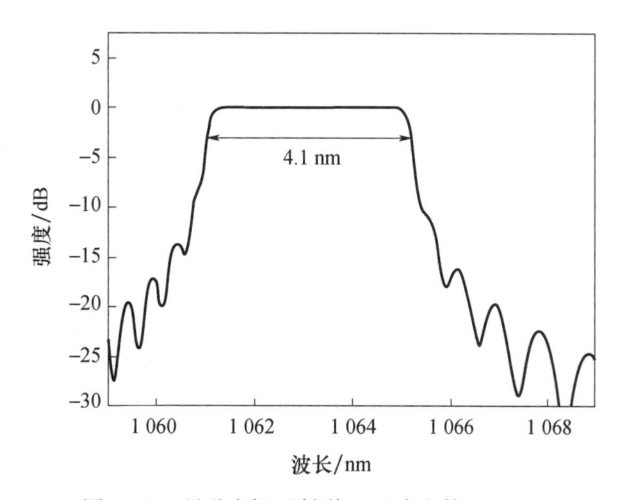

图 3.13　啁啾光栅反射谱（王鸣晓等，2022）

3.2　用于水听器的光纤光栅刻写与在线监测技术

光纤光栅常见的制备方法有纵向驻波写入法、双光束全息干涉法、相位掩模板法、逐点写入法等。光纤光栅水听器用的光栅通常在相位掩模板法基础上加特殊控制手段实现，其中用于曝光的紫外光源通常为准分子激光器，波长可采用 248 nm，也可采用 193 nm。光纤光栅水听器用光栅刻写与在线检测需要解决的两个关键问题为低反射率光栅的反射率控制问题和多个完全相同的光栅串联式刻写的在线监测问题。

3.2.1 相位掩模板法

相位掩模板方法是用于制作水听器的光纤光栅制作的基础，是产生周期性折射率调制的主要方法。

相位掩模是采用电子束平板印刷术或全息曝光蚀刻于硅基片表面的一维周期性透射型相位光栅，其实质是一种特殊设计的光学衍射元件，其近场衍射特性如图 3. 14 所示。当光纤直接放置于相位掩模的后面的紫外光束形成的近场干涉区，机械振动的敏感性降低，减小了对稳定性的要求。在光栅写入过程中，低的时间相干性不会影响写入效果，但空间相干性起到了关键的作用，如图 3. 15 所示。光纤与相位掩模的距离 d，来自相位掩模中相距为 l 的 ±1 级衍射光在光纤中形成干涉条纹。当光纤与相位掩模的两干涉光束是等距时，时间相干性不是决定形成高衬比干涉条纹的关键因素。然而，随着距离 d 的增加，来自相位掩模的两干涉光束的间距 l 随之增加。因此，好的空间相干性对形成高衬比干涉条纹是一个关键因素。当距离 d 超过了入射光的空间相干性时，干涉条纹的对比度会恶化，最后导致完全不能形成干涉。但光纤紧贴相位掩模放置，又会损害精细的光栅波纹。因此，光纤与相位掩模之间的距离是写入过程中的一个关键参数，光纤与相位掩模之间的距离一般都大于几十微米。但是这个距离在实际刻制光栅时非常难以控制，所以一般使光纤紧贴相位掩模放置以保证刻制的成功率。

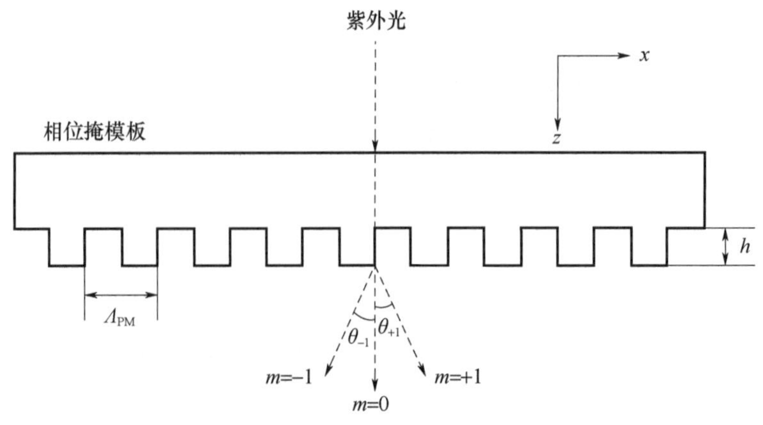

图 3. 14　相位掩模的近场衍射特性

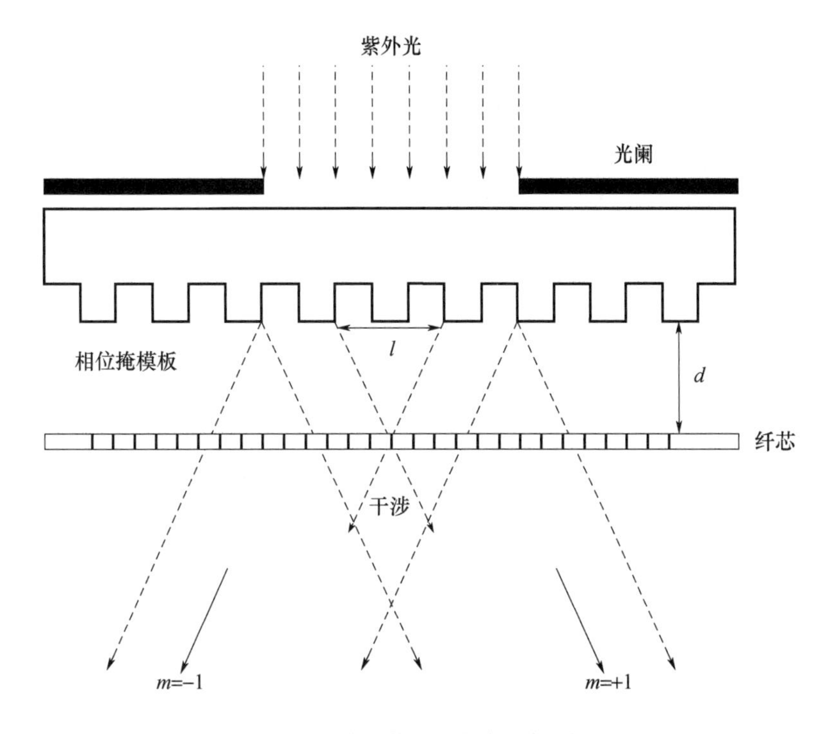

图 3.15　相位掩模板法刻制光栅原理图

由衍射理论可得 0 级衍射光波和各级衍射波的相对光强分别为

$$\begin{cases} I_0 = \frac{1}{2}[1 + \cos(\varphi_1 - \varphi_2)] \\ I_m = \frac{2\sin^2(m\pi/2)}{m^2\pi^2}[1 - \cos(\varphi_1 - \varphi_2)], m = \pm 1, \pm 2, \cdots \end{cases} \tag{3.17}$$

式(3.17) 中，φ_1 和 φ_2 分别为光波经过相位掩模板的齿和槽时产生的相位延迟。

相位掩模的高级衍射波强度较弱，通常只需要考虑 0 级和 ±1 级衍射波，而且在正入射时 ±1 级衍射波的强度相等。相位光栅的第 m 级衍射光波的衍射角可由下面的光栅方程决定

$$\sin\theta_m - \sin\theta_i = m\frac{\lambda}{\Lambda_{PM}} \tag{3.18}$$

式中，θ_m 为第 m 级衍射光波的衍射角；θ_i 为入射角；λ 为紫外光波长；Λ_{PM}为相位掩模板周期。

当正入射时，式(3.18) 可表示为

$$\sin\theta_m = m\frac{\lambda}{\Lambda_{PM}} \tag{3.19}$$

由式(3.19) 可知，当模板周期 $\Lambda_{PM} < \lambda$ 时，正入射只存在 0 级衍射光，不会产生干涉条纹。只有当 $\Lambda_{PM} > \lambda$ 时，正入射才会产生高级衍射光，且 ±1 级衍射光相对于入射线左右对称，即 $\theta_{+1} = \theta_{-1} = \theta$。当激光器波长 $\lambda = 248$ nm，模板周期 $\Lambda_{PM} = 1\ 066.27$ nm 时，

±1 级的衍射光的衍射角分别为 ±13.45°。

正入射情况下，只考虑 0 级和 ±1 级衍射光，设这 3 列平面波在相位掩模后表面的复振幅分别为

$$\begin{cases} E_0(x) = A_0 \\ E_{-1}(x) = A_1 \exp[-\mathrm{i}K\sin(\theta_m)x] \\ E_{+1}(x) = A_1 \exp[-\mathrm{i}K\sin(\theta_m)x] \end{cases} \tag{3.20}$$

式中，A_0 为 0 级衍射光的电矢量振幅；A_1 为 ±1 级衍射光的电矢量振幅；K 为波数，3 列波的叠加为

$$E(x) = E_0(x) + E_{-1}(x) + E_{+1}(x) \tag{3.21}$$

因此，干涉场的强度分布为

$$I(x) = E(x)E^*(x) = (A_0^2 + 2A_1^2) + 4A_0A_1\cos[K\sin(\theta_m)x] + 2A_1^2\cos[K\sin(\theta_m)x] \tag{3.22}$$

式（3.22）中第二项为 0 级衍射波和 ±1 级衍射波之间的干涉，干涉条纹周期为

$$\Lambda_{0,\pm1} = \frac{\lambda}{\sin\theta_m} = \Lambda_{\mathrm{PM}} \tag{3.23}$$

第三项表示 ±1 级衍射波之间的干涉，干涉条纹周期为

$$\Lambda_{-1,+1} = \frac{\lambda}{2\sin\theta_m} = \frac{\Lambda_{\mathrm{PM}}}{2} \tag{3.24}$$

因此，当 0 级衍射波存在时，干涉条纹的对比度降低。因此，为了提高干涉条纹的对比度，必须设法抑制 0 级衍射波。当正入射时，光波经过相位掩模的齿和槽时产生的相位延迟分别为

$$\varphi_1 - \varphi_2 = \frac{2\pi h}{\lambda}(n_g - 1) \tag{3.25}$$

式中，n_g 为相位掩模板的折射率。

可知当满足条件 $\varphi_1 - \varphi_2 = \frac{2\pi h}{\lambda}(n_g - 1) = \pi$ 时，0 级衍射光强为 0，此时掩模板的齿高为

$$h = \frac{\lambda}{2(n_g - 1)} \tag{3.26}$$

所以，当相位掩模的齿高 h 满足上述条件时，0 级衍射光强为 0。此时干涉条纹的光强为

$$I(x) = 2A_1^2\{1 + \cos[2K\sin(\theta_m)x]\} \tag{3.27}$$

干涉条纹的周期可表示为

$$\Lambda = \frac{\lambda}{2\sin\theta_m} = \frac{\Lambda_{\mathrm{PM}}}{2} \tag{3.28}$$

综上所述，无论是斜入射还是正入射，相位掩模的干涉条纹周期均与入射光的波长无关。斜入射时干涉条纹的周期与相位掩模的周期相同，正入射时干涉条纹的周期是相位掩模周期的一半。

此时，m 级衍射光波的相对光强可表示为

$$I_m = \frac{4\sin^2(m\pi/2)}{m^2\pi^2}, m = \pm 1, \pm 2, \cdots \tag{3.29}$$

由式(3.29)可以得到不同级数的衍射光波的光强分布，如图3.16所示。由图3.16可见，受抑制后理论上0级及偶数级光波的光强为0，±1级衍射光强最大，约各占40.53%，±2级衍射光强约各占4.5%。实际上，受到抑制的0级衍射光小于总衍射光功率的5%，而±1级的衍射光占总衍射功率的37%。

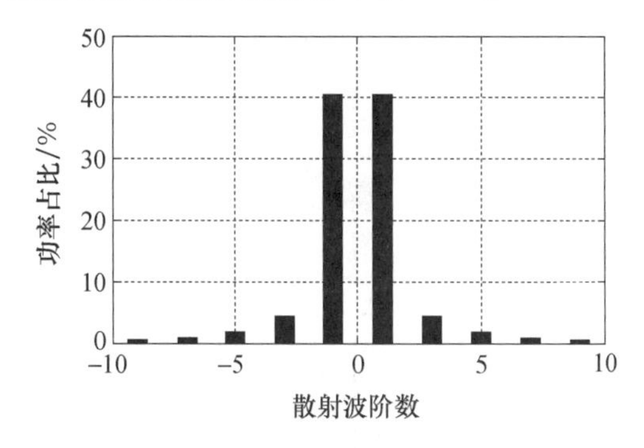

图3.16 不同级数的衍射光波的光强分布

典型的采用相位掩模板法刻制光栅的实验系统如图3.17所示，其包括光栅刻制部分和光谱在线测量部分。KrF准分子激光器输出光经过两反射镜变向后经柱透镜扩束后经过光窗入射到相位掩模板上，形成衍射光斑，对光纤进行曝光。

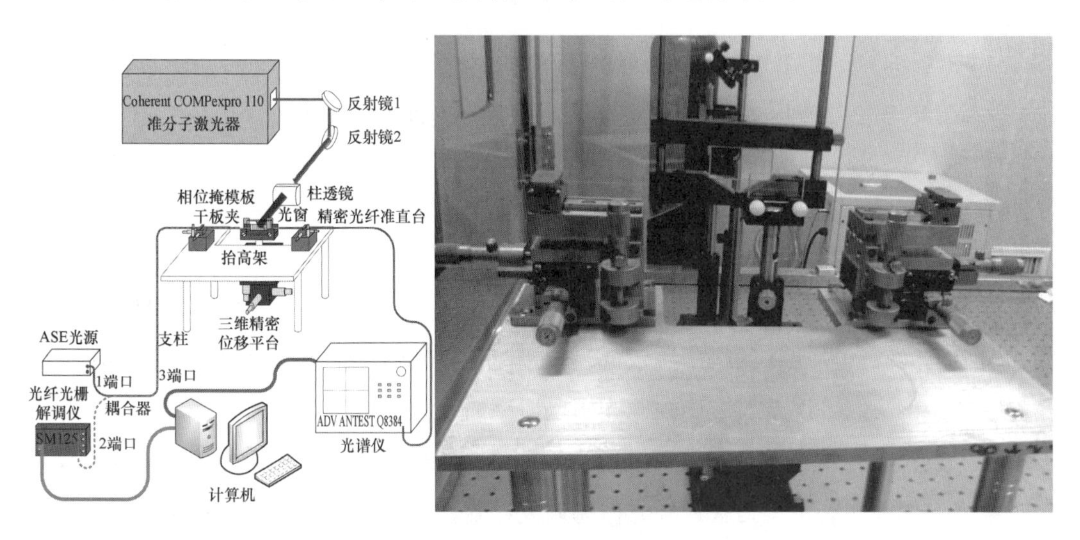

图3.17 光栅刻制系统的原理图和实物图

由于相位掩模板刻写光栅的方法可重复性好，目前在工业领域已经获得大量应用，特别是近几年来，“光纤即光栅”的概念得到良好实现，在光纤拉丝过程中直接进行紫外曝光形成光栅，然后一次性涂敷成型，这种在线的光纤光栅串制作方式为进一步提升阵列的可靠性提供了更好的支撑。图 3. 18 是武汉理工大学姜德生团队的在线式拉丝塔刻栅系统。

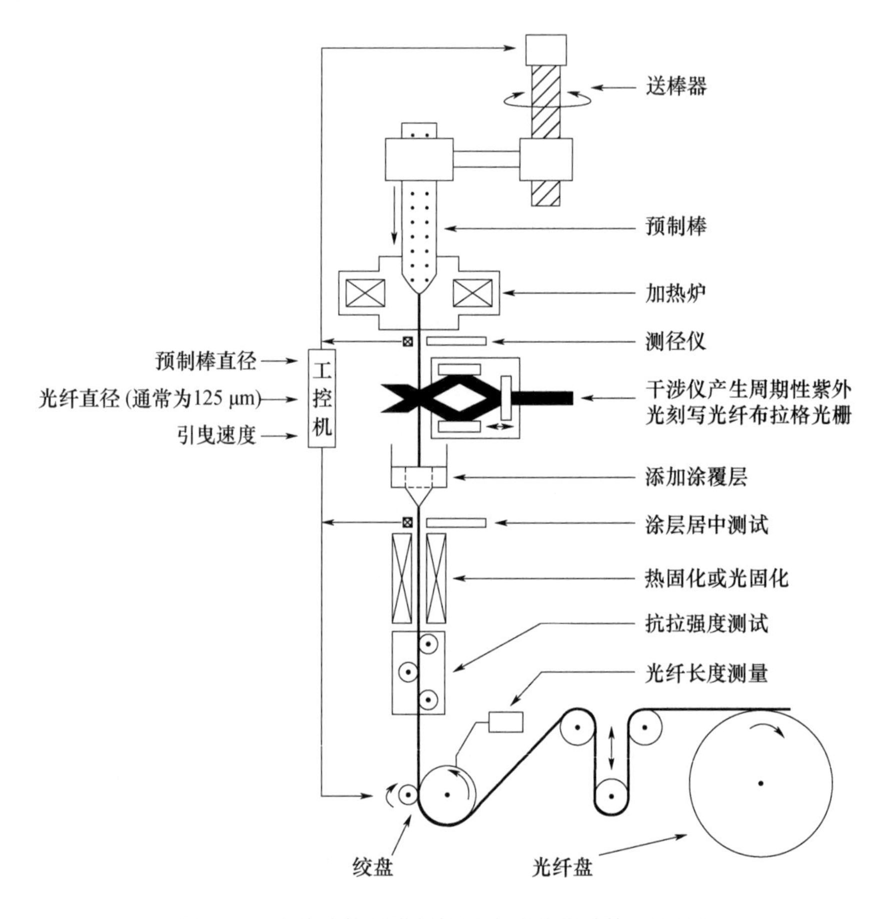

图 3. 18　在线式拉丝塔刻栅系统（黄俊斌等，2021）

3. 2. 2　参考光栅法

参考光栅法是在相位掩模板方法基础上在线监测低反射率光纤光栅制作的方法。用于水听器的光纤光栅通常反射率比较低，直接测量光栅的反射率会导致误差比较大。参考光栅法是解决测量误差、准确控制光栅反射率的一种方法。

参考光栅法制作光纤光栅的系统示意图如图 3. 19 所示。可采用光纤光栅解调仪作为反射光谱的检测装置，要求光纤光栅解调仪在 C 波段范围内的输出光谱平坦。在光纤光栅解调仪的输出端首先连接一个高反射率光栅作为参考光栅，参考光栅的布拉格波长反射率通常要求在80%以上，反射布拉格波长距离待刻写的低反射光纤光栅布拉格波长较远。在参考光栅末端接入一根用来制备光栅的普通单模光纤进行串联。解调仪的输出端口既是输出端，也是输入端。

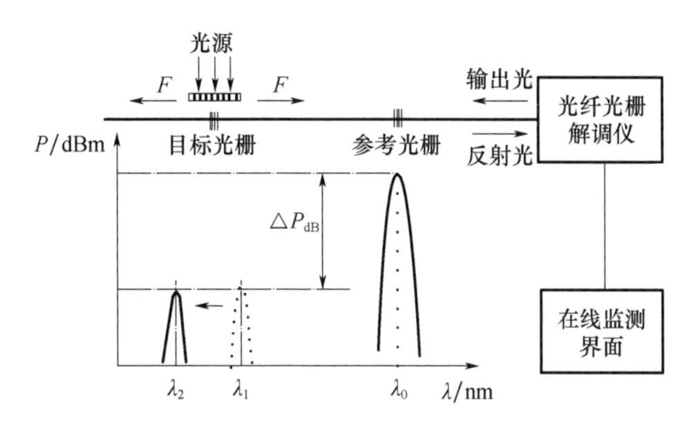

图3.19　光栅在线制备系统示意图

对低反射率光栅的反射率控制通过引入的高反射率参考光栅实现。一般而言，光纤光栅解调仪的输出光谱比较平坦，在已经知道高反射率光栅的反射率情况下，通过对比待刻写光栅与参考光栅反射回来的光强差，可以获得待刻写光栅的反射率。

设参考光栅的反射率为R_0，反射谱的峰值为$P(\lambda_0)$ dBm。首先在目标光栅两边施加特定的两个反向相等的拉力，此时目标光栅的张力波长为λ_1，反射率为R_1，反射谱的峰值为$P(\lambda_1)$ dBm。设解调仪的输出光功率为P_{out}，那么$P(\lambda_0)$和$P(\lambda_1)$可以表示为

$$
\begin{aligned}
P(\lambda_0) &= 10\lg(P_{out}R_0) \\
P(\lambda_1) &= 10\lg(P_{out}R_1)
\end{aligned}
\tag{3.30}
$$

由式(3.30)可以解得

$$
R_1 = R_0 \times 10^{\frac{P(\lambda_1)-P(\lambda_0)}{10}} \tag{3.31}
$$

由此，通过实时监测$P(\lambda_1)$值的变化，即可控制得到预设的目标光栅反射率。

3.2.3　预应力法

预应力是在相位掩模板方法和参考光栅法基础上，解决多个完全相同的光栅串联式刻写的在线监测问题的方法。

对于特定的光纤，在相同外部条件下所刻写的光栅的中心波长的变化与施加的预应力的关系是固定的。光纤的机械强度限制决定了其伸缩范围有限，施加拉力可获得的波长调节量一般在几纳米以内。在该方法中，需要选择可以产生大于所设计中心波长的相

位掩模板进行光栅的刻写。紫外曝光前，在待刻写光栅的光纤处施加一轴向预应力。一般地，对于特定的光纤和特定的相位掩模板，预应力的施加并不会改变所刻写的光栅的初始波长。这样，曝光后产生的光栅的中心波长（λ_1）将大于所设计的波长；去除预应力后，光栅的中心波长将移动到小于 λ_1 的波长 λ_2 处（图 3.19）。通过对曝光量和所施加的预应力的控制，可以实现去除预应力后，光栅的中心波长恰好与所设计的波长相吻合。而所施加的预应力仅仅影响光栅的中心波长，不会改变其反射率，因此可以利用在未施加预应力的情况下参考光栅与所刻写的光栅的反射谱的峰值功率之差计算出所刻写的光栅的反射率。在刻写完成后，移除预应力，那么所刻写的光栅的波长移到 λ_2 处。通过采用这种刻写光栅之前施加预应力，刻写完成之后释放预应力的方法，可以成功地实现已刻写的光栅的中心波长为我们所需要的波长 λ_2，而正在刻写的光栅的中心波长位于另一个不同的波长 λ_1 上，并且可以通过监测波长为 λ_1 的光栅的反射率来得到最终的光栅的反射率。通过循环这一过程，就可以实现在光纤上连续刻写多个光栅。

实际案例（3-1）

图 3.20 是采用参考光栅和预应力方法联合刻写的 9 个串联光栅总反射谱。光栅刻写所采用的光纤为长飞公司生产的 BI 7/80-18/165 型光纤，参考光栅的反射率为 -25 dB (99.7%)。在一根光纤上等间隔地连续刻写了 9 个超低反射率的光纤光栅，光纤光栅设计具有相同的中心波长和反射率，光纤光栅之间的间距为 10 m。这 9 个光栅组成了 8 路时分复用通道。其中一个光栅的反射谱如图 3.20 所示。预应力移除前后，所刻写的光栅的中心波长从 1 536.75 nm 变为 1 535.78 nm。在这一过程中，得到参考光栅的光谱和施加预应力时光栅的光谱（中心波长为 1 536.75 nm）的峰值功率之差为 26.83 dB，可以计算出所刻写的光纤光栅的峰值反射率为 0.21%。9 个光栅串联的总反射谱中总反射谱的中心波长为 1 535.79 nm，与单个光栅的中心波长一致；总反射谱的带宽为 0.55 nm，单个光栅光谱的带宽为 0.53 nm。由此可以推断，这 9 个光栅的中心波长吻合良好，而各光栅的峰值反射率在刻写过程中已经得到控制，因此可以认为各光栅的光谱基本一致。

3.3 本章小结

用于水听器的光纤光栅与常规传感用光纤光栅的参数指标要求有着显著不同，低反射率与大带宽是两个突出的要求。这导致其制备工艺也与常规光栅不同。用于水听器的

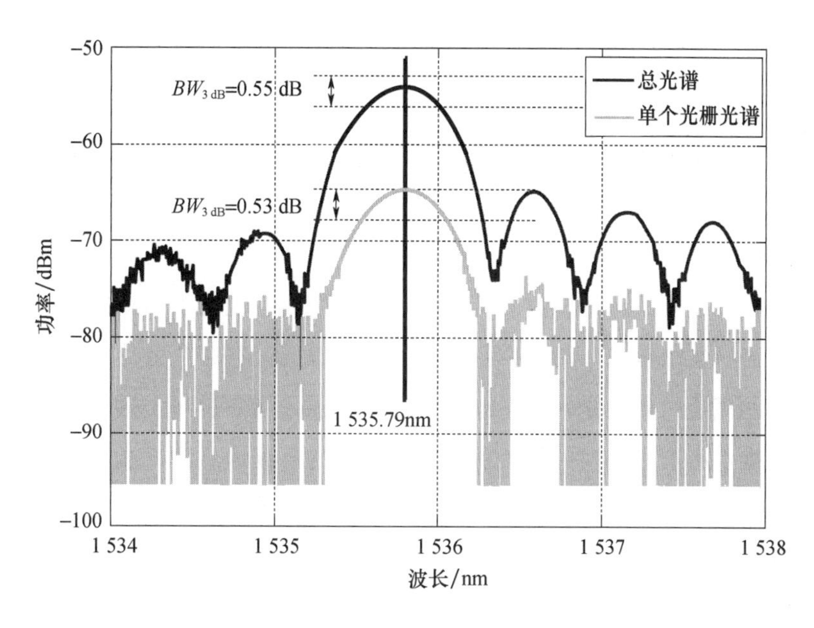

图 3. 20　9 个串联光栅的总反射谱

光纤光栅制备技术以现代光纤布拉格光栅技术制备工艺为基础，相位掩模板方法是应用最为成熟的一种，并已形成在拉丝塔上在线刻写光栅的技术能力。在此基础上，结合参考光栅方法解决低反射率光纤光栅的反射率精准控制问题，采用预应力法解决时分复用阵列中多个完全一致的光纤光栅无损在线监测问题。总体而言，用于水听器的光纤光栅刻写技术相对较为成熟，这也是光纤光栅水听器初步具备大规模工程推广应用的工艺和市场化基础。

第 4 章　光纤光栅水听器探头技术

声场是一种矢量场。除声压这一标量信息外，声场还包含了声压梯度、加速度、质点振速、声强流等矢量信息。对水声场的测量，可以通过对声压变化、水介质的质点振速和加速度等物理量的测量来实现。光纤光栅水听器是指通过对上述任意一种声场物理量的检测来反推水声信号的换能器统称。如果感知的声场信息为声压，这种光纤光栅水听器称为标量水听器，如果感知的声场信息为质点振速等矢量物理量，则称为矢量水听器。两种光纤光栅水听器的光学结构可以完全相同，通过不同的探头结构设计实现对不同声场物理量的响应。光纤光栅水听器探头技术要解决的核心问题有两个：一是实现对特定声场物理量的传感；二是使传感灵敏度和频率响应达到设计要求。

4.1 光纤干涉仪的基础声场响应

在第 2 章光纤光栅水听器基本原理中已经分析，光纤光栅水听器两臂的相位差为式(2.10)，即

$$\varphi_1 = \frac{4\pi n\Delta L}{\lambda} \tag{4.1}$$

当受到外界声信号作用时，相位的变化量可以写成

$$\Delta\varphi_1 = \frac{4\pi n\Delta L}{\lambda}\left[\frac{\delta(\Delta L)}{\Delta L} + \frac{\delta n}{n}\right] \tag{4.2}$$

式(4.2) 右边两项分别表示由传感光纤长度和光纤折射率变化所产生的相移，声压变化引起的相位差的变化表现在两个方面：① 声压变化引起光纤纵向应变使光纤长度变化，导致光相位的变化；② 光纤的纵、横向应变产生的二次效应——光弹效应使纤芯折射率发生变化，导致光相位发生变化。

光纤折射率椭球为

$$\boldsymbol{\beta}_{ij} x_i y_j = 1$$

上式中下标为求和下标，$\boldsymbol{\beta}_{ij}$称为介电不渗透张量元，其分量代表光频下介质介电常数的倒数。折射率椭球的矢径长度代表光波振动方向所对应的折射率，即

$$\boldsymbol{\beta}_{ij}=\frac{1}{n_{ij}^{2}}$$

介电不渗透张量$\boldsymbol{\beta}_{ij}$与应变张量$\boldsymbol{S}_{ij}$之间的关系为

$$\Delta\beta_{ij}=p_{ijrs}S_{rs} \tag{4.3}$$

式(4.3) 中p_{ijrs}为弹光系数，它是一无量纲的量。在各向同性光纤中，上述各变量和系数的独立元数都大为减少，这时式(4.3) 简化为

$$\begin{bmatrix}\Delta\boldsymbol{\beta}_1\\\Delta\boldsymbol{\beta}_2\\\Delta\boldsymbol{\beta}_3\\\Delta\boldsymbol{\beta}_4\\\Delta\boldsymbol{\beta}_5\\\Delta\boldsymbol{\beta}_6\end{bmatrix}=\begin{bmatrix}p_{11}&p_{12}&p_{12}&0&0&0\\p_{12}&p_{11}&p_{12}&0&0&0\\p_{12}&p_{12}&p_{11}&0&0&0\\0&0&0&2(p_{11}-p_{12})&0&0\\0&0&0&0&2(p_{11}-p_{12})&0\\0&0&0&0&0&2(p_{11}-p_{12})\end{bmatrix}\begin{bmatrix}\boldsymbol{S}_1\\\boldsymbol{S}_2\\\boldsymbol{S}_3\\\boldsymbol{S}_4\\\boldsymbol{S}_5\\\boldsymbol{S}_6\end{bmatrix} \tag{4.4}$$

$\dfrac{\delta(\Delta L)}{\Delta L}$为光纤轴向应变，$\mu_f$为光纤泊松比，则光纤应变张量为

$$\boldsymbol{S}_i=[\,-\mu_f\quad-\mu_f\quad1\quad0\quad0\quad0\,]^{\mathrm{T}}\frac{\delta(\Delta L)}{\Delta L}\,,\ (i=1,2,\cdots,6)$$

式中上标 T 为转置符号，代入式(4.4) 求得

$$\Delta\boldsymbol{\beta}_r=\Delta\boldsymbol{\beta}_1=\Delta\boldsymbol{\beta}_2=\frac{\delta(\Delta L)}{\Delta L}[\,(1-\mu_f)p_{12}-\mu_f p_{11}\,]$$

由于$\Delta\boldsymbol{\beta}_r=-2\Delta n/n^3$，可以得到光纤横向折射率的相对变化为

$$\frac{\delta n}{n}=-\frac{1}{2}n^2\frac{\delta(\Delta L)}{\Delta L}[\,(1-\mu_f)p_{12}-\mu_f p_{11}\,] \tag{4.5}$$

若设光纤的纵向应变量为$\varepsilon=\dfrac{\delta(\Delta L)}{\Delta L}$，查阅石英材料的泊松比和弹光系数并代入式(4.5) 中，可得

$$\frac{\delta n}{n}=-0.22\varepsilon \tag{4.6}$$

将式(4.6) 代入式(4.2) 中，可得光纤光栅水听器对声场响应的相位变化量满足

$$\Delta\varphi_1=\frac{4\pi n\Delta L}{\lambda}0.78\varepsilon \tag{4.7}$$

上述是光纤光栅水听器对声场响应的基础原理。无论是标量的声压，还是矢量的加速度、质点振速等物理量，都是通过特定的力学作用导致传感光纤的长度和有效折射率发生改变。对于光纤光栅水听器，主要通过两个光纤光栅中间的光纤拾取应变信号，其腔长L具有可扩展性，因此光纤光栅水听器具有显著的传感优势，通过简单地增加腔长，系统就可以实现极高的探测灵敏度。

实际上，裸光纤感受的声场变化的灵敏度是很低的，裸光纤的频率响应也是不能直接适应声场探测需求的。无论是标量水听器，还是矢量水听器，都需要采用封装技术来解决灵敏度、频率响应及工程可靠性问题。从技术角度而言，封装的实质是使声场的某一个物理量作用于水听器基元时，通过特定的设计结构使其对 $\Delta\varepsilon$ 的影响达到设计要求，这一点主要通过对光纤光栅水听器中光纤的进行增敏实现。除此之外，对于光纤光栅水听器，封装结构要对光栅进行有效保护和屏蔽，保证两光纤光栅的位置尽量靠近，从而减小两光栅非对称变化，并且可以对光栅进行降敏处理，如利用聚合物涂覆方式降低光栅温度灵敏度，以提高其在实际海洋环境中受到温度、压力等作用时的长期工程适用性。

4.2 光纤光栅水听器标量探头技术

4.2.1 光纤光栅水听器标量探头常用结构

光纤光栅标量水听器的探头技术是在充分继承传统光纤标量水听器技术的基础上，再考虑光纤光栅自身的封装特点进行创新。

传统的光纤标量水听器设计结构有平面型、芯轴型和椭球型等，其中芯轴型是目前应用较多的设计结构，包括推挽式、含空气腔圆柱式和刚性臂式等典型结构。

(1) 推挽式

推挽式结构如图 4.1 所示，采用圆柱体中空结构，信号臂光纤缠绕在外层弹性体上，参考臂光纤缠绕在内层弹性体上，外层弹性体和内层弹性体之间有一层刚体起到结构支撑作用。两臂光纤都直接暴露于海水中，弹性体随水中声压变化被压缩时，外层光纤缩短，内层光纤则被拉长，故称推挽式，其优势在于可使灵敏度增加 1 倍。

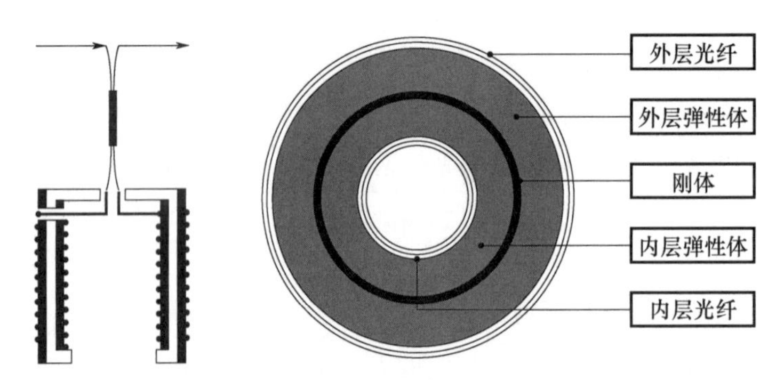

图 4.1　芯轴型推挽式光纤水听器探头结构

(2) 含空气腔圆柱式

含空气腔圆柱式结构如图 4.2 所示，圆柱体结构沿中心轴对称，同时沿中央支撑刚体左右对称，这样设计的优势在于可消除由于加速度引入的相位变化。该设计采用双层腔结构，外腔用来缠绕信号臂光纤，内腔用来缠绕参考臂光纤，光纤缠绕在弹性体上，弹性体的内层是空气，引入空气腔的作用在于增大探头灵敏度同时平衡静水压。

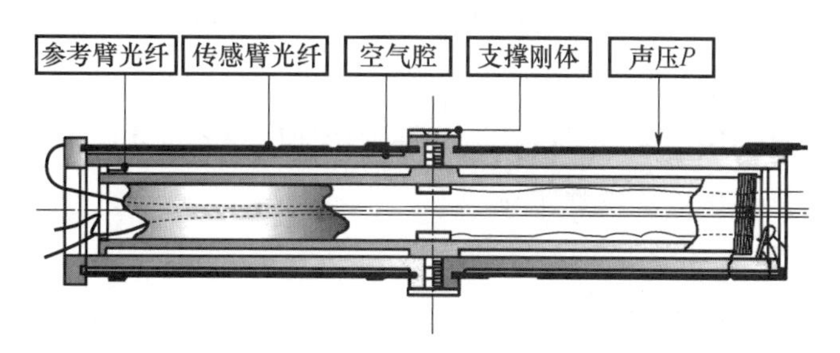

图 4.2 芯轴型含空气腔圆柱式光纤水听器探头结构（罗洪，2006）

传统空气腔芯轴型结构的传感器探头一般采用压差式结构，将光纤两臂同时缠绕在内外筒上，利用声压对内、外筒的不同的相位响应来提高声压相位灵敏度。由于光纤光栅水听器中只有一根光纤，所以只能缠绕在外筒上或内筒上。一般来说，外筒缠绕比内筒缠绕具有更高的声压灵敏度测试，但是可靠性比内筒差，如果考虑工程应用时，缠绕内筒是比较理想的选择。

（3）刚性臂式

刚性臂式结构如图 4.3 所示，圆柱体结构，中央采用刚性体，参考臂光纤缠绕其上，再往外是一层弹性体，信号臂光纤缠绕其上，用于感受外界水声信号。由于参考臂光纤缠绕在刚性体上，故其灵敏度要小于图 4.1 所示的推挽式结构。

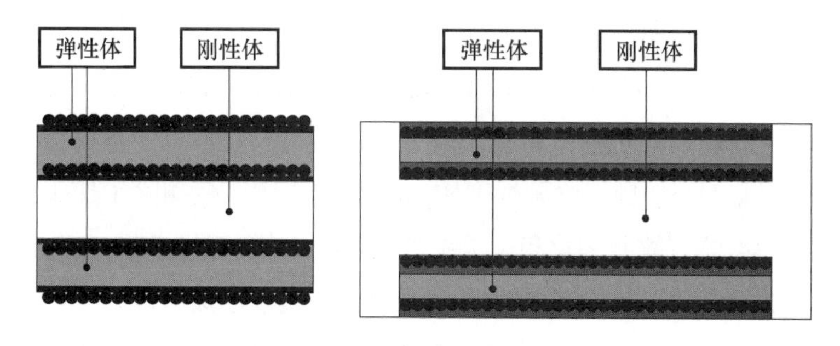

图 4.3 芯轴型刚性臂式光纤水听器探头结构

4.2.2 与探头技术相关的标量光纤水听器指标

描述标量光纤水听器的指标有很多，是一套完整的指标体系，其中，相位灵敏度及其频率响应是完全由探头设计所决定的。为方便描述，在这里先给出其定义。

（1）相位灵敏度

相位灵敏度是由声信号引起的光纤水听器干涉仪两臂相位差 $\Delta\phi$ 与在声场中引入水

听器前存在于水听器声中心位置处的自由场声压的比值，单位为 rad/Pa，定义式如下：

$$M_p = \frac{\Delta\phi}{p}(\mathrm{rad/Pa}) \tag{4.8}$$

其物理意义是光纤水听器探头在声压 P（单位：Pa）的作用下，干涉仪两臂相位差的变化（单位：rad）。

相位灵敏度也称为绝对相位灵敏度，能够确切地反映光纤水听器对水声信号的响应能力，是光纤水听器灵敏度的首选定义。

（2）相位灵敏度级

相位灵敏度级是光纤水听器相位灵敏度与其基准值之比的以 10 为底的对数乘以 20，单位为 dB，定义式如下：

$$M = 20\lg(M_p/M_r)(\mathrm{dB}) \tag{4.9}$$

其中，基准值 $M_r = 1\ \mathrm{rad/\mu Pa}$。利用相位灵敏度级表示往往更加清晰，通常提到的光纤水听器相位灵敏度即相位灵敏度级。

（3）归一化相位灵敏度

由声信号引起的光纤水听器干涉仪两臂相位差 $\Delta\phi$ 与干涉仪有效总相程 ϕ 的比值为归一化相位，归一化相位与在声场中引入水听器前存在于水听器声中心位置处的自由场声压的比值为光纤水听器归一化相位灵敏度，单位为 $\mathrm{Pa^{-1}}$，定义式如下：

$$M_f = \frac{\Delta\phi}{\phi}\cdot\frac{1}{P}(\mathrm{Pa^{-1}}) \tag{4.10}$$

式中，ϕ 为干涉仪的有效总相程，可以写为 $\phi = 2\pi nl/\lambda$；n 为光纤有效折射率；l 为光纤长度；λ 为光波长。其物理意义是探头在声压 P（单位：Pa）的作用下，光纤水听器产生相对相移 $\Delta\phi/\phi$，干涉仪的有效总相程在光纤水听器制作完成后是一定值。为提高光纤水听器的灵敏度，可以改进探头结构、改变弹性体材料、增加干涉仪信号臂光纤长度等。归一化相位灵敏度 M_f 与相位灵敏度 M_p 的区别在于：M_f 扣除了探头缠绕光纤长度的不同对灵敏度的影响。故归一化相位灵敏度与探头结构、弹性体材料等因素有关，而与光纤长度无关。相位灵敏度会随光纤长度的增大而线性增加，但归一化相位灵敏度则保持不变。考虑到光纤水听器探头最后检测的信号形式为 $\Delta\phi$ 而非 $\Delta\phi/\phi$，故在衡量光纤水听器的灵敏度时，归一化相位灵敏度与相位灵敏度相比并不占优势。

（4）频率响应

频率响应是指水听器探头对不同频率声压信号的相位灵敏度响应情况。在前述相位灵敏度相关指标的描述中，所施加的声波是一个单频信号。在此基础上，依次改变所施加的声信号频率，施加不同频率的单频声信号，则可以得到光纤水听器对应于每一个频率声信号的声压灵敏度级。将不同频率上的测量结果连起来，可以得到一条声压相位灵敏度及与频率的对应曲线，这个曲线即为频率响应曲线。

4.2.3 典型光纤光栅水听器标量探头

实际案例（4-1）

2013年，林惠祖报道了一种光纤光栅水听器芯轴型空气腔结构标量探头。在这一案例中选择将传感光纤绕在外腔，两FBG之间的总腔长为25.54 m，光纤为250 μm直径的抗弯光纤，将长度为24.54 m的光纤缠绕在一个外径为18 mm的铝制空气腔芯轴结构的外壁，外壁厚度为0.5 mm，实物如图4.4所示。

图4.4 水听器探头实物图（林惠祖，2013）

这种探头结构在80 Hz~2 kHz频段范围内的声压灵敏度频率响应曲线如图4.5所示，声压灵敏度约为-149 dB，在测试频段范围内频率响应平坦，波动不大于±1.5 dB。

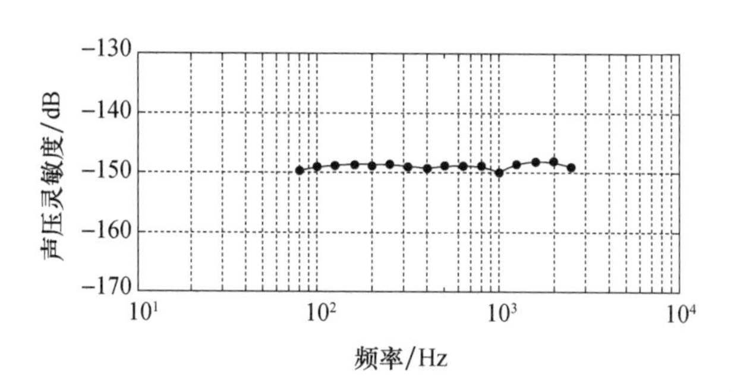

图4.5 水听器探头声压灵敏度频率响应（林惠祖，2013）

4.3 光纤光栅水听器矢量探头技术

4.3.1 光纤光栅水听器矢量探头常用结构

4.3.1.1 声压梯度式矢量光纤水听器

声压梯度式是通过探测声场中两处或多处位置的声压，并利用有限差分来近似求得声压梯度，而声压梯度与质点加速度之间由欧拉公式联系起来，从而得出矢量声场信息。

声压梯度式结构主要有单探头、双探头、四探头、六探头等几类，前两者为一维矢量探测，后两者为三维矢量探测。单探头结构利用同一干涉仪的双臂各自探测两处声压值，此时干涉仪输出直接为声压差，但由于单一探头尺寸较小且无法形成推挽结构，其压差灵敏度较低。双探头结构利用两个分立探头同步异点测量声压，要求探头尺寸与间距远小于声波尺度，此时两者探测声压之差即近似为连线中点处的声压梯度值。图 4. 6 所示为一种单探头压差式结构，该结构通过弹性柱体与弹性盘式结构相结合，提高了单探头结构的低频灵敏度。

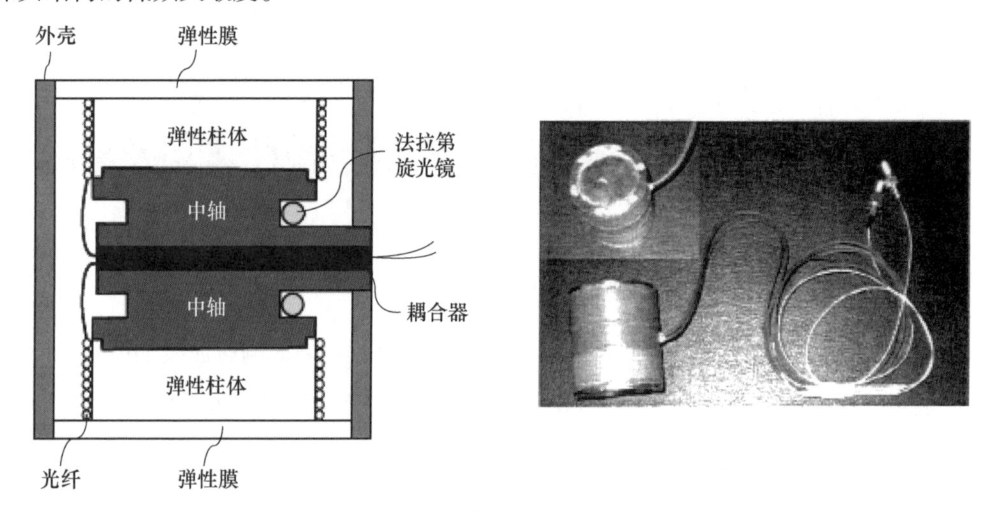

图 4. 6　单探头压差式结构图与实物图（吕文磊，2009）

图 4. 7 所示为四探头、六探头结构声压梯度型矢量水听器。利用正方体空间 6 个面中心位置（$M1 \sim M6$）的声压信息计算三维声压梯度，四探头结构为前者的简化版，利用 4 个顶点位置（$T1 \sim T4$）的声压信息。

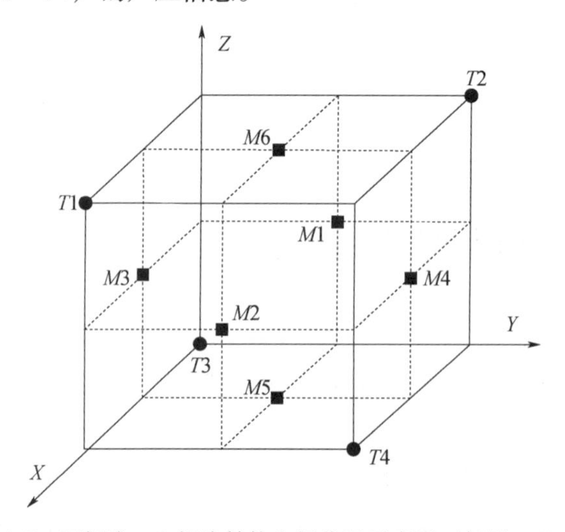

图 4. 7　四探头、六探头结构空间位置示意图（杨昌，2012）

声压梯度式水听器的探头间距选取将直接影响其性能，间距越大则水听器对低频信号的响应越好，但带宽会越窄，因此需要结合实际应用情况进行权衡。需要注意的是，双（多）探头结构对各声压探头性能的一致性要求较高，而工程应用中较难控制，从而限制了该型水听器的应用。

4.3.1.2 惯性式（同振式）矢量光纤水听器

惯性式矢量光纤水听器有振速型、位移型、加速度型3种。若将水声场等效为简谐波场，质点振速、质点加速度、质点位移等物理量之间的微积分关系可以转化为更为直观的线性关系。探测此类物理量时，需要将传感器安装在刚性的球体、圆柱体或椭球体等几何体中。当有声波作用时，其封装外壳会随水介质质点同步振动，而其内部的惯性元件（一般为质量块）则保持静止，这样会有一个惯性力作用在外壳与惯性元件之间的传感元件，其内部的振动传感器拾取相应的声质点运动信息。该型器件是对声波作用下质点运动的直接探测，统称为惯性式传感器或者同振式水听器。

在振速型、位移型和加速度型3种结构中，加速度型结构紧凑，易于拓展至三维，灵敏度最好且频响范围广，是目前采用较多的一种结构。其核心特征是具有质量块作为惯性元件。

（1）光纤连接质量块式结构

光纤连接质量块式结构是最为简单的原型结构，在声场振动影响下，质量块拉扯或挤压光纤，使其长度随振动发生改变。此结构光纤长度变化范围十分有限且无增敏措施，因此加速度灵敏度很低，无法应用实际。

（2）顺变柱体式（芯轴型）结构

顺变柱体式结构利用弹性实心柱体作为增敏材料，将干涉仪的传感臂绕至其上。当声场振动作用于质量块上时，将挤压或拉伸顺变柱体，进而引起光纤长度的改变，通过检测光相位变化信息可得出声场中质点加速度信息。在部分文献中该结构也称芯轴型结构，须与芯轴型声压标量水听器做区分。

一维顺变柱体式结构按照单臂缠绕和双臂缠绕的不同分为单臂式（图4.8左）和推挽式（图4.8右），两者加速度灵敏度相等，但后者谐振频率更高，使得频率范围更广。通过共用质量块且正交排布3组一维推挽式结构可得到三维结构探头，其结构简单紧凑（图4.9）。

（3）圆柱薄壳式结构

与顺变柱体式结构类似，通过将光纤传感臂缠绕至圆柱薄壳上，可以形成一维或三维圆柱薄壳式结构探头（图4.10和图4.11）。

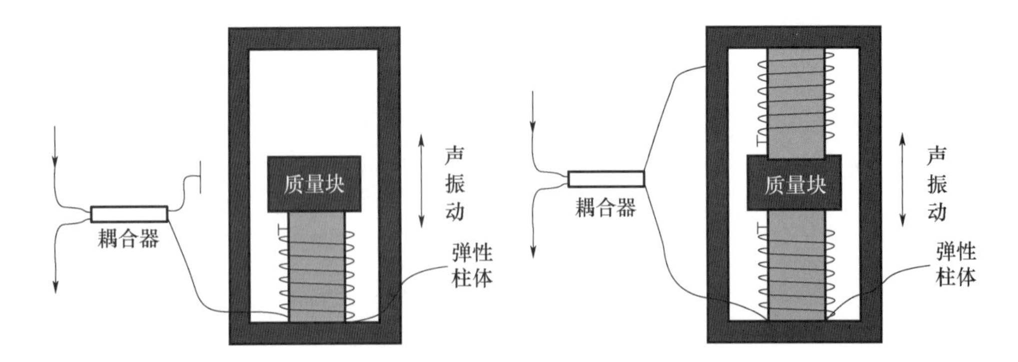

图 4.8　一维顺变柱体式结构示意图（张振宇，2008）

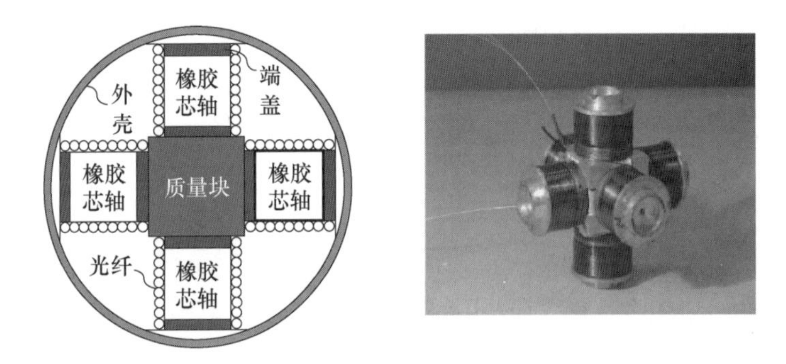

图 4.9　三维顺变柱体式探头结构图及实物图（张振宇，2008）

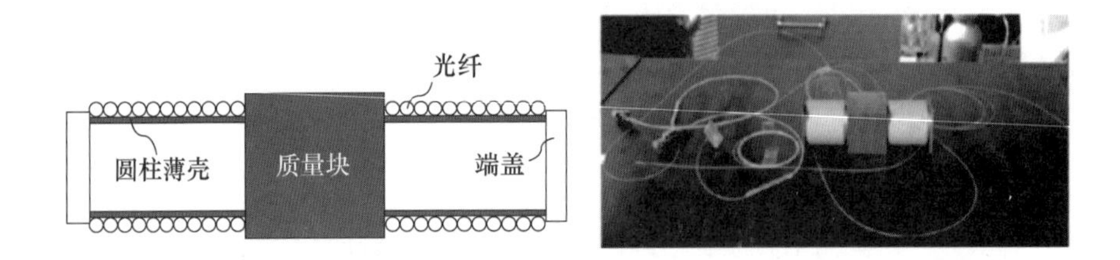

图 4.10　一维薄壁圆柱壳式探头结构图及实物图（戴维栋，2017）

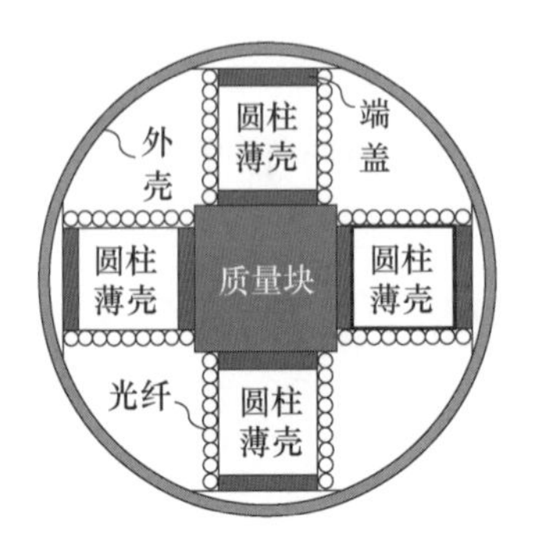

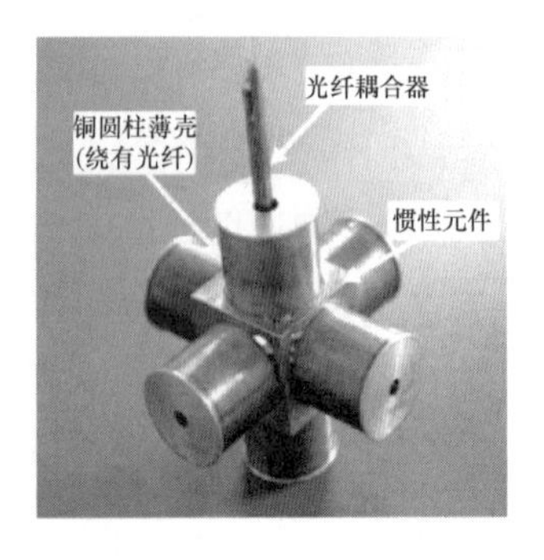

图 4.11　三维薄壁圆柱壳式探头结构图及实物图（饶伟，2012）

4.3.1.3　复合式光纤矢量水听器

复合式光纤矢量水听器是指声压梯度式和惯性式混合运用的结构设计方式。图4.12所示为将同振式结构与压差式结构相结合形成的复合式结构。该结构为三维形式，其中 Z 轴方向为两个声压标量传感器构成的压差式结构，X 轴和 Y 轴采用同振式结构。Z 轴两端部分暴露于球壳外以耦合更多声压信号，并且声压传感器与质量块相隔离，X 轴和 Y 轴完全封装于球壳，共用中心质量块。该复合式水听器对于单频信号和宽频信号均有较好的响应。

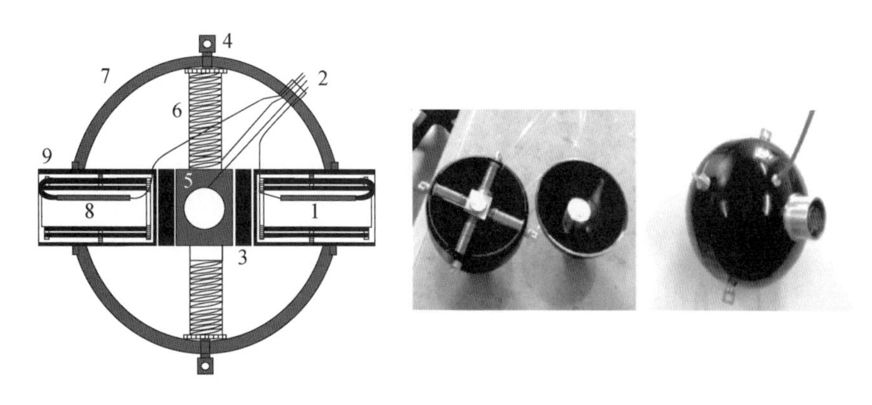

图4.12　复合式结构示意图及实物图（王付印，2011）

4.3.2　典型光纤光栅水听器矢量探头

实际案例（4－2）

挪威 OptoPlan 小组研制的用于海底地震测量的4C 传感阵列（含3个加速度计和1个水听器），该传感基元内部光路结构如本书第1章中的图1.4所示，实物图如图1.5所示。从图中可以看出，该矢量水听器的 X、Y、Z 方向的传感轴各自分立，每个轴都是一个独立的加速度计，结构较为简单。由于该结构铺设在海底用于地震测量，因此整体质量较大。

实际案例（4－3）

2017年，电子科技大学提出了基于光纤光栅 F－P 腔的芯轴型圆柱薄壳一维加速度计，结构如图4.13所示。两个薄壁圆柱壳分别对称固定在惯性原件的上下两个面，传感光纤致密且均匀地缠绕在薄壁圆柱壳上，再用密封外壳固定。当无外力作用时，系统处于自然伸张的静止状态中。当有声信号作用在探头上时，M 质量块由于惯性作用会保持相对静止，而密封外壳则会随着介质的振动同步振动，此时密封外壳会受到质量块与密封外壳的挤压或者拉伸作用。

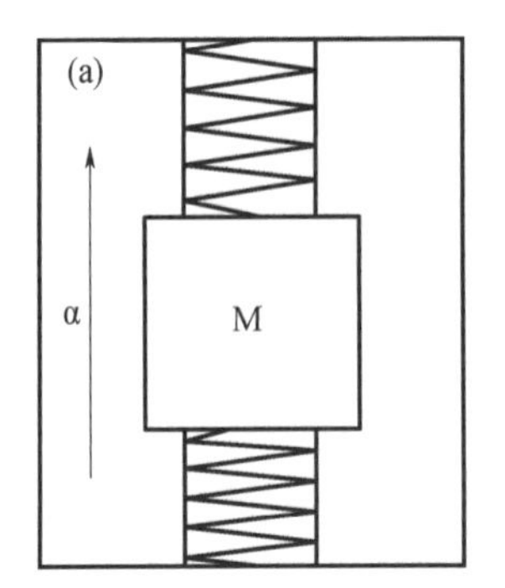

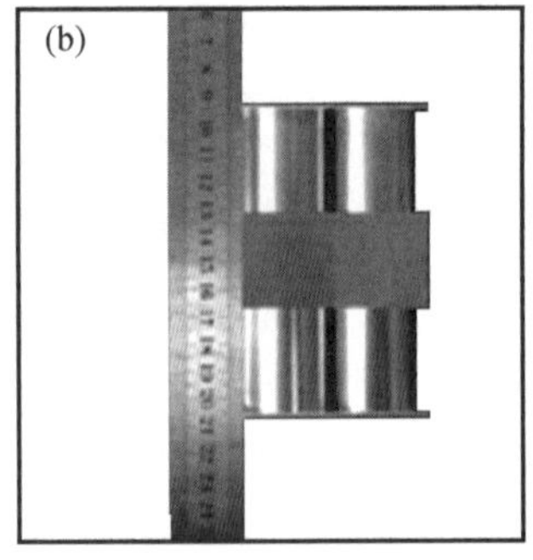

图 4.13 基于光纤光栅 F－B 腔的圆柱薄壳式一维加速度计

（a）示意图；（b）实物图（戴维栋，2017）

实际案例（4－4）

中科院应用声学所在 2018 年也报道了一种水声探测的基于光纤光栅 F－P 腔的分立式光纤矢量水听器，整个光纤水听器装置如图 4.14（a）所示，图中左上角的插图为三轴加速度计，加速度计密封后由支架悬挂。图 4.14（b）所示为加速度基元的结构示意图。

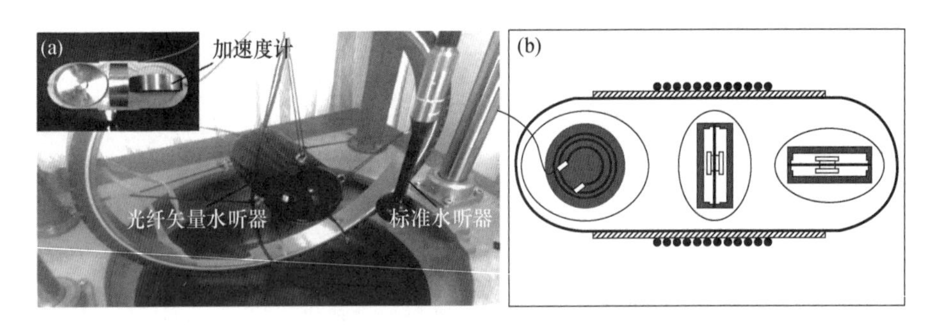

图 4.14 中科院应用声学所研制的 F－P 腔三维矢量水听器

（a）加速度计实物图；（b）示意图（Jin et al.，2016）

4.4 本章小结

探头技术是确保光纤光栅水听器能够实现特定水声探测性能的基础，是实现声波调制光纤中光波相位的关键传递结构。本章对常用的标量和矢量光纤水听器设计结构进行了归纳和梳理，并对应地给出了应用于光纤光栅水听器的结构案例。由于探头技术的内涵更多关注在材料、结构等方面，本书以光波物理层面的关键技术为主题，故只对探头技术进行简单梳理，未做深入的机理分析，感兴趣的读者可参考相关引文的原文。

第5章　光纤光栅水听器偏振诱导信号衰落及其抑制技术

偏振诱导信号衰落现象是所有光纤干涉仪所面临的共通性问题，其物理起源为两束光发生干涉时偏振态不一致对干涉结果的影响。在光纤这个特殊的光传输介质中，由于光纤双折射效应的存在，发生干涉的两束光偏振态对干涉结果的影响更加复杂且具有随机性，因此成为所有以光纤干涉仪作为传感基础结构的系统技术瓶颈。尽管针对这一问题在传统光纤水听器中已经有比较多的解决方案，但由于光纤光栅水听器结构的特殊性，在湿端采用特殊元器件的方法不再适用，解决方案主要依赖于干端调制解调设计。

5.1　光纤光栅水听器中的偏振诱导信号衰落现象

5.1.1　单模光纤的双折射

理论上，单模光纤中可以传输两个互相垂直的模式，它们有相同的传播常数，彼此简并，因此可以看成一个单一的偏振电矢量。然而，实际的光纤由于纤芯的椭圆度、内部残余应力或者光纤的弯曲、扭曲、外加电场、磁场等外部原因，会在光纤中引起双折射。这时输入光纤的一个线偏振光，在光纤中分解为两个互相垂直的偏振光，它们的能量场分布和传播常数均不同，这就是光纤双折射。由于光纤中的双折射受很多随机变化因素的影响，所以双折射沿光纤纵向的分布也是一个随机过程。

当任意偏振态光入射到一段光纤上，设光纤在这个入射点上的双折射主轴为 x 方向和 y 方向，则入射光可以沿着入射点的两个双折射主轴方向分解为 E_x 和 E_y，表示为

$$E_x = E_{x0}\exp(-\mathrm{i}\omega t - \delta_0)$$
$$E_y = E_{y0}\exp(-\mathrm{i}\omega t - \delta_0) \tag{5.1}$$

式中，E_{x0}、E_{y0}为在两个主轴上分解的电振幅分量；ω 为光圆频率；δ_0 为初始相位。在刚入射的瞬间，两个主轴上的分解量除了振幅不同其他都相同。经过一段长度为 l 的光

纤传输后，由于 x 方向和 y 方向上的有效折射率分别为 n_x 和 n_y，两个分量产生的相位延迟也出现差异，分别表示为 $\delta_x=\frac{2\pi n_x l}{\lambda}$ 和 $\delta_y=\frac{2\pi n_y l}{\lambda}$，则输出光的偏振态可表示为

$$\left(\frac{E_x}{E_{x0}}\right)^2+\left(\frac{E_y}{E_{y0}}\right)^2-2\frac{E_xE_y}{E_{x0}E_{y0}}\cos(\varphi)=\sin^2(\varphi) \tag{5.2}$$

其中，$\varphi=\delta_x-\delta_y$。当 $\varphi=0$ 时，式(5.2) 退化为直线方程，表征此时输出光的偏振态线偏振光；当 $\varphi=\frac{\pi}{2}$，且 $E_{x0}=E_{y0}$ 时，式(5.2) 退化为圆方程，表征此时输出光的偏振态为圆偏振光；一般情况下，φ 取任意值，则式(5.2) 为椭圆方程，表征此时输出光为椭圆偏振光。

由于光纤中的双折射效应，入射光所分解的两个正交偏振模式传播速度不同，其合成的光偏振态将沿光纤长度方向变化。双折射沿光纤纵向的分布是一个随机过程，并且会随着环境的扰动而进一步产生诱导双折射，因此经过同一段光纤传输后，输出光的偏振态是随机且随环境缓慢变化的。

5.1.2 偏振诱导信号衰落

光纤光栅水听器的理论基础是两束光的干涉，即两束单色波的叠加。为表征两束任意偏振态的光波，采用琼斯矩阵表示

$$\begin{gathered}\boldsymbol{E}_1=E_1\begin{pmatrix}\cos\alpha_1\\ \sin\alpha_1\mathrm{e}^{-\mathrm{i}\delta_1}\end{pmatrix}\exp[\mathrm{i}(\beta z_1-\omega t)]\\ \boldsymbol{E}_2=E_2\begin{pmatrix}\cos\alpha_2\\ \sin\alpha_2\mathrm{e}^{-\mathrm{i}\delta_2}\end{pmatrix}\exp[\mathrm{i}(\beta z_2-\omega t)]\end{gathered} \tag{5.3}$$

式中，E_1、E_2 表征两束光的振幅；（α_1、δ_1）和（α_2、δ_2）表征两束光的偏振态，其中 α 表示光波偏振态与 x 轴的夹角，δ 为 x 分量和 y 分量的相位延迟差，发生干涉的两束光偏振态差异就反映在这两个参数不同上；z_1、z_2 表征两束光的路程差异；ω 为光的圆频率。两束光相遇后光场的叠加为

$$\begin{aligned}E&=E_1+E_2\\&=\begin{bmatrix}E_1\cos\alpha_1\exp(\mathrm{i}\beta z_1)+E_2\cos\alpha_2\exp(\mathrm{i}\beta z_2)\\ E_1\sin\alpha_1\exp(-\mathrm{i}\delta_1)\exp(\mathrm{i}\beta z_1)+E_2\sin\alpha_2\exp(-\mathrm{i}\delta_2)\exp(\mathrm{i}\beta z_2)\end{bmatrix}\exp(-\mathrm{i}\omega t)\end{aligned} \tag{5.4}$$

叠加后的光强可表示为

$$\begin{aligned}I&=E^\dagger\cdot E\\&=E_1^2\cos^2\alpha_1+E_2^2\cos^2\alpha_2+2E_1E_2\cos\alpha_1\cos\alpha_2\cos(\beta z_1-\beta z_2)\end{aligned}$$

$$+E_1^2\sin^2\alpha_1+E_2^2\sin^2\alpha_2+2E_1E_2\sin\alpha_1\sin\alpha_2\cos(\beta z_1-\beta z_2+\delta_2-\delta_1) \tag{5.5}$$

从式(5.5) 中可以看出，表征两束光偏振态特征的参数（α_1、δ_1）和（α_2、δ_2）直接反映在两束光的干涉结果中。特别的，当两束光偏振态完全相同，即 $\delta_1=\delta_2$，$\alpha_1=\alpha_2$ 时，干涉结果变为

$$I=E_1^2+E_2^2+2E_1E_2\cos(\beta z_1-\beta z_2) \tag{5.6}$$

此时干涉结果的变化由两束光因传播路径不同导致的相位差决定，这正是光纤光栅水听器所希望得到的干涉结果。当两束光偏振态完全正交，即 $\alpha_1-\alpha_2=\pi/2$，$\delta_1=\delta_2$ 时，干涉结果变为

$$I=E_1^2+E_2^2 \tag{5.7}$$

即干涉结果为两束光强度的叠加而与相位无关，此时为光纤光栅水听器最不希望获得的结果，因为无法由干涉光强获取相位变化再进一步提取水下声学信息。这种情况称为完全偏振衰落。

通常定义相干度 K 来表征两束光的光强和偏振态对干涉结果的影响，如式(5.8) 所示：

$$K=\frac{\max(I)-\min(I)}{\max(I)+\min(I)} \tag{5.8}$$

根据式(5.8) 的定义，当两束光的光强完全相同、偏振态完全一致的情况下，干涉光的相干度 K 可达到 1；当两束光的光强完全相同、偏振态完全正交的情况下，干涉光的相干度 K 可达到 0。更多的情况下，由于一段光纤输出光的偏振态随机且随环境缓慢变化，导致发生反射的两束光偏振态随机变化，干涉的结果介于式(5.6) 和式(5.7) 之间，且随环境缓慢变化，反映在干涉仪的相干度 K 在 $0\sim1$ 之间随机变化，此现象被称为光纤干涉仪的偏振诱导信号衰落现象，简称偏振衰落现象。

除了相干度外，系统相位本底噪声也是常用来衡量系统偏振诱导信号衰落状态的指标。发生干涉的两束光偏振态随机变化会直接导致解调的系统相位本底噪声随机涨落，多次测量累积或平均结果提升。由偏振诱导信号衰落导致的系统相位本底噪声抬升也被称为偏振噪声。

对于光纤光栅水听器而言，发生干涉的两束光，第一束光在第一个光栅处被反射回，第二束光则继续在第一个光栅与第二个光栅之间的水声信号传感光纤往返一次后返回，这段光纤造成的第二束光偏振态变化是偏振诱导信号衰落现象产生的主要成因。除此之外，两束光以脉冲形式一前一后传输，链路光纤扰动的时间变化也会导致两束光偏振态产生差异，但通常由于是在光速传播状态下，这一时间非常短，因而差异较小，只有在少数精细化分析链路传输时才会考虑。

5.2 光纤光栅水听器偏振诱导信号衰落抑制技术

偏振诱导信号衰落抑制问题是以光纤干涉仪为核心传感基元的所有传感器需要解决的通用问题，包括光纤陀螺、基于迈克尔逊干涉仪的光纤水听器等。对这一问题的研究始于20年纪80年代末，并且在上述两个应用中已经得到了较好地解决，发展出了光路全保偏方案、偏振分集接收、输入偏振态控制、偏振态调制、Faraday旋镜法、偏振切换等多种技术方案。针对光纤光栅水听器而言，由于水下湿端中仅含有光纤光栅，在湿端采用特殊元器件的方法不再适用，主要解决方案都依赖于光路全保偏结构设计或干端调制解调设计。

5.2.1 光路全保偏结构设计

光路全保偏结构设计指构成光纤光栅水听器的两个光纤光栅刻写在保偏光纤上、两个光栅中间的传感光纤也使用保偏光纤的技术方案。由于光经过一段普通单模光纤传输后输出光的偏振态未知，而保偏光纤的使用要求光沿保偏光纤的快轴或慢轴注入，因此光路全保偏方案还要求光源的输出为稳定的线偏振光，传输链路也全部采用保偏光纤。

实际案例（5-1）

2015年蒋鹏报道了8重时分复用的全保偏光纤光栅水听器阵列结构，系统如图5.1所示。阵列刻写有9个反射中心为1 535.84 nm的光纤光栅，光栅反射率为0.1%，相邻光栅间光纤长度为40 m。采用RIO窄线宽半导体激光器作为光源，激光器中心波长为1 535.84 nm，激光器的输出尾纤为保偏光纤。为确保注入到光纤光栅水听器阵列湿端光偏振态的稳定性，图5.1所示中所有光调制部分，如用于产生光脉冲的声光调制器AOM、用于产生脉冲对的匹配干涉仪CIF及用于注入和返回光的环形器都采用了保偏光纤输入和输出。

采用全保偏结构设计，这套系统的8个通道本底噪声稳定控制在接近 $-100\ \mathrm{dB}/\sqrt{\mathrm{Hz}}$ 的噪声水平，且这一本底不会随传感光纤的扰动而起伏，表明系统偏振诱导信号衰落现象得到了很好地控制（彩图1）。

使用保偏光纤和保偏光纤器件构造传感系统是解决偏振衰落问题最直接的方法。光路全保偏结构设计方法对保偏光纤及保偏光学器件性能要求较高，特别是大型光纤传感系统中保偏光纤熔接点的消光比会对全保偏系统的抗偏振衰落性能产生较大影响，导致其效果降低甚至失效。对于光纤光栅水听器，由于阵列中的光纤熔接点相对于传统干涉

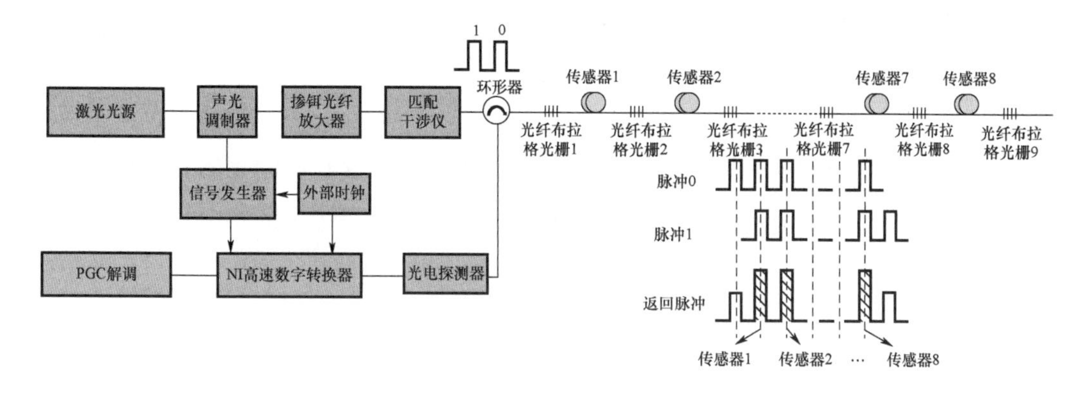

图5.1 8重时分复用的全保偏光纤光栅水听器阵列结构

型传感系统大大减少，可以有效地保证全保偏光纤方案抗偏振衰落的效果，可以成为方便高效的抗偏振衰落方法。另外，随着保偏光纤和保偏光纤器件制造技术的发展，其价格逐渐减低，更有利于其发展。但不可回避的一点是，随着阵列规模扩大、传输距离变远，全保偏光纤光栅水听器阵列的偏振诱导信号衰落抑制效果依然会降低，因此，光路全保偏结构设计方案适用于传输距离不太远、阵列规模不大的情况。

5.2.2 高速扰偏方案

高速扰偏方案解决问题的思路是对阵列注入完全的非偏振光，使得光的偏振态在各种偏振方向上完全均匀分布，这样无论光纤双折射如何变化，发生干涉的两束光偏振态始终为完全退偏状态，无论沿哪个方向起偏来看都是完全相同的结果。

高速扰偏方案的核心问题是产生偏振态完全退化的高相干光。通过在光纤干涉仪与光源连接的输入段光纤中加入高频调制，使光纤中的偏振态高速变化，得到非偏振光输出。如果不考虑干涉仪本身双折射的影响，非偏振光输入可以在输出端得到稳定的干涉条纹可见度，可以消除光源到干涉仪之间的光纤的扰动对输出干涉可见度的影响。

一般采用线性双折射介质，将线偏振光沿线性双折射介质主轴呈45°夹角入射，激发出两个大小相等的正交偏振分量。由于介质的线性双折射效应，这两个偏振分量在介质中传输时将会具有不同的折射率，经双折射介质传输后，两个偏振分量之间将产生一定的相对相位延时，输出后合成新的偏振态，偏振光合成后的状态仍然可用式（5.2）来描述。在此基础上，如果能通过控制双折射介质的调制信号，使相对相位延时产生快速变化，那么合成光的偏振态也将被快速改变，从而实现对光波偏振态的快速调制。

如果双折射介质是正弦调制，那么 x 和 y 两个偏振分量之间的相对相位差可以表示为

$$\varphi = \varphi_0 + \varphi_m \cos \omega_m t \tag{5.9}$$

式中，φ_0为双折射介质的初始相位；φ_m和ω_m分别为调制幅度和调制频率。此时，输出偏振态为邦加球上经过极点 R 和 L（右旋和左旋圆偏振）且垂直双折射介质本征矢量的大圆平面，如图 5.2 所示。那么输出光的相干矩阵可以写为

$$\boldsymbol{J} = \begin{pmatrix} J_{xx} & J_{xy} \\ J_{yx} & J_{yy} \end{pmatrix} = \frac{1}{2} I_0 \begin{bmatrix} 1 & \langle \exp(\mathrm{i}\varphi) \rangle \\ \langle \exp(-\mathrm{i}\varphi) \rangle & 1 \end{bmatrix} \tag{5.10}$$

式中，〈…〉表示在一个远大于 $T = \frac{2\pi}{\omega_m}$的周期上求平均，$I_0$为入射到双折射介质中的光功率。式(5.10) 不考虑介质的光损耗。式(5.10) 中的时间平均项可进一步展开为式(5.11)。

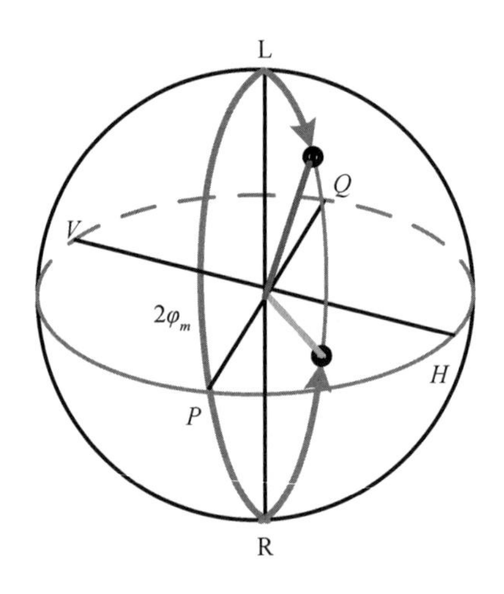

图 5.2　偏振扰动在邦加球上的表示

$$\langle \exp(\mathrm{i}\varphi) \rangle = \langle \cos \varphi + \mathrm{i} \sin \varphi \rangle = \langle \cos \varphi \rangle + \mathrm{i} \langle \sin \varphi \rangle \tag{5.11}$$

$$\langle \cos \varphi \rangle = \cos \varphi_0 \langle \cos(\varphi_m \cos \omega_m t) \rangle - \sin \varphi_0 \langle \sin(\varphi_m \cos \omega_m t) \rangle \tag{5.12}$$

将 $\cos(\varphi_m \cos \omega_m t)$ 和 $\sin(\varphi_m \cos \omega_m t)$ 采用 Bessel 展开，并求平均可得

$$\langle \cos(\varphi_m \cos \omega_m t) \rangle = J_0(\varphi_m)$$

$$\langle \sin(\varphi_m \cos \omega_m t) \rangle = 0 \tag{5.13}$$

由式(5.12) 和式(5.13) 可得

$$\langle \cos \varphi \rangle = \cos \varphi_0 J_0(\varphi_m) \tag{5.14}$$

同理可得

$$\langle \sin \varphi \rangle = \sin \varphi_0 J_0(\varphi_m) \tag{5.15}$$

由式(5.13)、式(5.14) 和式(5.15) 可得

$$\langle \exp(\mathrm{i}\varphi) \rangle = J_0(\varphi_m)\exp(\mathrm{i}\varphi_0) \tag{5.16}$$

同理可得

$$\langle \exp(-\mathrm{i}\varphi) \rangle = J_0(\varphi_m)\exp(-\mathrm{i}\varphi_0) \tag{5.17}$$

由式(5.15)、式(5.16) 和式(5.17) 可得输出光相干矩阵的行列式为

$$|\boldsymbol{J}| = \frac{1}{4}I_0^2[1 - J_0^2(\varphi_m)] \tag{5.18}$$

根据偏振度的定义，即偏部分光强与总光强的比值，可得此时光波的偏振度为

$$P = \frac{I_p}{I_0} = \frac{\sqrt{(J_{xx}+J_{yy})^2 - 4|\boldsymbol{J}|}}{J_{xx}+J_{yy}} = \sqrt{1 - \frac{4|\boldsymbol{J}|}{(J_{xx}+J_{yy})^2}} = |J_0(\varphi_m)| \tag{5.19}$$

式中，I_p表示光波中偏振部分的强度；I_0为光波的总光强，由式(5.19) 可得偏振度随不同调制幅度的变化曲线，如图5.3所示。当$\varphi_m = 2.4$ rad 时，$J_0(\varphi_m) = 0$，$P = 0$，这时输出光将变为完全非偏振光，从而消除偏振问题的影响。在这种方案中，调制深度即 φ_m 的正确选择是很重要的。只有当 φ_m 严格控制为 2.4 rad 时，才能使输出光的偏振度为 0；当调制深度控制产生误差或具有一定的波动使 φ_m 偏离 2.4 rad 时，将使 $P>0$，这时输出光将变成部分偏振光，将仍然存在一定的偏振衰落效应和偏振诱导相位噪声，无法完全消除偏振问题的影响。

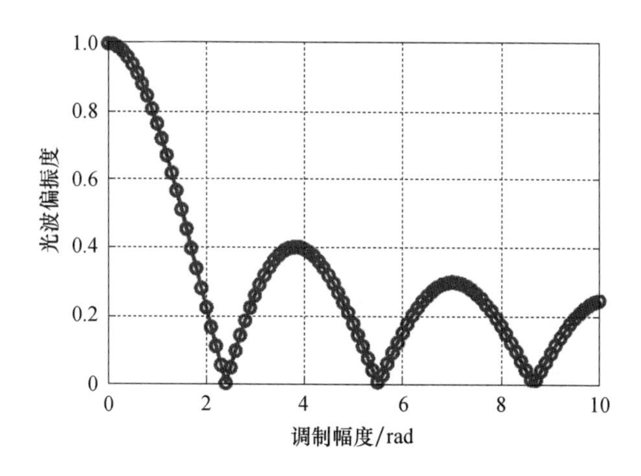

图5.3　光波偏振度与调制幅度的关系曲线

将注入激光退化为完全的非偏振光是高速扰偏方案的核心。虽然从理论上可以实现完全退偏，但在实际系统中退偏效果很难达到偏振度为0，在实际使用中受限。尽管这种方法理论上适合于光纤光栅水听器系统，但目前为止，尚未有应用实例报道。

5.2.3 偏振分集接收技术

偏振分集接收法通过在接收端采用不同夹角的检偏器对信号进行检偏并采用一定的算法来消除被检信号的偏振衰落问题。一般采用 3 个互呈 60°角的检偏器检偏，再选择可见度最好的一路进行解调，这样总能从其中拾取到一个不为 0 的可见度，完全衰落将不会发生。采用三偏振分集接收的光纤光栅水听器结构示意如图 5.4 所示。

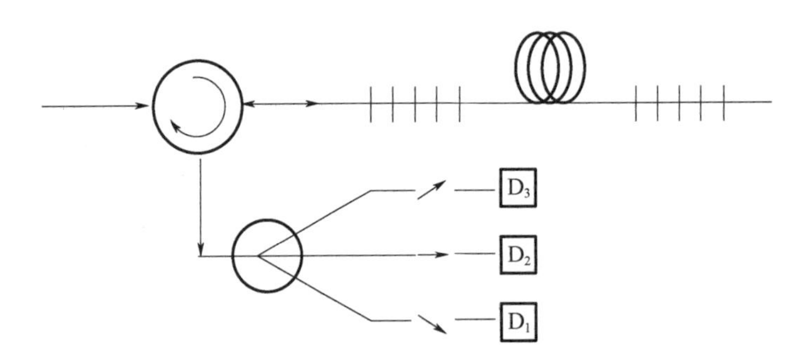

图 5.4 三偏振分集接收的光纤光栅水听器结构示意图

光纤光栅水听器中光的偏振态是任意的，不失一般性，设经第一个光栅反射的光和经第二个光栅反射的光在检偏前为椭圆偏振光，两束光强比为 1∶1，分别用θ_s、ε_s表示信号光（经第二个光栅反射）偏振态的方位角与椭率角，θ_r、ε_r表示参考光（经第一个光栅反射）偏振态的方位角与椭率角，其中，θ_s和θ_r表示光偏振态对应的椭圆长轴与 x 轴的方位角，ε_s和ε_r表示光偏振态对应的椭圆短轴与长轴之比的反正切。则两个光栅处反射回来的光矢量可用琼斯矩阵表示为

$$\boldsymbol{E}_s=\begin{pmatrix}E_{sx}\\E_{sy}\end{pmatrix}=E_s\exp(\mathrm{i}\,\varphi_s)\cdot\begin{pmatrix}\cos\theta_s\cos\varepsilon_s-\mathrm{i}\sin\theta_s\sin\varepsilon_s\\\sin\theta_s\cos\varepsilon_s+\mathrm{i}\cos\theta_s\sin\varepsilon_s\end{pmatrix}\tag{5.20}$$

$$\boldsymbol{E}_r=\begin{pmatrix}E_{rx}\\E_{ry}\end{pmatrix}=E_r\exp(\mathrm{i}\,\varphi_r)\cdot\begin{pmatrix}\cos\theta_r\cos\varepsilon_r-\mathrm{i}\sin\theta_r\sin\varepsilon_r\\\sin\theta_r\cos\varepsilon_r+\mathrm{i}\cos\theta_r\sin\varepsilon_r\end{pmatrix}\tag{5.21}$$

式中，E_s、E_r、φ_s、φ_r分别为两束光的振幅与位相。当两者通过一个与 x 轴成 θ 角的偏振器后，那么干涉仪输出的光强为

$$I=I_{DC}+2E_sE_r\sqrt{a_\theta^2+b_\theta^2}\cos(\varphi-\phi)\tag{5.22}$$

式中，$I_{DC}=E_s^2+E_r^2$为直流项，$\varphi=\varphi_s-\varphi_r$为两臂的相位差，$\phi=\arctan\left(\dfrac{b_\theta}{a_\theta}\right)$，$a_\theta$和$b_\theta$可表示为

$$a_\theta=\cos(\theta_s-\theta_r)\cos(\varepsilon_s-\varepsilon_r)+\cos(\theta_s+\theta_r-2\theta)\cos(\varepsilon_s+\varepsilon_r)\tag{5.23}$$

$$b_\theta = \sin(\theta_r - \theta_s)\sin(\varepsilon_s + \varepsilon_r) + \sin(\theta_s + \theta_r - 2\theta)\sin(\varepsilon_r - \varepsilon_s) \tag{5.24}$$

当 $E_s = E_r$ 时，干涉仪输出的干涉条纹可见度可写为

$$V = \sqrt{a_\theta^2 + b_\theta^2} \tag{5.25}$$

对于 n 路检偏器的系统，即 θ 分别取 0，π/n，…，$(n-1)\pi/n$，由 n 个光电探测器得到 n 路的电信号输出，第 k 路探测器对应的检偏器的 θ 角的大小为$\theta_k = \frac{(k-1)\pi}{n}$。

考虑直流信号对信号没有贡献，先进行隔直流处理，对信号平方，然后相加：

$$V = 2E_s^2E_r^2\sum_\theta (a\cos\varphi + b\sin\varphi)^2 \tag{5.26}$$

考虑上式较复杂，利用数值仿真的方法可以得到相加输出的最大值与最小值，仿真的结果如图5.5所示。

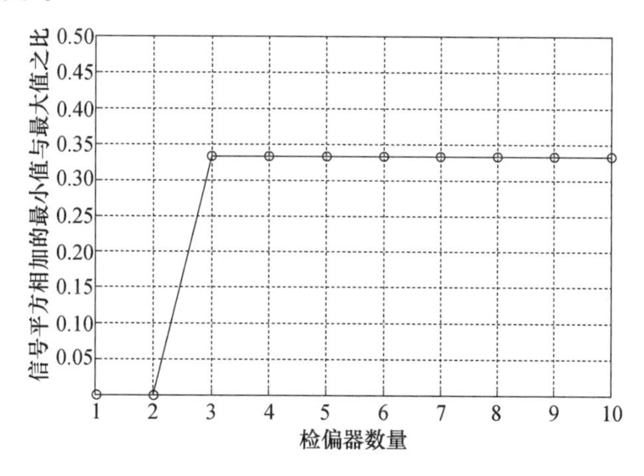

图5.5 分集检测 n 路信号平方相加的最小值与最大值之比（林惠祖，2013）

从图5.5中可以看出，当 $n \geqslant 3$ 时，叠加的电压信号随干涉仪两臂偏振态变化时取的最小值与最大值之比为1/3，考虑检偏器越少系统越简单，所以选择偏振分集时采用三分集。图5.6(a)是采用三分集方法每一路随环境扰动而导致的偏振诱导信号衰落现象结果，可以看出由于环境扰动三路都会出现相干度较低的时间段，图5.6(b)是三路合成后最大相干度分布结果，在测试时间段内最小的相干度依然大于0.3，表明这种方法可以抑制偏振完全衰落现象，即不会出现两束偏振态正交光干涉的结果。

实际案例（5-2）

2019年10月，中国电子科技集团公司第二十三研究所郭振等报道了《外径20 mm的光纤光栅干涉型拖曳水听器阵列》。该实验中采用了偏振三分集方案，偏振分集器如图5.7所示。实验中在光纤光栅水听器的信号臂上加入扰偏装置模拟随机偏振信号，其中图5.7(b)为图5.7(a)中0度检偏后的解调信号，图5.7(c)的信号为三路平方求

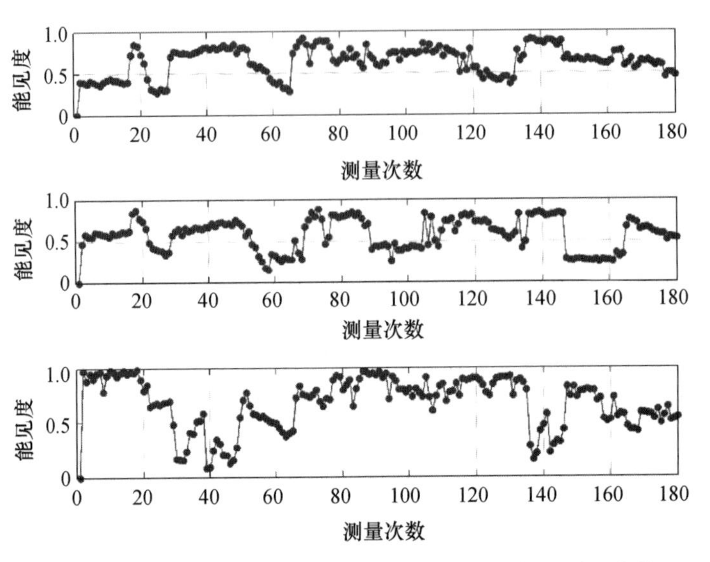

(a) 三偏振分集接收法调节输入偏振态时三路输出条纹可见度的变化

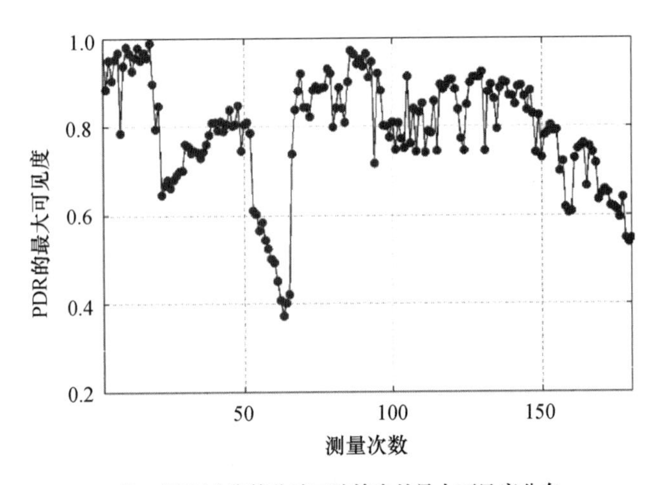

(b) 三偏振分集接收法三路输出的最大可见度分布

图 5.6　三偏振分集接收法的相干度分析结果（林惠祖，2013）

和的解调信号。可以发现，在一路信号在 4.02 s 发生偏振衰落时，利用偏振分集后的信号没有发生衰落。另外，在长时间的随机扰偏过程中，偏振分集后的信号均没有发生偏振衰落。

5.2.4　脉冲偏振切换技术

偏振切换指对问询光脉冲的偏振态进行控制、使其在设定的偏振态之间切换的方法。一般对偏振调制器施加特定频率和电压的方波信号，可使输出光的偏振态在两个相

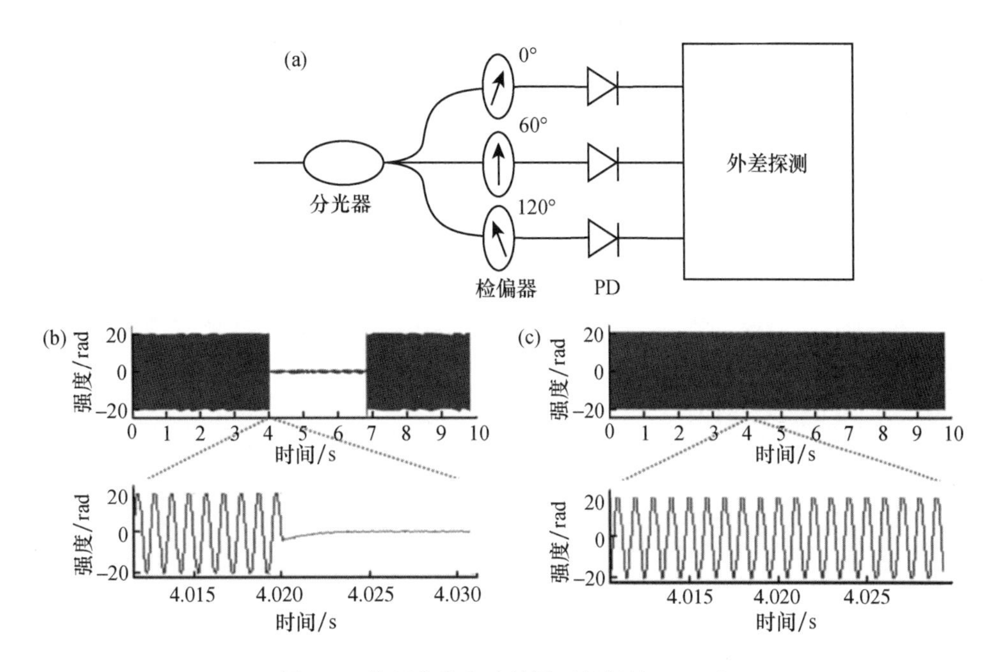

图 5.7　偏振分集实验效果（郭振等，2019）

互正交的偏振态之间高速切换。

偏振切换一般适用于采用一对脉冲问询的光纤水听器结构，利用一个偏振切换开关，对问询的脉冲对中每一个脉冲偏振态分别进行控制。早期的偏振切换方法结构示意如图 5.8 所示，以传统的迈克尔逊型光纤水听器阵列为例说明。

该方案的基本结构为远程匹配干涉的迈克尔逊水听器结构。调制光源发出一系列的光脉冲，例如以两个光脉冲为一个序列，进入近程干涉仪，第一个脉冲通过干涉仪的两个臂后由于一个臂的时延，分成两个独立的脉冲，第二个脉冲通过时偏振切换开关采取动作，进行切换，形成另两个脉冲。不失一般性，设第一个脉冲分成的两个独立保持原来的偏振态，标志为 $x-x$，那么第二个脉冲形成的两个脉冲偏振态标志为 $x-y$，通过水听器基元时，采用合适的时延，当光合成一束返回时，相邻水听器基元的脉冲信号交错相干，干涉结果如图 5.8 所示。这种匹配干涉的基本原理与光纤光栅水听器一致。

不失一般性的考虑，设光通过参考臂的偏振态不变化，第一个脉冲形成干涉 $x-x$ 时，两束光的偏振态夹角为 η，光的干涉项可以近似写成：

$$\vec{E}_s \cdot \vec{E}_r \propto E_x E_x \cos \eta \tag{5.27}$$

第二个脉冲干涉 $x-y$ 项可以写成：

$$\vec{E}_s \cdot \vec{E}_r \propto E_x E_y \sin \eta \tag{5.28}$$

考虑简单的情况下，当两束光干涉时等振幅，即 $E_x = E_y$，式(5.27)、式(5.28) 平

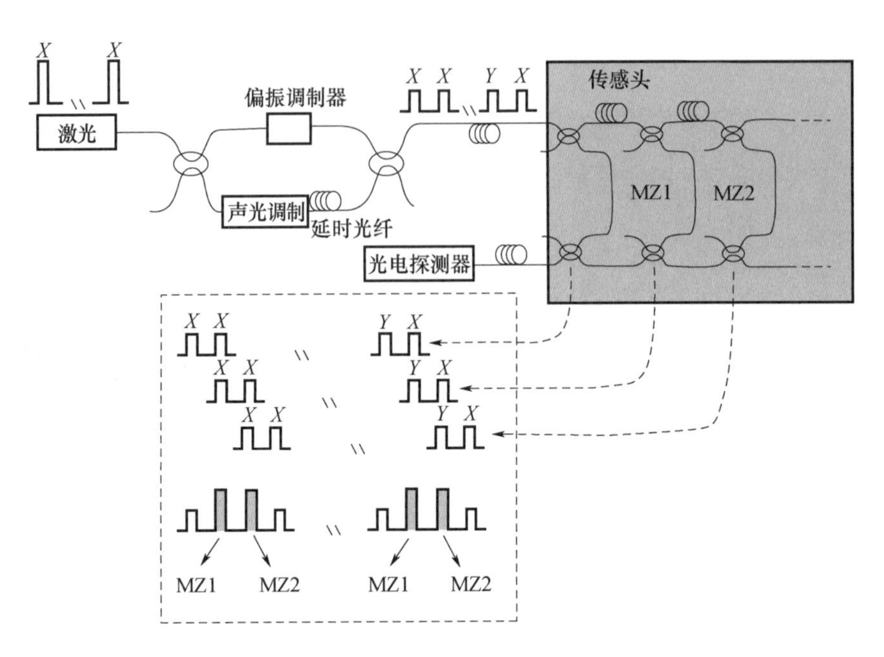

图 5.8 利用偏振切换消除偏振衰落的光纤水听器阵列原理图（倪明，2003）

方后相加就可消去偏振态的影响。在信号拾取时，也可以选择切换前后两个干涉信号的最大值，能保证干涉仪的可视度大于 0.5。

上述两路偏振切换方案虽然能保证干涉仪的可视度，但是在两路信号中根据情况随机选择一路解调会导致水声信号的跳变，在水听器实际业务化运行中会带来问题。为解决这一问题，在光纤光栅水听器系统中又发展出四路偏振切换方法。

四路偏振切换方法的物理思想核心是使用特定的光源调制和探测器来探测光纤光栅水听器阵列中每个基元的系统响应矩阵，作为每个基元琼斯矩阵的度量。响应琼斯矩阵描述了水听器传感臂光纤相对于参考臂光纤的传播，并且依赖于引导光纤的双折射，它体现了水听器内光纤的偏振相关响应。水听器内水声信号拾取光纤琼斯矩阵两个本征值的相位差值和平均值就是干涉仪的微分双折射相位和一般模式相位。虽然系统的响应琼斯和基元的琼斯矩阵不同，但是它们具有相同本征值的相位。所以这些相位的测量不受引导光纤双折射的影响，可消除偏振衰落和引导光纤双折射波动的影响，从而为光纤光栅水听器提供一种对偏振诱导噪声不敏感的信号处理方法。

设经偏振切换器输出的两个脉冲分别为$\boldsymbol{E}_{in0}$和$\boldsymbol{E}_{in1}$，φ_c 是施加在匹配干涉仪长臂上的调制信号。设第一个光栅和第二个光栅的振幅反射矩阵分别等于 ρ_0 和 ρ_1，第一个光栅的透射率为 t_0，$2\varphi_1$ 为光脉冲在传感光纤中往返传输拾取的外界信号引起的相位变化，即光纤光栅水听器上施加的信号。由光纤光栅水听器的基本原理可得干涉光强为

$$I = I_{DC} + 2\rho_0\rho_1 t_0^2 Re\{\exp[-j(2\varphi_1)](E_{in1}^{\dagger}\vec{U}_0^{\dagger}\vec{U}_1^{\mathrm{T}}\vec{U}_1\vec{U}_0E_{in0})\} \tag{5.29}$$

定义系统的响应矩阵为

$$\mathfrak{R} = 2\rho_0\rho_1 t_0^2\vec{B}_0^{\dagger}\vec{B}_1^{\mathrm{T}}\vec{B}_1\vec{B}_0 = 2\rho_0\rho_1 t_0^2\exp(-j2\varphi_1)(\vec{U}_0^{\dagger}\vec{U}_1^{\mathrm{T}}\vec{U}_1\vec{U}_0) \tag{5.30}$$

这一响应矩阵表示系统本身的特性，包括光纤的双折射信息、光路损耗以及相位信息。式(5.29) 中，光纤的琼斯矩阵可以表示为 $\boldsymbol{B}_i = k_i e^{-j\varphi_i}\boldsymbol{U}_i$，$i = 0$，1。其中，0 代表链路传输光纤，1 代表两个光栅之间的光纤。k_i 为第 i 段光纤中的振幅损耗系数；φ_i 为光纤的两个本征偏振态受到的外界相位调制的平均值，由于单模光纤的双折射极小，所以两个本征偏振态所受到的外界相位调制的差异可以忽略，即 φ_i 与偏振无关；由于 $\boldsymbol{U}_i$ 是只与光纤双折射有关的酉矩阵，式(5.29) 即为若干个酉矩阵与偏振无关的标量的积。根据酉矩阵的性质，酉矩阵的积也应该为酉矩阵，并且酉矩阵的行列式为 1。因此，对系统响应矩阵计算行列式，各个表示光纤双折射的矩阵的行列式均为 1，最后的结果只含有光纤的损耗系数和偏振无关的相位项，即

$$\sqrt{\det \mathfrak{R}} = 2\rho_0\rho_1 t_0^2\exp(-j2\varphi_1) \tag{5.31}$$

系统响应矩阵包含的双折射相关项导致干涉光产生偏振衰落，但酉矩阵特性使响应矩阵的行列式不再含有与偏振有关的相位项，仅留下了水听器基元的信号相位项，因此从式(5.30) 中提取的信号将不会受到入射偏振态及光纤双折射扰动的影响。

采用这种方法来消除偏振诱导信号衰落现象的本质上是利用了光纤传输矩阵的特性。为了得到$\mathfrak{R}$ 矩阵的 4 个矩阵元，可采用偏振态切换方法来问询。使用 4 种不同偏振态组合的问询光脉冲对分时测量$\mathfrak{R}$ 中各矩阵元素，而 4 种问询光脉冲电场向量为

$$\begin{gathered}
\boldsymbol{E}_{in0} = \begin{bmatrix}1\\0\end{bmatrix}, \boldsymbol{E}_{in1} = \begin{bmatrix}1\\0\end{bmatrix}\\
\boldsymbol{E}_{in0} = \begin{bmatrix}1\\0\end{bmatrix}, \boldsymbol{E}_{in1} = \begin{bmatrix}0\\1\end{bmatrix}\\
\boldsymbol{E}_{in0} = \begin{bmatrix}0\\1\end{bmatrix}, \boldsymbol{E}_{in1} = \begin{bmatrix}0\\1\end{bmatrix}\\
\boldsymbol{E}_{in0} = \begin{bmatrix}0\\1\end{bmatrix}, \boldsymbol{E}_{in1} = \begin{bmatrix}1\\0\end{bmatrix}
\end{gathered} \tag{5.32}$$

将式(5.32) 依次代入式(5.29)，可得到四路偏振通道干涉光强分别为

$$\begin{cases}
I_{XX} = I_{DC} + 2\rho_0\rho_1 t_0^2 Re\{\exp[-j(2\varphi_1)]U_{11}\}\\
I_{XY} = I_{DC} + 2\rho_0\rho_1 t_0^2 Re\{\exp[-j(2\varphi_1)]U_{12}\}\\
I_{YY} = I_{DC} + 2\rho_0\rho_1 t_0^2 Re\{\exp[-j(2\varphi_1)]U_{22}\}\\
I_{YX} = I_{DC} + 2\rho_0\rho_1 t_0^2 Re\{\exp[-j(2\varphi_1)]U_{21}\}
\end{cases} \tag{5.33}$$

式中，$U=\vec{U}_0^{\dagger}\vec{U}_1^{\mathrm{T}}\vec{U}_1\vec{U}_0$，$U_{11}$、$U_{12}$、$U_{22}$、$U_{21}$分别为矩阵$U$的4个矩阵元。通过式(5.33)，可以得到$\mathfrak{R}$矩阵的4个矩阵元，定义为$\mathcal{R}_{11}$、$\mathcal{R}_{12}$、$\mathcal{R}_{22}$、$\mathcal{R}_{21}$，式(5.31)可采用下式计算

$$\sqrt{\det \mathfrak{R}}=\sqrt{\mathcal{R}_{11}\mathcal{R}_{22}-\mathcal{R}_{21}\mathcal{R}_{12}}=2\rho_0\rho_1 t_0^2\exp(-\mathrm{j}2\varphi_1) \tag{5.34}$$

按照式(5.32)的不同偏振态问询顺序，这种偏振切换的偏振切换时序可用图5.9表示。通过控制偏振调制器在半波电压之间按照图示进行切换，可使得问询脉冲的偏振态按照式(5.32)需求进行切换。

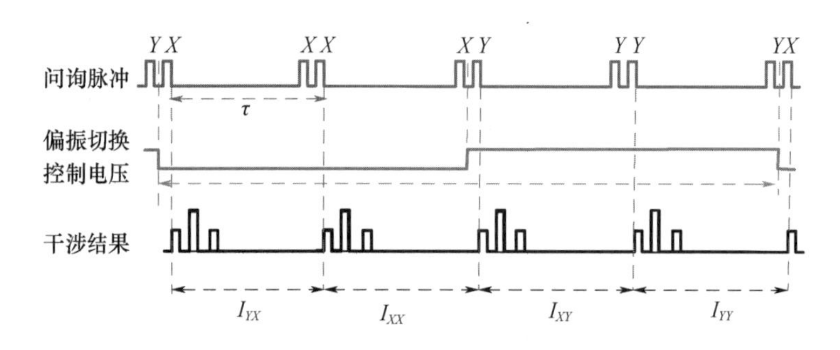

图5.9　四路偏振切换方法的脉冲时序

实际案例（5-3）

2006年，挪威的OptoPlan团队公布了题为《Method and apparatus for providing polarization insensitive signal processing for interferometric sensors》的专利，专利中公布了偏振切换方法的基本原理。图5.10是采用偏振切换方案后的对比效果。图5.10(a)表明，对于任意一路偏振通道，由于U_{11}、U_{12}、U_{22}、U_{21}都是不稳定的，求解出来的响应矩阵$\mathfrak{R}$ 4个矩阵元都是不稳定的，但是合成以后的$\sqrt{\det\mathfrak{R}}$是稳定的。图5.10(b)和图5.10(c)表明，对于任意一个偏振通道，由于偏振诱导信号衰落现象，直接求解的相位信号幅度都是不稳定的，但是通过求解$\sqrt{\det\mathfrak{R}}$可以获得稳定的信号解调幅度。

实际案例（5-4）

2019年10月，蒋鹏在《光纤光栅水听器阵列串扰抑制与抗偏振衰落研究》中对偏振切换方法进行了详细阐述。彩图2是采用偏振切换方案后的效果和每个偏振通道单独的效果对比图。在稳态的情况下，通过对光纤施加人为的扭曲，导致每个偏振通道的相干度都产生了剧烈的跳变，但是偏振合成的干涉结果相干度始终保持在1附近，表明当光纤扰动导致偏振信号衰落现象时，采用偏振切换方法对四路偏振态进行合成后处理可以很好地保持住水听器的相干度。

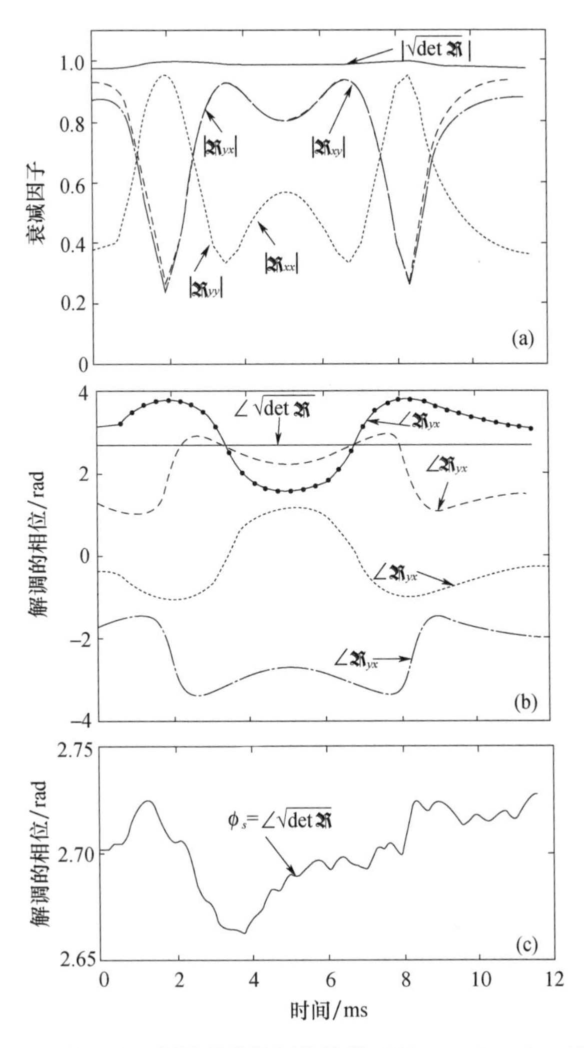

图 5.10　OptoPlan 团队的偏振切换效果（Waagaard et al.，2006）

需要进一步说明的是，对于一个实际的光纤光栅水听器系统，光电探测器所探测到的干涉光强是式(5.29) 的实数部分，而偏振切换的原理及算法实现是以复数化的干涉结果为基础的，如何将光电探测器探测到的干涉结果还原成复数表达形式是关键技术，且需要根据干涉结果中的载波信号设计复数化还原方案，因此实际案例（5－2）和实际案例（5－3）尽管都是偏振切换方案，但是实际执行过程是有差异的。由于干涉信号中的载波与本书第 6 章中的内容相关，对偏振切换方法更深一步的讨论将在本书第 7 章中展开。

5.3　本章小结

偏振诱导信号衰落问题是所有类型光纤水听器必须解决的关键技术问题之一。由于光纤光栅水听器的结构特殊性，解决问题的手段主要为干端调制解调，其中偏振分集和偏振切换是目前已经获得实验验证的两种技术方案。这两种方案最早的思想都是获取两路以上不同偏振态光叠加的干涉结果，在一路发生完全的偏振诱导信号衰落时，其他路至少有一路确定不会同时发生偏振诱导信号衰落，这样总有一路可以用来提取水声信号。这种方法虽然可以解决问题，但是会产生解调的水声信号不连续问题。将不同振态光叠加的干涉结果进行综合信号处理是解决问题的根本手段，其中偏振分集方案可采用隔直后平方相加的算法，而偏振切换则可采用构建响应矩阵求行列式的算法。

第6章　光纤光栅水听器随机相位衰落及其抑制技术

同本书第5章中所述的偏振诱导信号衰落现象类似，随机相位衰落也是所有光纤干涉仪用于传感时所面临的共通性问题，其物理起源为光纤干涉仪初始相位差的随机游走。在光学相位天然的高灵敏度物理本质与光纤细长的结构特点共同作用下，一段光纤中传输光的相位延迟很容易受到环境扰动而随机游走，这导致光纤干涉仪中两臂的原始相位差也是受环境扰动而随机游走。这为从干涉仪的光强变化中提取水声信号的过程带来一系列问题。光纤光栅水听器的随机相位衰落及其抑制方法与传统的光纤水听器相同，在传统光纤水听器中已经应用的解决方案在理论上都适用于光纤光栅水听器，但需要根据匹配干涉的问询结构进行深入的分析和设计。

6.1 光纤光栅水听器随机相位衰落现象

由光纤光栅水听器的基本原理（详见本书第2章2.1.2节），可得干涉光强为［参见式(2.8)］

$$I_1 = I_{DC} + 2\rho_0\rho_1 t_0^2 Re\{\exp[-\mathrm{j}(\varphi_s(t)+\varphi_0+\varphi_n)](\boldsymbol{E}_{in1}^{\dagger}\vec{U}_0^{\dagger}\vec{U}_1^{\mathrm{T}}\vec{U}_1\vec{U}_0\boldsymbol{E}_{in0})\}$$

光纤光栅水听器随机相位衰落现象本质上来源于信号项 $\varphi_s(t)$ 与 $\varphi_0+\varphi_n$ 叠加的事实。如本书第2章2.1.2节所述，φ_0 为发生干涉的两束光固有光程差导致的直流相位，$\varphi_s(t)$ 为信号相位，φ_n 为由于外界环境扰动导致相位差的随机漂移量。

为清晰表述考虑，在描述随机相位衰落问题时，暂不考虑光纤双折射时导致的偏振诱导信号衰落现象，光纤光栅水听器的干涉光强此时表达为

$$I_1 = I_{DC} + I_{AC}\cos[\varphi_s(t)+\varphi_0+\varphi_n] \tag{6.1}$$

式中，I_{AC}为交流项系数，由两个光栅的反射率和发生干涉时两束光的偏振状态决定。

输出光强信号经光电探测器转换成电信号写成：

$$V = A + B\cos[\varphi_s(t)+\varphi_n] \tag{6.2}$$

式中，V为光电流；A为光电流的直流部分；B为光电流的交流项系数；$\varphi_n=\varphi_0+\varphi_n$，

称为工作点。从式(6.2) 中可以看出，信号项 $\varphi_s(t)$ 叠加在工作点 φ_n 上。一般情况下，$\varphi_s(t)$ 为高频小信号，可视为工作点的微小变量，此时式(6.2) 对等式左右两边求微分可得：

$$\Delta V = -B\sin(\varphi_n)\varphi_s(t) \tag{6.3}$$

式(6.3) 表明，当光纤光栅水听器的工作点为 $\varphi_n = m\pi$ ($m = 0, 1, 2, \cdots$)，即 π 的整数倍时，即使有信号 $\varphi_s(t)$ 产生，$\Delta V = 0$，即光电探测的输出光电流没有变化，此时不能通过 V 的变化来求解 $\varphi_s(t)$；当 $\varphi_n = m\pi + \frac{1}{2}\pi$ ($m = 0, 1, 2\cdots$) 时，$\varphi_s(t)$ 将产生最大的光电流变化 $|\Delta V| = B\varphi_s(t)$。上述两种情况如图 6.1 所示。

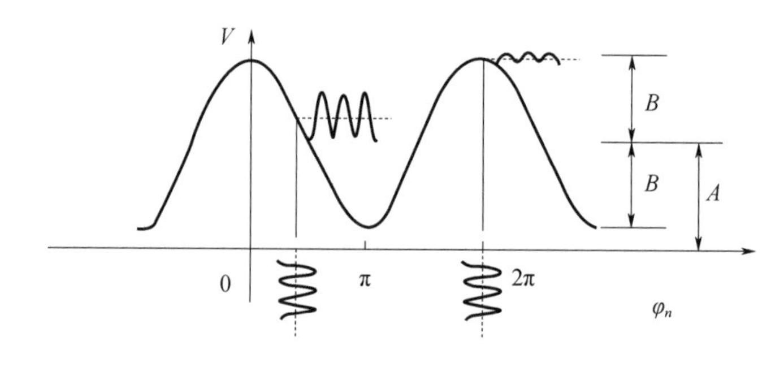

图 6.1　干涉仪的响应曲线

一般情况下，由于光纤为细长的结构，容易受到环境影响产生微小形变，但由于光波的频率很高，1 μm 的光纤长度变化足以导致 φ_n 产生 π 量级的改变，因此在实际环境中，光纤光栅水听器的工作点为随机漂移状态。光纤光栅水听器的输出信号随外界环境的变化而出现的信号随机涨落现象，称为随机相位衰落现象。

6.2　光纤光栅水听器随机相位衰落抑制技术

需要说明的是，随机相位衰落现象是光纤干涉仪在应用时面临中的普遍现象，光纤光栅水听器作为光纤干涉仪中的一种，随机相位衰落现象与传统的迈克尔逊干涉仪、光纤陀螺等系统中的现象在物理本质上是完全相同的。在抑制技术上也有很多共通之处，但由于光纤光栅水听器光学结构和应用特点，部分光纤干涉仪中的随机相位衰落抑制技术不再适用，如闭环工作点控制法等，部分抑制技术则需根据光学结构特点进行细化或改进。

目前，在光纤光栅水听器中常用的随机相位衰落抑制技术主要包括相位生成载波调制解调技术（Phase Generated Carrier，PGC，以下简称 PGC 调制解调技术）和外差调制解调技术两种。

6.2.1　相位生成载波调制解调技术

从基本原理上而言，PGC 调制解调技术是通过引入高频调制信号，并将待传感信号加载在所引入的高频调制信号上，通过在人为引入的高频调制信号附近提取待传感信号来避免低频工作点漂移的影响，所引入的高频调制信号为标准余弦信号 $C\cos(\omega_0 t)$，其中 C 为调制幅度，ω_0 为调制频率。引入高频调制信号后，使光纤光栅水听器的输出从式(6.2）变为式（6.4）。

$$V = A + B\cos[C\cos(\omega_0 t) + \varphi_s(t) + \varphi_n] \tag{6.4}$$

式(6.4）中，信号项 $\varphi_s(t)$ 与载波项 $C\cos(\omega_0 t)$ 叠加，使解调过程可以根据这一人为施加的稳定的高频项展开，这是 PGC 调制解调技术的核心思想。

6.2.1.1　PGC 调制信号引入方法

常规的 PGC 调制信号引入方法包括外调制与内调制两种。内与外是针对激光器而言。在激光器谐振腔外，采用单频正弦信号来调制发生干涉的一束光、使两束干涉光之间产生一个人为施加的相位差异，这称为外调制，一般需要引入相位调制器实现。内调制通常是直接调制系统所用的激光光源，不需要在任何一束光路径中再引入任何器件，可以实现全光，也便于复用，但要求系统所使用的问询激光器可调谐，且光纤干涉仪必须有一定的臂长差，即对于等臂光纤干涉仪而言，内调制方法无法产生载波信号。

光纤光栅水听器在干涉原理本质上为两束光等臂干涉，采用内调制方案无法产生 PGC 调制相位信号，因此只能采用外调制方法。典型的调制方法如图 6.2 所示。

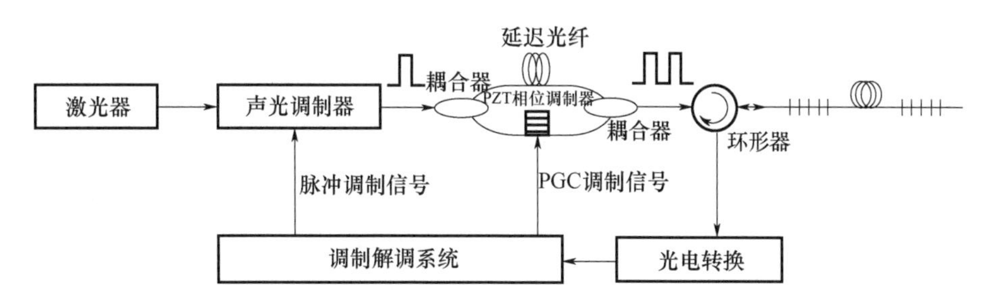

图 6.2　光纤光栅水听器中的 PGC 调制信号引入方法

为保证系统的本底相位噪声，通常采用窄线宽高相干激光器作为问询光源。激光器的输出采用声光调制器（Acoustic Optical Modulator，AOM）调制成脉冲激光。脉冲激光经过马赫 - 曾德尔干涉仪形成一对光脉冲，其中马赫 - 曾德尔干涉仪的两臂光程差与光纤光栅水听器两个光栅之间往返一次的光程差完全相同；马赫－曾德尔干涉仪的一个臂部分光纤绕在压电陶瓷（Piezoelectric，PZT）环上，当压电陶瓷受到余弦电压信号调制时，带动缠绕在其上的光纤产生余弦形式收缩，这样光在通过这个臂时相位延迟会产生余弦形式变化，从而引入调制信号。图6.2所示马赫－曾德尔干涉仪输出的光纤脉冲对中，一个脉冲不含相位调制，一个脉冲含有标准余弦相位调制，最终发生干涉时会产生含有余弦信号的相位差异。这种调制方法在激光谐振腔外通过调制发生干涉的一束光来实现，为典型的外调制方案。

对于发生反射的两束光，一束光从马赫－曾德尔干涉仪的短臂输出后在第二个光纤光栅处被反射回来，将这一传输光程用 $n_1(t)l_1(t)$ 表示；另外一束光从马赫－曾德尔干涉仪的长臂输出后在第一个光纤光栅处被反射回来，且马赫－曾德尔干涉仪的长臂一部分光纤绕在PZT陶瓷环上受到相位调制，将这一传输光程用 $n_2(t)l_2(t)$ 表示，随环境扰动的相位差噪声项依然用 φ_n 表示，则在光纤干涉仪输出的光电流信号可以用下式表示：

$$V=A+B\cos\left[\frac{2\pi n_1(t)l_1(t)}{\lambda}-\frac{2\pi n_2(t)l_2(t)}{\lambda}+\varphi_n\right] \tag{6.5}$$

在作为水听器应用时，$n_1(t)l_1(t)$ 受到水声信号作用而被调制，这一光程为信号臂，其中 $n_1(t)$ 和 $l_1(t)$ 受到水声信号扰动后表示为

$$\begin{cases}l_1(t)=l_{10}+\Delta l_1(t)\\ n_1(t)=n_0+\Delta n_1(t)\end{cases} \tag{6.6}$$

式中，l_{10}和 n_0 为这一光程没有受到水声信号作用时的初始长度和折射率；Δl_1 和 Δn_1 为受到水声信号作用后的长度变化幅度和折射率变化幅度。同时，另外一个光程 $n_2(t)l_2(t)$ 受到压电陶瓷施加的人为调制，称为参考臂，其中 $n_2(t)$ 和 $l_2(t)$ 受到人为施加的调制后表示为

$$\begin{cases}l_2(t)=l_{20}+\Delta l_2\cos(\omega_0 t)\\ n_2(t)=n_0+\Delta n_2\cos(\omega_0 t)\end{cases} \tag{6.7}$$

式中，l_{20}和 n_0 为这一光程没有受到调制时的初始长度和折射率；Δl_2 和 Δn_2 为受到调制后的长度变化幅度和折射率变化幅度。将式(6.6)和式(6.7)代入式(6.5)中，可得

$$\begin{aligned}V=A+B\cos\Big[&\frac{2\pi n_0 l_{10}}{\lambda}-\frac{2\pi n_0 l_{20}}{\lambda}+\frac{2\pi n_0 l_{10}}{\lambda}\left(\frac{\Delta n_1}{n_0}+\frac{\Delta l_1}{l_0}\right)\\ &-\frac{2\pi n_0 l_{20}}{\lambda}\left(\frac{\Delta n_2}{n_0}+\frac{\Delta l_2}{l_0}\right)\cos(\omega_0 t)+\frac{2\pi}{c}\Delta n_1\Delta l_1\\ &-\frac{2\pi}{\lambda}\Delta n_2\cos(\omega_0 t)\Delta l_2\cos(\omega_0 t)+\varphi_n\Big]\end{aligned} \tag{6.8}$$

由于Δl_1、Δn_1、Δl_2、Δn_2都为小量，忽略式(6.8)中的二阶小量项，可得

$$\begin{aligned} V &= A + B\cos[C\cos(\omega_0 t) + \varphi_s(t) + \varphi_n + \varphi_0] \\ &= A + B\cos[C\cos(\omega_0 t) + \varphi_s(t) + \varphi_0] \end{aligned} \tag{6.9}$$

其中，

$$\begin{cases} \varphi_0 = \dfrac{2\pi n_0 l_{10}}{\lambda} - \dfrac{2\pi n_0 l_{20}}{\lambda} \\ \varphi_s(t) = \dfrac{2\pi n_0 l_{10}}{\lambda}\left[\dfrac{\Delta n_1(t)}{n_0} + \dfrac{\Delta l_1(t)}{l_0}\right] \\ C = -\dfrac{2\pi n_0 l_{20}}{\lambda}\left(\dfrac{\Delta n_2}{n_0} + \dfrac{\Delta l_2}{l_0}\right) \end{cases} \tag{6.10}$$

式(6.9)所得即为PGC调制方案所希望获得的干涉信号形式，同时式(6.10)中C的表达式说明，PGC载波的调制幅度C与问询激光的波长、参考臂原始的光程参数l_{20}和n_0、调制深度Δl_2和Δn_2都有关。

6.2.1.2 PGC调制信号解调方法

引入PGC调制信号后，光纤光栅水听器输出的光信号经光电探头转换为电信号可以写成：

$$V = A + B\cos[C\cos(\omega_0 t) + \varphi(t)] \tag{6.11}$$

式(6.11)中，为后续描述方便，令$\varphi(t) = \varphi_s(t) + \varphi_n = \varphi_s(t) + \varphi_0 + \varphi_n$。信号的解调可以简单地表述为这样的一个问题：如何从式(6.11)中得到$\varphi(t)$，再进一步从$\varphi(t)$中经过高通滤波消除工作点漂移产生的低频信号最终得到水声信号$\varphi_s(t)$？要求整个求解过程不依赖于φ_n。

将式(6.11)以Bessel函数形式展开，得：

$$\begin{aligned} V = A + B\Bigg\{&\left[J_0(C) + 2\sum_{k=1}^{\infty}(-1)^k J_{2k}(C)\cos 2k\omega_0 t\right]\cos\varphi(t) \\ &- 2\left[\sum_{k=0}^{\infty}(-1)^k J_{2k+1}(C)\cos(2k+1)\omega_0 t\right]\sin\varphi(t)\Bigg\} \end{aligned} \tag{6.12}$$

$J_k(C)$为第k阶Bessel函数。可见，经过调制后的干涉信号包括调制信号频率ω_0的零频、ω_0和ω_0的无穷项高次倍频。其中，ω_0的零频项和偶次倍频项的幅度与$\cos\varphi(t)$成正比，ω_0项和其奇次倍频项的幅度与$\sin\varphi(t)$成正比。由于随着k的增大，$J_k(C)$总体趋势变小，在检测时可以选用载波信号的一倍频和二倍频来进行相关检测求得$\cos\varphi(t)$和$\sin\varphi(t)$。通过相干检测，将上式分别乘以$G\cos\omega_0 t$和$H\cos 2\omega_0 t$

可得到

$$GA\cos\omega_0 t + GBJ_0(C)\cos\omega_0 t\cos\varphi(t) + GB\sum_{k=1}^{\infty}(-1)^k J_{2k}(C)[\cos(2k+1)\omega_0 t + \cos(2k-1)\omega_0 t]\cos\varphi(t) - GB\sum_{k=0}^{\infty}(-1)^k J_{2k+1}(C)[\cos 2(k+1)\omega_0 t + \cos 2k\omega_0 t]\sin\varphi(t) \tag{6.13a}$$

$$HA\cos 2\omega_0 t + HBJ_0(C)\cos 2\omega_0 t\cos\varphi(t) + HB\sum_{k=1}^{\infty}(-1)^k J_{2k}(C)[\cos(2k+2)\omega_0 t + \cos(2k-2)\omega_0 t]\cos\varphi(t) - HB\sum_{k=0}^{\infty}(-1)^k J_{2k+1}(C)[\cos(2k+3)\omega_0 t + \cos(2k-1)\omega_0 t]\sin\varphi(t) \tag{6.13b}$$

由于调制频率 ω_0 远大于被测信号频率 ω_{s1}，ω_{s2}，…，ω_{sn}，所以式(6.13a) 和式(6.13b) 在经过低通滤波后所有含 ω_0 及其倍频项均被滤去，得到两个低通项，即

$$LF_1 = -GBJ_1(C)\sin\varphi(t) \tag{6.14}$$

$$LF_2 = -HBJ_2(C)\cos\varphi(t) \tag{6.15}$$

式(6.14)和式(6.15) 经微分后有：

$$\mathrm{d}LF_1 = -GBJ_1(C)\cos\varphi(t)\frac{\mathrm{d}\varphi(t)}{\mathrm{d}t} \tag{6.16}$$

$$\mathrm{d}LF_2 = HBJ_2(C)\sin\varphi(t)\frac{\mathrm{d}\varphi(t)}{\mathrm{d}t} \tag{6.17}$$

由式(6.14) × 式(6.17)得：

$$C_1 = -GHB^2 J_1(C)J_2(C)\sin^2\varphi(t)\frac{\mathrm{d}\varphi(t)}{\mathrm{d}t} \tag{6.18}$$

由式(6.15) × 式(6.16)得：

$$C_2 = GHB^2 J_1(C)J_2(C)\cos^2\varphi(t)\frac{\mathrm{d}\varphi(t)}{\mathrm{d}t} \tag{6.19}$$

式(6.19)减去式(6.18)得：

$$C_2 - C_1 = GHB^2 J_1(C)J_2(C)\frac{\mathrm{d}\varphi(t)}{\mathrm{d}t} \tag{6.20}$$

对上式积分，得：

$$GHB^2 J_1(C)J_2(C)\varphi(t) \tag{6.21}$$

式(6.21) 通过高通滤波后并消除以系数 $GHB^2 J_1(C)J_2(C)$，可将被测信号 $\varphi(t)$ 解调出来。

整个解调流程可用图 6.3 所示的流程来表示。图 6.3 所示的解调流程中，式(6.15) ~式(6.20) 算法也称为微分交叉相乘相减算法（Differential Cross Multiplexing，DCM）。

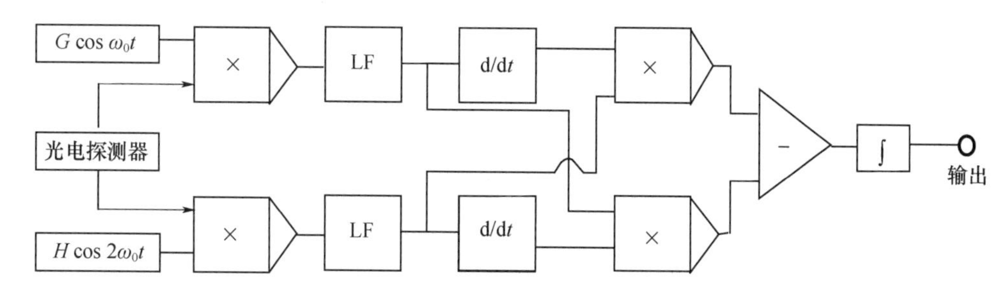

图6.3 PGC信号解调流程

6.2.1.3 PGC解调关键参数选取

（1）C 值的选取

式(6.21) 表明，采用PGC调制解调方法，最终的信号项带有系数 $J_1(C)J_2(C)$，这一系数如果因环境扰动而随机游走的话，那么导致的结果将同随机相位衰落一样。采用PGC调制解调将完全失去意义。同时，式(6.10) 表明，系统的 C 值不是人为赋予的一个稳定值，而是与系统状态相关，事实上就是会随环境扰动而随机游走的量。在这种情况下，对 C 值该如何选取非常重要。

需要注意的是，C 值变化对系统的影响是通过影响 $J_1(C)J_2(C)$ 来实现的，这为解决问题提供了基础。对 C 值的选取就意味需要选一个合适的值，即使 C 值本身漂移，但 $J_1(C)J_2(C)$ 保持稳定。这个问题转化为数学问题，即意味着选择一个 C 值，使 $J_1(C)J_2(C)$ 的一阶微分尽可能小，同时使 $J_1(C)J_2(C)$ 值尽可能大。

图6.4所示为 $J_1(C)J_2(C)$ 随 C 的变化曲线。可以看出，当 $C=2.37$、$C=6.03$、$C=9.267$ 时，既使$J_1(C)J_2(C)$的一阶微分为0，同时使 $J_1(C)J_2(C)$ 达到极大值，满足要求。依照如此标准，一般选择调制深度 C 为2.37。

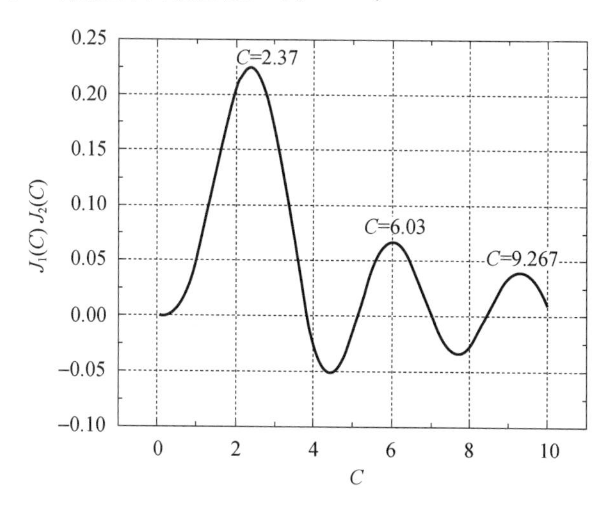

图6.4 $J_1(C)J_2(C)$ 的值随 C 变化关系曲线

实际解调过程中需要确认 C 是否达到2.37。为获取实际系统参数，由式(6.12)，将干涉信号用Bessel函数展开后，可以得到 ω_0 和 $3\omega_0$ 项的系数分别为

$$\begin{cases} I_{\omega_0} = -2BJ_1(C)\sin\varphi(t) \\ I_{3\omega_0} = 2BJ_3(C)\sin\varphi(t) \end{cases} \tag{6.22}$$

对原始干涉信号进行采集后，对干涉信号进行傅里叶变换，然后提取 ω_0 和 $3\omega_0$ 项的系数，根据式(6.22)，用这两项相除的方式求得 $J_1(C)/J_3(C)$，然后通过查表方法获得 C 值。

在上述求解 C 值的过程中，需将 ω_0 和 $3\omega_0$ 项的系数相除，而消去的共同因子为 $\sin\varphi(t)$。当 $\sin\varphi(t)$ 接近于0，由于分子分母同除一个近0值会导致求解不稳，因此在实际系统中通常对 C 值进行多次求解，并画出 C 值与相位 $\varphi(t)$ 相对应的散点图（图6.5），读取 $\varphi(t)$ 接近于 $\pi/2$ 时对应的 C 值作为判定依据。

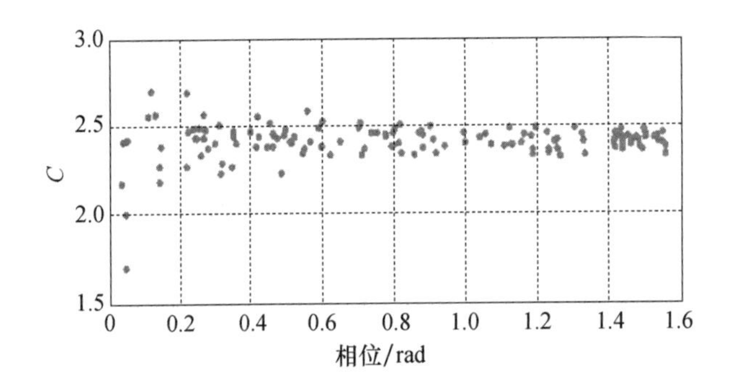

图6.5 C 值测量结果

（2）B 值的计算方法

在 C 值求得的情况下，可以求得 B 值。PGC调制解调中，信号经混频、低通滤波后有式(6.14)、式(6.15)，取 $G=H=1$（这两项为人为施加项），可以有：

$$BJ_1(C)\sin\varphi(t) = e(t) \tag{6.23}$$

$$BJ_2(C)\cos\varphi(t) = f(t) \tag{6.24}$$

C 值的要求数值为2.37，在经过系统测试确认系统的 C 值后，可以将 $C=2.37$ 的数值代入式(6.25)中直接计算

$$B = \sqrt{\left[\frac{e(t)}{J_1(C)}\right]^2 + \left[\frac{f(t)}{J_2(C)}\right]^2} \tag{6.25}$$

（3）系统时延

在PGC解调算法中，认为在匹配干涉仪中施加的载波信号初始相位为0，因此将干涉结果直接与 $\cos(\omega_0 t)$ 和 $\cos(2\omega_0 t)$ 两项相乘。然而在实际系统中，虽然信号源给出

的原始驱动信号初始相位为0，但匹配干涉仪获得的实际调制信号经过系统光路和电路产生的时间延迟，导致最后被采集的信号与标准信号源给出的初始相位存在一定的差值，因此实际的载波信号初始相位不为0。考虑这一载波信号初始相位对信号解调的影响。设由系统光路和电路产生的时间延迟导致的载波信号初始相位为 φ_{delay}，即干涉信号中的载波信号为 $C\cos(\omega_0 t+\varphi_{delay})$，并分别与 $\cos(\omega_0 t)$ 和 $\cos(2\omega_0 t)$ 相乘，则经过PGC算法中第一步低通滤波后得到的结果分别为

$$LF_1=-B\cos(\varphi_{delay})J_1(C)\sin\varphi(t) \tag{6.26}$$

$$LF_2=-B\cos(2\varphi_{delay})J_2(C)\cos\varphi(t) \tag{6.27}$$

经过式(6.16) ~式(6.21) 所示完整的PGC解调流程，最后得到信号的表达式为 $B^2J_1(C)J_2(C)\cos(\varphi_{delay})\cos(2\varphi_{delay})\varphi(t)$，此时若只消除 C 和 B 的影响必然会导致信号的幅度错误。图6.6是解调信号的幅度误差随系统延迟时间的变化关系，其中调制信号的频率为12.5 kHz。

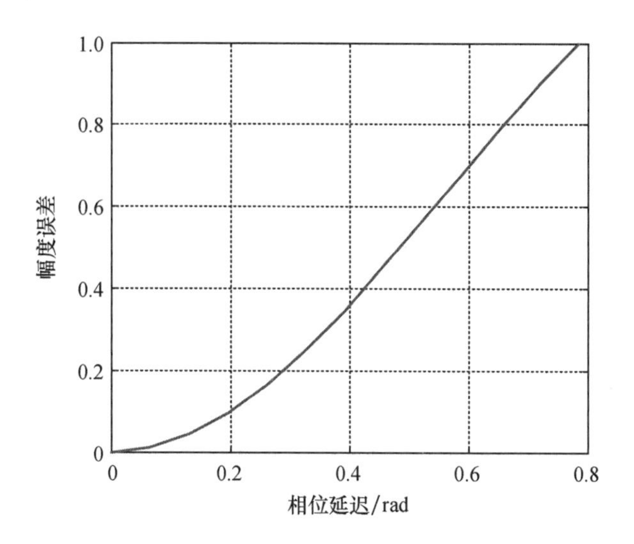

图6.6 解调信号的幅度误差随系统延迟时间的变化关系

图6.6表明，信号解调幅度的误差随时延相位的增大而快速增加，系统中存在 π/4 的相位差别将导致信号完全被淹没。因此，需要实时解调出干涉光中载波信号的初始相位，将这一相位作为补偿相位 φ_{delay}，并用 φ_{delay} 和 $2\varphi_{delay}$ 来描述系统的时延。

φ_{delay} 的解调算法为：将干涉信号分别与 $\cos(\omega_0 t)$、$\sin(\omega_0 t)$、$\cos(2\omega_0 t)$ 和 $\sin(2\omega_0 t)$ 相乘，将得到的结果分别进行低通滤波后可以得到：

$$-B\cos(\varphi_{delay})J_1(C)\sin\varphi(t) \tag{6.28}$$

$$-B\sin(\varphi_{delay})J_1(C)\sin\varphi(t) \tag{6.29}$$

$$-BJ_2(C)\cos(2\varphi_{delay})\cos\varphi(t) \tag{6.30}$$

$$-BJ_2(C)\sin(2\varphi_{\text{delay}})\cos\varphi(t) \tag{6.31}$$

由式(6.28)和式(6.29)可以得到φ_{delay}，由式(6.30)和式(6.31)可以得到$2\varphi_{\text{delay}}$。

在获取了φ_{delay}和$2\varphi_{\text{delay}}$的值之后，将原始干涉信号分别乘以$G\cos(\omega_0 t+\varphi_{\text{delay}})$和$H\cos(2\omega_0 t+2\varphi_{\text{delay}})$，再通过图6.3所示的PGC解调流程，可以得到正确的信号解调结果。

实际案例（6－1）

2009年，国防科技大学的林惠祖采用PGC调制解调方法对光纤光栅水听器进行调制解调实验。实验采用外调制方法，在匹配干涉仪的PZT上施加幅度为2.2 V的50 kHz正弦信号，C值经过测试在2.37 rad附近。

光纤光栅水听器干涉信号的时频域波形和解调后的相位噪声如图6.7所示。在没有施加信号的情况下，解调结果即为系统的本底相位噪声。可以看出，系统本底噪声状态良好，在1 kHz处的噪声约为－100 dB/$\sqrt{\text{Hz}}$，与传统的光纤水听器的噪声相当。

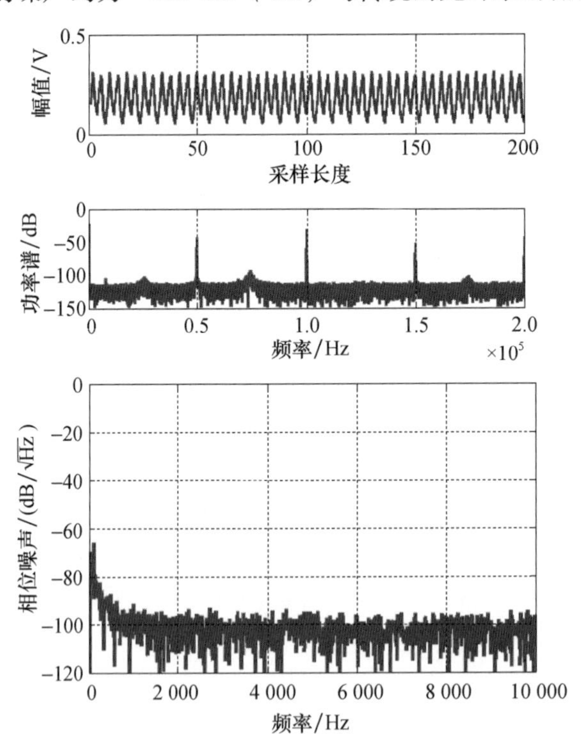

图6.7　光纤光栅水听器输出干涉信号的时频域波形和系统相位噪声谱

使用一个小功率的喇叭对光纤光栅水听器探头发射1 kHz的声信号，对采集到的信号进行解调，得到光纤光栅水听器输出干涉信号的时频域波形、相位噪声谱和解调得到的信号如图6.8所示。由图6.8可见，由于信号的引入，使干涉波形在载波频率附近产生边带［图 6.8(a)］。最终解调出的相位谱中，可以明显看到 1 kHz 信号［图 6.8(b)］，对应的时域图如图 6.8(c) 所示。

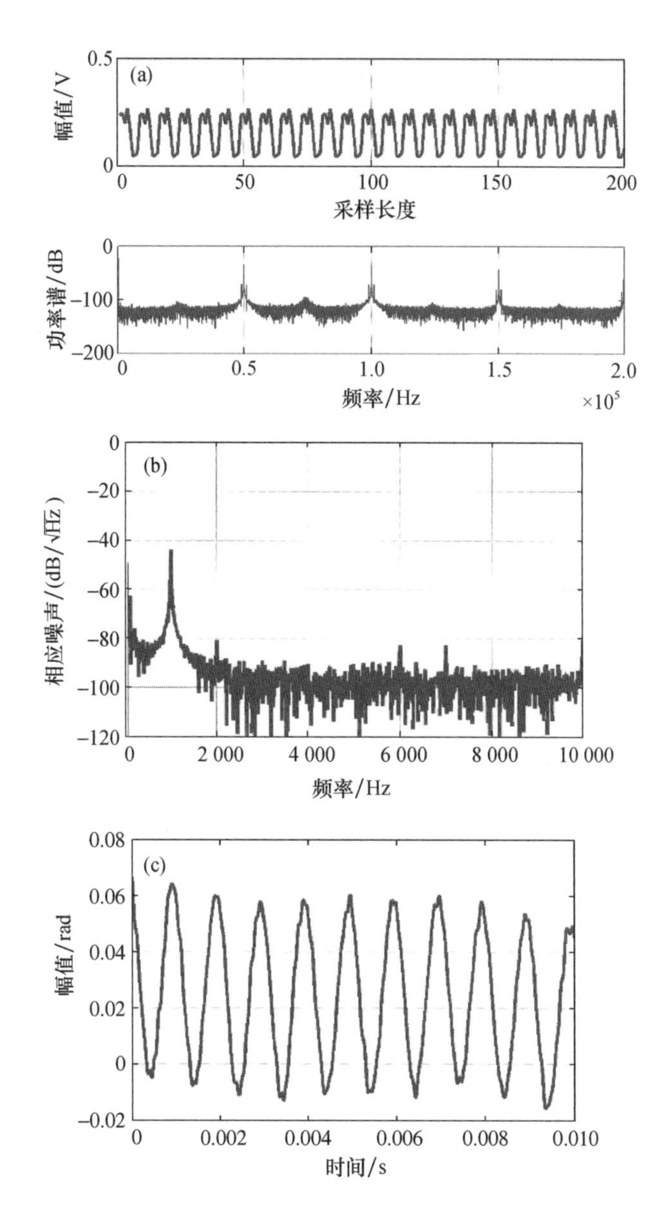

图 6.8　时频域波形、相位噪声谱和解调信号

6.2.2　外差调制解调技术

从基本原理上而言，外差调制解调技术与 PGC 调制解调技术类似，同样是通过引入高频调制信号，并将待传感水声信号加载在所引入的高频调制信号上，通过在人为引入的高频调制信号附近提取水声信号来避免低频工作点漂移的影响。与 PGC 调制解调

技术不同的是，外差调制解调技术所引入的高频调制信号为标准余弦信号 $2\pi f_m t$，其中 f_m 为调制频率。引入高频调制信号后，光纤光栅水听器的输出为

$$V = A + B\cos[2\pi f_m t + \varphi_s(t) + \varphi_n] \tag{6.32}$$

式(6.32)中，信号项 $\varphi_s(t)$ 与载波项 $2\pi f_m t$ 叠加，使解调过程可以根据这一人为施加的稳定的高频项展开，这是外差调制解调技术的核心思想。

6.2.2.1 外差调制信号引入方法

外差信号的引入方法通常采用光学移频方式（图 6.9）。为保证系统的本底相位噪声，通常采用窄线宽高相干激光器作为光源。激光器的输出激光输入进马赫－曾德尔干涉仪中，其中一个臂引入声光移频器，产生 f_1 的移频脉冲光，另外一臂也引入声光移频器，产生 f_2 的移频脉冲光。两个不同光频的光脉冲一前一后从马赫－曾德尔干涉仪输出，形成问询脉冲对，该问询脉冲对注入到光纤光栅水听器中可形成含有外差调制信号的干涉结果。

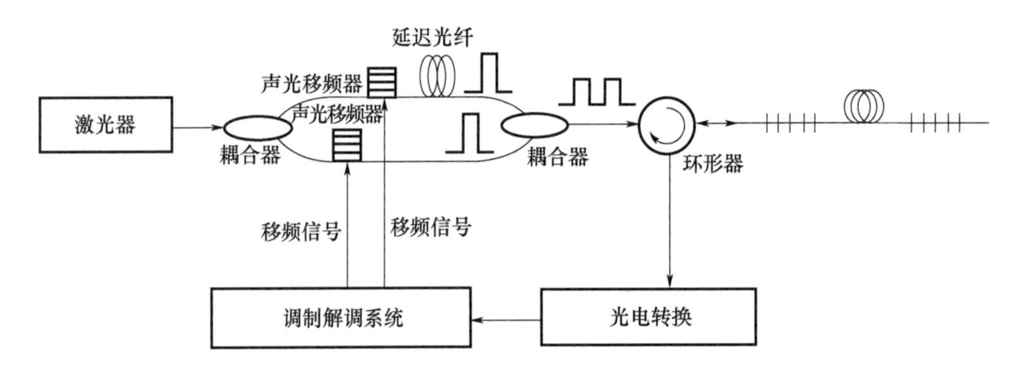

图 6.9 外差调制信号引入方法

产生 f_1 频移的脉冲激光可表达为

$$E_1(\omega_1, \varphi_1) = A_1 \exp[-j(\omega_1 t - \varphi_1)] \tag{6.33}$$

式中，$\omega_1 = 2\pi f_1$ 为角频率；A_1 为光幅度；φ_1 为光相位。产生 f_2 频移的脉冲激光可表达为

$$E_2(\omega_2, \varphi_2) = A_2 \exp[-j(\omega_2 t - \varphi_2)] \tag{6.34}$$

式中，$\omega_2 = 2\pi f_2$ 为角频率；A_2 为光幅度；φ_2 为光相位。两束光混频后的光强为

$$I = (E_1 + E_2)(E_1 + E_2)^* = A_1^2 + A_2^2 + 2A_1A_2\cos(\Delta\omega t + \varphi_1 - \varphi_2) \tag{6.35}$$

令 $\Delta\omega = 2\pi f_m$，并将两束光的相位差异 $\varphi_1 - \varphi_2$ 记为 $\varphi_s(t) + \varphi_n$，则干涉结果经光电转换后可以表示为

$$V = A + B\cos[2\pi f_m t + \varphi_s(t) + \varphi_n] = A + B\cos[2\pi f_m t + \varphi(t)] \tag{6.36}$$

式(6.36)中，同样为后续描述方便，记 $\varphi(t) = \varphi_s(t) + \varphi_n$。

6.2.2.2　外差调制方法

式(6.36) 所示的信号可采用如图 6.10 所示的解调流程来提取相位信号。

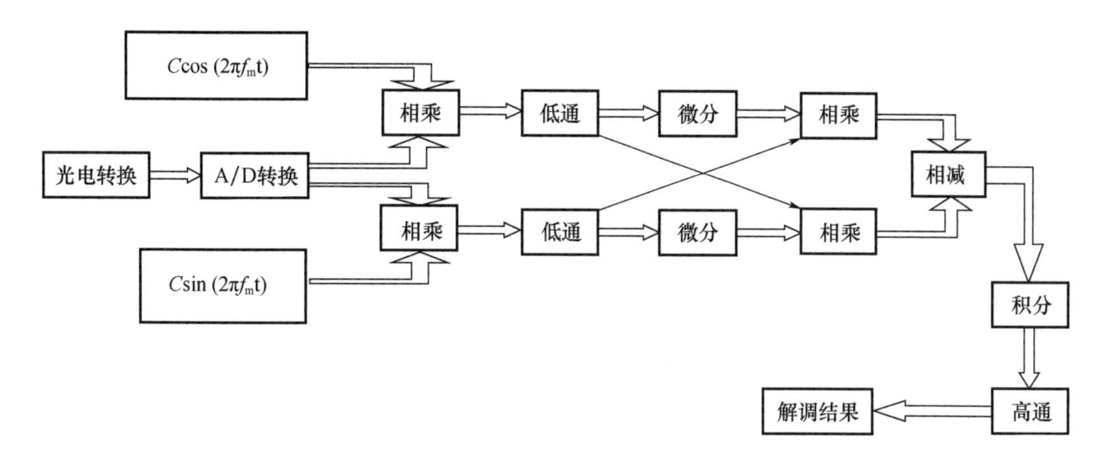

图 6.10　外差解调信号解调流程

将含有外差载波信号的干涉光进行光电转换后，分别与 $C\cos(2\pi f_m t)$ 和 $C\sin(2\pi f_m t)$ 相乘，可获得

$$\begin{aligned} Vy_{r1} &= AC\cos(2\pi f_m t) + B\cos[2\pi f_m t + \varphi(t)] \cdot C\cos(2\pi f_m t) \\ &= AC\cos(2\pi f_m t) + \frac{1}{2}BC\{\cos[2\pi \cdot 2f_m t + \varphi(t)] + \cos[\varphi(t)]\} \end{aligned} \tag{6.37}$$

$$\begin{aligned} Vy_{r2} &= AC\sin(2\pi f_m t) + B\cos[2\pi f_m t + \varphi(t)] \cdot C\sin(2\pi f_m t) \\ &= AC\sin(2\pi f_m t) + \frac{1}{2}BC\{\sin[2\pi \cdot 2f_m t + \varphi(t)] - \sin[\varphi(t)]\} \end{aligned} \tag{6.38}$$

式(6.37) 和式(6.38) 进行低通滤波，将所有频率高于 f_m 的信号滤掉，可得

$$LF_1 = \frac{1}{2}BC\cos[\varphi(t)] \tag{6.39}$$

$$LF_2 = -\frac{1}{2}BC\sin[\varphi(t)] \tag{6.40}$$

接下来的流程与 PGC 调制方法类似，同样采用 DCM 算法。对式(6.39) 和式(6.40) 进行微分可得

$$\frac{\mathrm{d}}{\mathrm{d}t}LF_1 = -\frac{BC}{2}\sin[\varphi(t)]\frac{\mathrm{d}\varphi(t)}{\mathrm{d}t} \tag{6.41}$$

$$\frac{\mathrm{d}}{\mathrm{d}t}LF_2 = -\frac{BC}{2}\cos[\varphi(t)]\frac{\mathrm{d}\varphi(t)}{\mathrm{d}t} \tag{6.42}$$

式(6.39) 与式(6.42) 相乘，可得

$$-\frac{B^2C^2}{4}\cos^2[\varphi(t)]\frac{\mathrm{d}\varphi(t)}{\mathrm{d}t} \tag{6.43}$$

式(6.40)与式(6.41)相乘，可得

$$\frac{B^2C^2}{4}\sin^2[\varphi(t)]\frac{\mathrm{d}\varphi(t)}{\mathrm{d}t} \tag{6.44}$$

式(6.44)与式(6.43)相减，可得

$$\frac{B^2C^2}{4}\cdot\frac{\mathrm{d}\varphi(t)}{\mathrm{d}t} \tag{6.45}$$

式(6.45)积分可得

$$\frac{B^2C^2}{4}\varphi(t) \tag{6.46}$$

对式(6.46)进行高通滤波并消除以系数$\frac{B^2C^2}{4}$，可将水声信号$\varphi_s(t)$从$\varphi(t)$中提取出来。

6.2.2.3 关键解调参数求解

由于采用光学差频方式引入载波信号，外差方法的关键参数比 PGC 方法要少，主要涉及系数项的求解问题。式(6.46)表明，按照外差信号的求解流程，要准确获得信号幅度，需要消除系数$\frac{B^2C^2}{4}$的影响。

$\frac{B^2C^2}{4}$一般采取根据实测信号实时获取方法。将式(6.39)和式(6.40)的平方相加，可得

$$\frac{B^2C^2}{4}=(LF_1)^2+(LF_2)^2 \tag{6.47}$$

因此，在图 6.10 所示的外差解调中完成低频滤波后，一方面按照外差信号解调流程进行 DCM 解调，另一方面获取$\frac{B^2C^2}{4}$值并在 DCM 解调的最后一步调用，可消除系数影响，还原信号幅度。

实际案例（6-2）

2019 年，中国电子科技集团第二十三研究所的郭振等报道了外径 20 mm 的光纤光栅干涉型拖曳水听器阵列。系统的重复频率为 250 kHz，外差调制频率分别为 f_1 = 78 MHz和 f_2 = 86 MHz。发送端利用外差调制产生差频为 8 MHz 的两个问询脉冲，经环形器进入水听器阵列，在水听器单元中两脉冲发生干涉并携带水声信号返回到接收端，然后经过偏振分集接收抑制偏振衰落噪声，最后经外差解调算法提取除水声信号。图 6.11所示为采用外差的系统结构图。

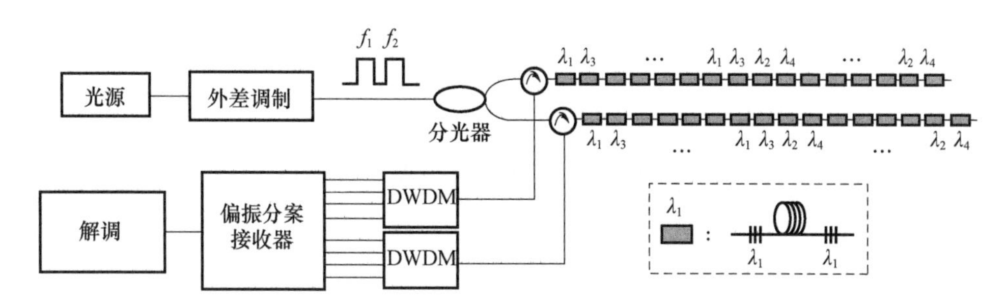

图 6.11　采用外差调制解调方案的系统结构图（郭振等，2019）

6.3 本章小结

随机相位衰落现象作为光纤水听器的共同性问题，是光纤光栅水听器系统的关键技术之一。由于这一问题主要依靠调制解调手段解决而不涉及湿端的光学结构，当前在传统光纤水听器领域已经成熟应用的抑制方法都可应用到光纤光栅水听器中，PGC 调制解调技术和外差调制解调技术就是非常典型的两种方案。这两种方案需要针对匹配干涉的结构设计具体实现，当前都已经具有较好的实验甚至实际应用效果。

第7章　光纤光栅水听器阵列技术

由于光纤光栅水听器的传感信号为微弱水声信号，实际工作环境中需采用大量的基元组合应用来提高空间增益，提高水声信号的信噪比。在实际水下应用中，光纤光栅水听器的作用不仅仅是发现目标信号，还需要对目标进行定位和追踪，这也需要采用大量的基元组合应用。阵列技术也是所有类型水听器面对的共通性问题。针对光纤光栅水听器而言，由于其阵列结构仅含有光纤光栅，这一器件的特殊性使阵列结构与传统光纤水听器和压电水听器都不相同，同时也导致了新的技术瓶颈的出现。

7.1　光纤光栅水听器的基元复用技术

复用技术指将多个水听器基元组合成阵列的技术。只是简单地将多个水听器系统及其干端系统同时使用并不是复用。复用技术要求在光发射、光传输、光接收三个模块中至少有一个模块为多个水听器基元共用，从而可以将多路信号进行整合，最大限度地提高系统的利用率。光纤光栅水听器阵列复用技术不仅决定了阵列能够复用的基元数目，还决定了系统动态范围、串扰以及系统的性价比等多项指标。一个成功的系统选择何种复用技术，不仅取决于单个基元技术的基础，更是综合考虑光源光调制的性能、信号解调方式和偏振控制能力等多个因素后做出的最优化设计结果。

经过多年的发展，光纤光栅水听器的阵列复用技术在继承传统的基于迈克尔逊干涉仪光纤水听器复用技术的基础上，根据光纤光栅结构自身独有的特点，已经发展出多种较为成熟的方案，主要有：时分复用（Time Division Multiplexing，TDM）、波分复用（Wavelength Division Multiplexing，WDM）以及时分和波分的混合复用等。

7.1.1　光纤光栅水听器时分复用技术

时分复用技术，顾名思义，是指多个光纤光栅水听器基元的信号在时间上区分开，在空间上则共用光发射、光传输、光电接收三个模块，实现光的发送、传输以及水声信号拾取。时分复用技术是系统利用效率最高的一种复用方式。针对光纤光栅水听器而言，由于光纤光栅独特的在线式双向反射特性，其时分复用具有一系列新特点。

图7.1是光纤光栅水听器时分复用阵列的基本原理。最简化的光纤光栅水听器时分复用阵列由刻写在一根光纤上的 $n+1$ 个完全相同的光栅组成，时分复用重数为 n。光源光调制模块发出一个光脉冲对，经过环形器和传输链路光纤后进入时分复用阵列。每个光栅均反射一对光脉冲。每个光栅反射的第二个光脉冲会与后继相邻光栅反射的第一个光脉冲在光路上完全重合，即发生干涉现象，而干涉结果的相位差中则携带有两光栅间传感光纤拾取的外界水声信息。所有反射光脉冲由一根传输链路光纤返回到光纤环形器，由光电探测与解调模块完成解调。不同基元的传感信号可按时分顺序分别提取出来。

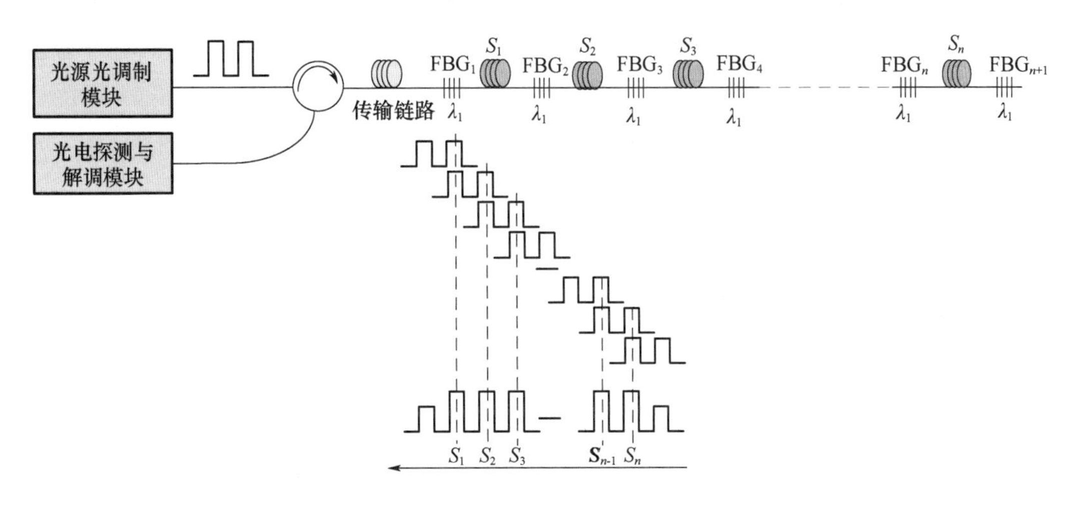

图7.1 光纤光栅水听器阵列TDM技术原理

时分复用的容量设计通常需要考虑3个因素的影响。

第一个因素为光功率的分配因素，即到阵列末端基元的返回光功率足够大，能够被光电探测器响应到。时分复用容量越大，阵列后端的返回光功率越低。

第二个因素为时分复用容量对对调制频率的影响和通道串扰的影响。设问询脉冲对的重复频率为 f_{AOM}，光纤光栅水听器每个基元传感光纤的光学长度为 L（纤芯折射率与物理长度的乘积）、时分复用重数为 N，则相邻两问询脉冲对的时间间隔 τ 必须满足如下不等式以确保干涉有效

$$\tau > \frac{2L}{c}(N+1) \tag{7.1}$$

式中，c 为真空中光速。而问询频率需满足

$$f_{\mathrm{AOM}} < 1/\tau \tag{7.2}$$

为消除随机信号衰落和偏振诱导信号衰落，光纤光栅水听器往往会采用各种偏振调制技术，例如本书第5章中所述的PGC调制技术和外差调制技术等。为满足整周期采

样要求，通常问询脉冲对的重复频率f_{AOM}是 PGC 调制频率的整倍数，一般为 8 倍、16 倍或者更高。式(7.2）表明，光纤光栅水听器时分复用系统容量越高，问询脉冲重复频率越低，对应的其他调制频率也就越低，最终导致系统的探测频段不断降低。

第三个因素是时分复用阵列中的通道串扰。这个问题将在本章 7.2 节进行详细阐述。

7.1.2 光纤光栅水听器波分复用技术

波分复用技术，顾名思义，是指多个光纤光栅水听器在工作波长上区分开，在空间上则主要共用光传输模块，实现光的发送、传输以及水声信号传感。尽管波分复用性能并非系统利用率最高的一种，但由于光纤光栅天然良好的波分复用性能，依然可以构成水下最简化的湿端结构，因此成为最有吸引力的复用技术之一。

图 7.2 是光纤光栅水听器波分复用系统的基本原理。阵列端包含 n 对不同波长的光纤光栅，每对光纤光栅与其中间的光纤一起形成一个水听器基元光学结构，n 对光栅形成 n 重波分复用结构。对应的光源光调制模块中，通常需要采用 n 个波长的激光光源，采用合波分复用器将所有波长激光合进一根光纤，然后完成调制后发射至光纤光栅水听器波分复用阵列。反射回来的光在进行光电转换之前先采用解波分复用器将所有波长提取出来，然后分别进行光电转换、采集和解调。

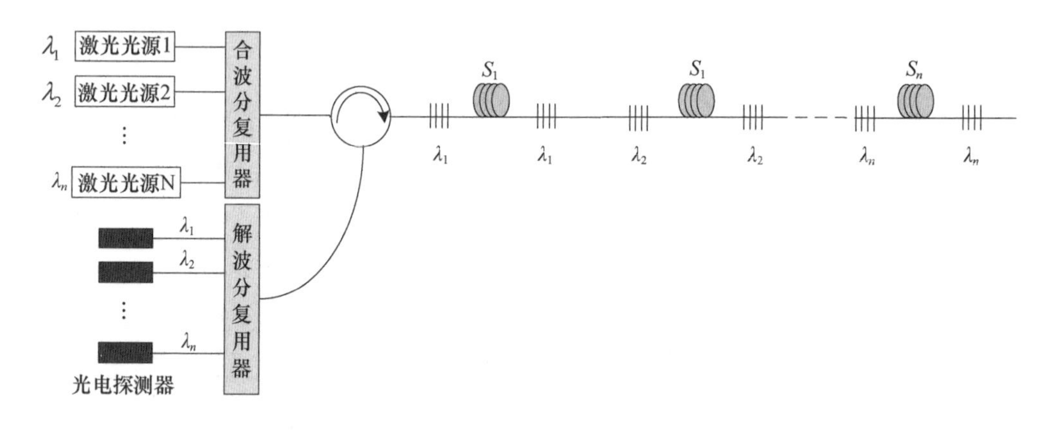

图 7.2 光纤光栅水听器阵列 WDM 技术原理

波分复用也是一种系统利用率较高的复用方式，它的局限性主要在于如何能在光纤中低损耗传播的有限光波频段内实现密集的波分复用。对于每一个波长而言，光纤光栅的反射具有一定的反射带宽，反射带宽的大小决定了在这有限频段内可以复用的波分数。通常而言，由于光纤光栅在实际工作环境中受到温度、压力等作用时反射谱会产生偏移。通常用于水听器的光纤光栅反射带宽为 0.4 nm 左右，考虑光栅未切趾时旁瓣的影响，通常光纤光栅的波长间隔在 0.8 nm 以上，则 C 波段可用的波长总数量为 40 个左右。

7.1.3 光纤光栅水听器时分/波分混合复用技术

在实际光纤水听器阵列系统中，都不会只单独使用一种复用技术，往往都是多种复用技术组合使用，最常用的组合方式就是时分/波分混合复用，可以使阵列规模成倍数地增大，而不会增大系统的复杂程度。光纤光栅水听器的时分/波分混合复用技术原理如图 7.3 所示。

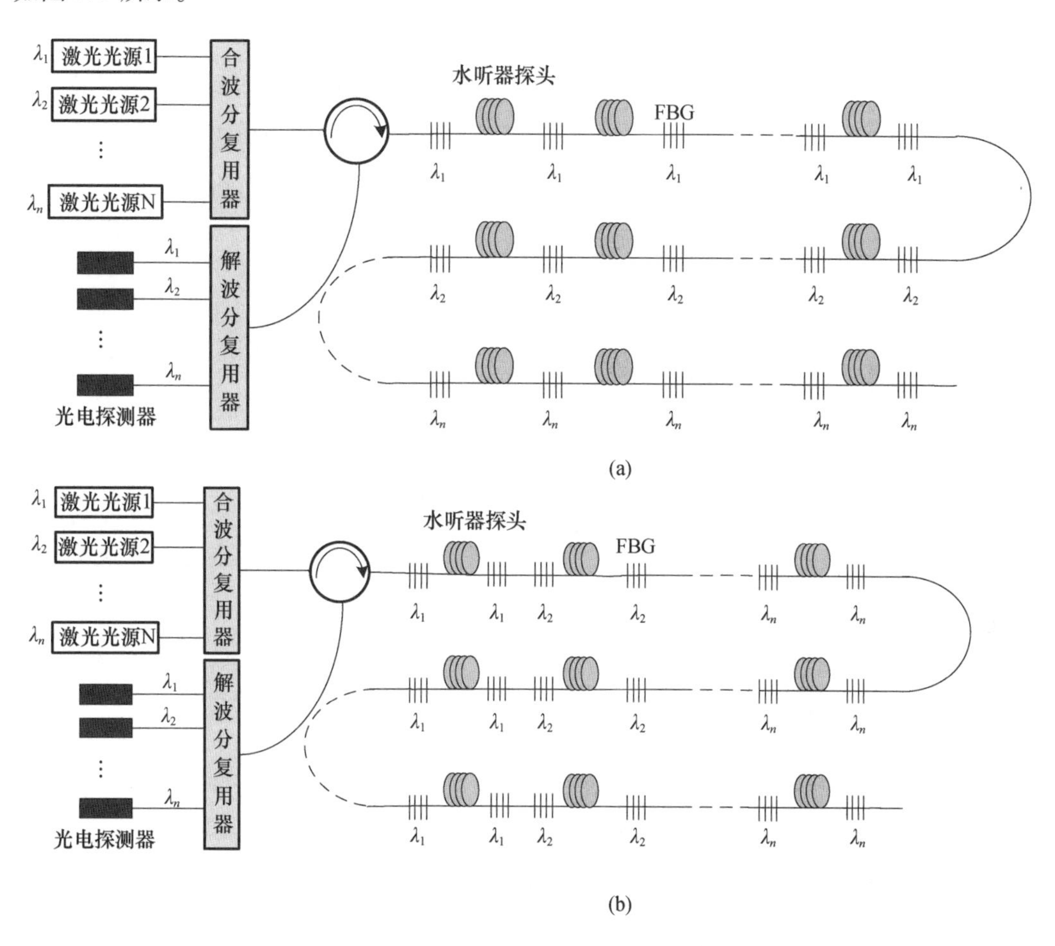

图 7.3 光纤水听器阵列 TDM/WDM 混合复用技术原理

通常光纤光栅水听器的时分/波分混合复用结构可以采用图 7.3(a) 和图 7.3(b) 所示的结构。图 7.3(a) 所示的结构中，工作在波长 λ_1 上的 m 个光纤光栅水听器基元先构成时分复用结构，再和工作在波长 λ_2 上的 m 个光纤光栅水听器基元串联，两串时分结构之间在波长上区分开，形成波分复用结构。依此类推，n 个波长的 m 重时分复用光纤光栅水听器串联，形成 $m \times n$ 重复用结构。图 7.3(b) 所示的结构中，工作在 n 个波长上的 n 个光纤光栅水听器基元先构成波分复用结构，不同的波分复用结构之间再串联，两串波分结构之间在时间上区分开，形成时分复用结构。依此类推，m 串、每串含有工作在 n 个波长的光纤光栅水听器最终形成 $m\times n$ 重复用结构。

尽管图 7.3(a) 和图 7.3(b) 两种结构都可实现 $m\times n$ 个水听器探头的复用，但是系统特点却不相同。图 7.3(a) 结构为最简化的结构，但第一个波长的光纤光栅水听器基元的光纤事实上都是第二个波长基元的延迟光纤，这就意味着第二个波长结构中的所有光返回都在第一个波长之后，依此类推，越往后的波长返回光的延迟时间越长，因此不管是时分复用还是波分复用数量的增加都会导致系统问询频率降低。图 7.3(b) 结构中，工作在 n 个波长上的 n 个光纤光栅水听器基元构成的波分复用结构同时也充当了下一个时分结构的延迟光纤，系统问询频率基本上只受时分复用结构的限制，但由于每个波长的水听器基元必须为一个独立探头结构，因此光栅的数量会显著增加，且波长相同的相邻两光栅之间的来回反射情况更加复杂。

7.2 光纤光栅水听器阵列的时分复用串扰

严格来讲，光纤光栅水听器阵列的通道串扰包括时分复用串扰、波分复用串扰和空分复用串扰等多种，即与复用技术是一一对应的，但是通常波分复用串扰和空分复用串扰较小，而时分复用串扰由于光纤光栅天然的双向反射特性，通常比传统的光纤水听器阵列要大，导致时分复用串扰及其抑制方法成为光纤光栅水听器阵列的关键技术之一。本节重点对此展开分析。

7.2.1 时分复用阵列串扰特性

光纤光栅水听器时分复用阵列的通道串扰成因已在第 3 章 3.1 节中进行叙述。时分复用串扰量的大小与光纤光栅的反射率和时分复用数量密切相关。第 3 章 3.1 节从串扰脉冲个数、串扰干涉个数的角度对串扰进行了初步分析，本节在第 3 章 3.1 节的基础上，建立串扰干涉的物理模型，分析串扰的特征和规律。

7.2.1.1 时分通道串扰的物理模型

与其他形式的时分复用水听器阵列通道串扰不同的是，光纤光栅水听器时分复用阵列的串扰本质上来源于光纤光栅的双向反射特性，是内在的、固有的串扰，而非外加器件等因素引入的。参考图 7.4，在串扰脉冲的分布情况已知的基础上，本节分析串扰脉冲形成的干涉结果。

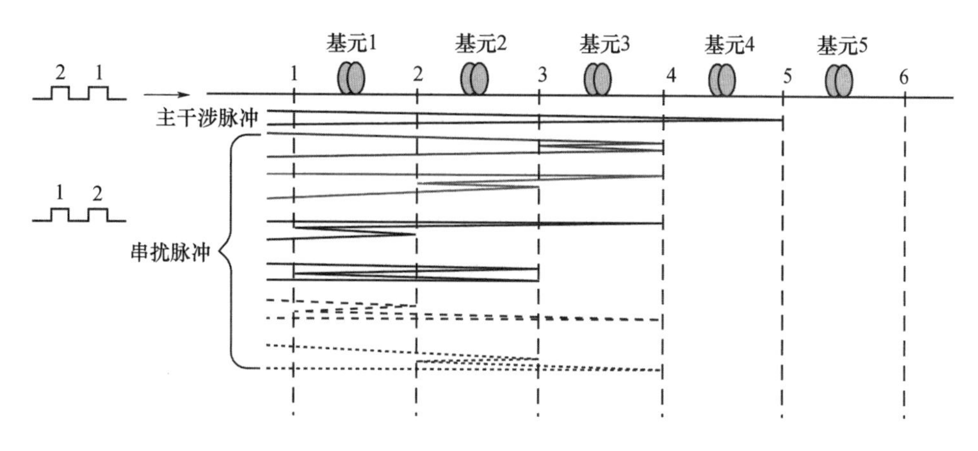

图 7.4　光纤水听器阵列串扰形成机理

不妨从第一个光纤光栅水听器基元来分析发生干涉的情况。设经过第一个和第二个光纤光栅反射的主脉冲可分别表示为

$$\begin{cases} \boldsymbol{E}_{1\tau\_1} = \overleftarrow{\boldsymbol{B}}_0 \boldsymbol{r} \rho_0 \overrightarrow{\boldsymbol{B}}_0 \boldsymbol{E}_{in1} \\ \boldsymbol{E}_{1\tau\_0} = \overleftarrow{\boldsymbol{B}}_0 t_0 \overleftarrow{\boldsymbol{B}}_1 \boldsymbol{r} \rho_1 \overrightarrow{\boldsymbol{B}}_1 t_0 \overrightarrow{\boldsymbol{B}}_0 \boldsymbol{E}_{in0} \end{cases} \tag{7.3}$$

$\boldsymbol{E}_{in0}$和$\boldsymbol{E}_{in1}$为注入激光脉冲的琼斯矩阵表述形式。链路光纤的下行传输琼斯矩阵为$\overrightarrow{\boldsymbol{B}}_0$，上行传输矩阵为$\overleftarrow{\boldsymbol{B}}_0$。类似的，第 i 个光纤光栅水听器基元中传感光纤的下行传输琼斯矩阵可表示为$\overrightarrow{\boldsymbol{B}}_i$，上行传输琼斯矩阵为$\overleftarrow{\boldsymbol{B}}_i$。$\rho_i$ 为第 $i+1$ 个光栅的振幅反射率，t_i 为第 $i+1$ 个光栅的振幅透射率。则两束光混频后发生的干涉可表达为

$$\begin{aligned} I_{1\tau} &= (\boldsymbol{E}_{1\tau\_1} + \boldsymbol{E}_{1\tau\_0})^{\dagger} (\boldsymbol{E}_{1\tau\_1} + \boldsymbol{E}_{1\tau\_0}) = I_r + I_s + 2Re(\boldsymbol{E}_{1\tau\_1}^{\dagger} \boldsymbol{E}_{1\tau\_0}) \\ &= DC_{1\tau} + 2t_0^2 \rho_0 \rho_1 Re(\boldsymbol{E}_{in1}^{\dagger} \overrightarrow{\boldsymbol{B}}_0^{\dagger} \overrightarrow{\boldsymbol{B}}_1^{\mathrm{T}} \overrightarrow{\boldsymbol{B}}_1 \overrightarrow{\boldsymbol{B}}_0 \boldsymbol{E}_{in0}) \end{aligned} \tag{7.4}$$

$DC_{1\tau}$表示直流分量，上标 T 表示转置运算符，上标 † 表示转置复共轭运算符，从式（7.4）中可以看出，光纤光栅时分复用阵列的第一个基元干涉结果中只含有自身的相位信号，包含在$\overrightarrow{\boldsymbol{B}}_1^{\mathrm{T}} \overrightarrow{\boldsymbol{B}}_1$项中，不存在其他通道的串扰。

对于光纤光栅时分复用阵列的第二个基元，在同一时刻返回的光脉冲则变成了 3 个，分别为

$$\begin{cases} \boldsymbol{E}_{2\tau,1} = \overleftarrow{\boldsymbol{B}}_0 t_0 \overleftarrow{\boldsymbol{B}}_1 \boldsymbol{r} \rho_1 \overrightarrow{\boldsymbol{B}}_1 t_0 \overrightarrow{\boldsymbol{B}}_0 \boldsymbol{E}_{in1} = t_0^2 \rho_1 \boldsymbol{r}\, \overrightarrow{\boldsymbol{B}}_0^{T} \overrightarrow{\boldsymbol{B}}_1^{\mathrm{T}} \overrightarrow{\boldsymbol{B}}_1 \overrightarrow{\boldsymbol{B}}_0 \boldsymbol{E}_{in1} \\ \boldsymbol{E}_{2\tau,0} = \overleftarrow{\boldsymbol{B}}_0 t_0 \overleftarrow{\boldsymbol{B}}_1 t_1 \overleftarrow{\boldsymbol{B}}_2 \boldsymbol{r} \rho_2 \overrightarrow{\boldsymbol{B}}_2 t_1 \overrightarrow{\boldsymbol{B}}_1 t_0 \overrightarrow{\boldsymbol{B}}_0 \boldsymbol{E}_{in0} \\ \qquad = t_0^2 t_1^2 \rho_2 \boldsymbol{r}\, \overrightarrow{\boldsymbol{B}}_0^{T} \overrightarrow{\boldsymbol{B}}_1^{T} \overrightarrow{\boldsymbol{B}}_2^{T} \overrightarrow{\boldsymbol{B}}_2 \overrightarrow{\boldsymbol{B}}_1 \overrightarrow{\boldsymbol{B}}_0 \boldsymbol{E}_{in0} \\ \boldsymbol{E}_{2\tau,c,0} = \overleftarrow{\boldsymbol{B}}_0 t_0 \overleftarrow{\boldsymbol{B}}_1 \boldsymbol{r} \rho_1 \overrightarrow{\boldsymbol{B}}_1 r \rho_0 \overleftarrow{\boldsymbol{B}}_1 r \rho_1 \overrightarrow{\boldsymbol{B}}_1 t_0 \overrightarrow{\boldsymbol{B}}_0 \boldsymbol{E}_{in0} \\ \qquad = t_0^2 \rho_0 \rho_1^2 r\, \overrightarrow{\boldsymbol{B}}_0^{T} \overrightarrow{\boldsymbol{B}}_1^{T} \overrightarrow{\boldsymbol{B}}_1 \overrightarrow{\boldsymbol{B}}_1^{T} \overrightarrow{\boldsymbol{B}}_1 \overrightarrow{\boldsymbol{B}}_0 \boldsymbol{E}_{in0} \end{cases} \tag{7.5}$$

式(7.5) 中，$\boldsymbol{E}_{2\tau,1}$、$\boldsymbol{E}_{2\tau,0}$为分别经第二个光栅和第三个光栅反射回的主干涉脉冲，$\boldsymbol{E}_{2\tau,c,0}$则为没有到达第三个光栅，但在第一个光栅和第二个光栅之间多往返一次的串扰脉冲，这3个脉冲在时间上完全重合。这三束光混频后叠加的干涉光强可表示为

$$\begin{aligned} I_{2\tau} &= (\boldsymbol{E}_{2\tau,1}+\boldsymbol{E}_{2\tau,0}+\boldsymbol{E}_{2\tau,c,0})^{\dagger}(\boldsymbol{E}_{2\tau,1}+\boldsymbol{E}_{2\tau,0}+\boldsymbol{E}_{2\tau,c,0}) \\ &= DC_{2\tau}+2t_0^4t_1^2\rho_1\rho_2 Re(\boldsymbol{E}_{in1}^{\dagger}\vec{\boldsymbol{B}}_0^{\dagger}\vec{\mathrm{B}}_1^{\dagger}\vec{\boldsymbol{B}}_2^{\mathrm{T}}\vec{\boldsymbol{B}}_2\vec{\boldsymbol{B}}_1\vec{\boldsymbol{B}}_0\boldsymbol{E}_{in0}) \\ &\quad -2t_0^4\rho_0\rho_1^3 Re(\boldsymbol{E}_{in1}^{\dagger}\vec{\boldsymbol{B}}_0^{\dagger}\vec{\boldsymbol{B}}_1^{T}\vec{\boldsymbol{B}}_1\vec{\boldsymbol{B}}_0\boldsymbol{E}_{in0}) \end{aligned} \tag{7.6}$$

式(7.6) 中，含有两个干涉项，第一个干涉项为第二个水听器基元的相位，第二个干涉项为第一个水听器基元的相位。值得注意的是，式(7.6) 中忽略了经第3个光栅反射的主干涉脉冲与串扰脉冲的干涉结果，因为这两个反射光来源于同一个入射脉冲，干涉的相位中不含有$\boldsymbol{E}_{in0}$和$\boldsymbol{E}_{in1}$之间的载波相位差，在采用PGC或者外差解调时都会被滤掉。式(7.6) 表明，第一个水听器基元的相位可在第二个水听器基元的干涉结果中解调出来，从而导致通道间串扰的产生。

对于光纤光栅时分复用阵列的第三个基元，在同一时刻返回的光脉冲含有7个，分别为

$$\begin{cases} \boldsymbol{E}_{3\tau,1} = \overleftarrow{\boldsymbol{B}}_0 t_0\overleftarrow{\boldsymbol{B}}_1 t_1\overleftarrow{\boldsymbol{B}}_2 \boldsymbol{r}\rho_2\vec{\boldsymbol{B}}_2 t_1\vec{\boldsymbol{B}}_1 t_0\vec{\boldsymbol{B}}_0\boldsymbol{E}_{in1} = t_0^2t_1^2\rho_2\boldsymbol{r}\,\vec{\boldsymbol{B}}_0{}^{\mathrm{T}}\vec{\boldsymbol{B}}_1{}^{\mathrm{T}}\vec{\boldsymbol{B}}_2{}^{\mathrm{T}}\vec{\boldsymbol{B}}_2\vec{\boldsymbol{B}}_1\vec{\boldsymbol{B}}_0 E_{in1} \\ E_{3\tau,c1,1} = \overleftarrow{\boldsymbol{B}}_0 t_0\overleftarrow{\boldsymbol{B}}_1 \boldsymbol{r}\rho_1\vec{\boldsymbol{B}}_1 \boldsymbol{r}\rho_0\overleftarrow{\mathrm{B}}_1 \boldsymbol{r}\rho_1\vec{\boldsymbol{B}}_1 t_0\vec{\boldsymbol{B}}_0\boldsymbol{E}_{in1} = t_0^2\rho_0\rho_1^2 r\,\vec{\boldsymbol{B}}_0{}^{\mathrm{T}}\vec{\boldsymbol{B}}_1{}^{\mathrm{T}}\vec{\boldsymbol{B}}_1\vec{\boldsymbol{B}}_1{}^{\mathrm{T}}\vec{\boldsymbol{B}}_1\vec{\boldsymbol{B}}_0\boldsymbol{E}_{in1} \\ \boldsymbol{E}_{3\tau,0} = \overleftarrow{\boldsymbol{B}}_0 t_0\overleftarrow{\boldsymbol{B}}_1 t_1\overleftarrow{\boldsymbol{B}}_2 t_2\overleftarrow{\boldsymbol{B}}_3 \boldsymbol{r}\rho_3\vec{\boldsymbol{B}}_3 t_2\vec{\boldsymbol{B}}_2 t_1\vec{\boldsymbol{B}}_1 t_0\vec{\boldsymbol{B}}_0\boldsymbol{E}_{in0} \\ \quad = t_0^2t_1^2t_2^2\rho_3\boldsymbol{r}\,\vec{\boldsymbol{B}}_0{}^{\mathrm{T}}\vec{\boldsymbol{B}}_1{}^{\mathrm{T}}\vec{\boldsymbol{B}}_2{}^{\mathrm{T}}\vec{\boldsymbol{B}}_3{}^{\mathrm{T}}\vec{\boldsymbol{B}}_3\vec{\boldsymbol{B}}_2\vec{\boldsymbol{B}}_1\vec{\boldsymbol{B}}_0\boldsymbol{E}_{in0} \\ \boldsymbol{E}_{3\tau,c1,0} = \overleftarrow{\boldsymbol{B}}_0 t_0\overleftarrow{\boldsymbol{B}}_1 t_1\overleftarrow{\boldsymbol{B}}_2 \boldsymbol{r}\rho_2\vec{\boldsymbol{B}}_2 \boldsymbol{r}\rho_1\overleftarrow{\boldsymbol{B}}_2 \boldsymbol{r}\rho_2\vec{\boldsymbol{B}}_2 t_1\vec{\boldsymbol{B}}_1 t_0\vec{\boldsymbol{B}}_0\boldsymbol{E}_{in0} \\ \quad = t_0^2t_1^2\rho_1\rho_2^2\boldsymbol{r}\vec{\boldsymbol{B}}_0{}^{\mathrm{T}}\vec{\boldsymbol{B}}_1{}^{\mathrm{T}}\vec{\boldsymbol{B}}_2{}^{\mathrm{T}}\vec{\boldsymbol{B}}_2\vec{\boldsymbol{B}}_2{}^{\mathrm{T}}\vec{\boldsymbol{B}}_2\vec{\boldsymbol{B}}_1\vec{\boldsymbol{B}}_0\boldsymbol{E}_{in0} \\ \boldsymbol{E}_{3\tau,c2,0} = \overleftarrow{\boldsymbol{B}}_0 t_0\overleftarrow{\boldsymbol{B}}_1 \boldsymbol{r}\rho_1\vec{\boldsymbol{B}}_1 \boldsymbol{r}\rho_0\overleftarrow{\boldsymbol{B}}_1 t_1\overleftarrow{\boldsymbol{B}}_2 \boldsymbol{r}\rho_2\vec{\boldsymbol{B}}_2 t_1\vec{\boldsymbol{B}}_1 t_0\vec{\boldsymbol{B}}_0\boldsymbol{E}_{in0} \\ \quad = t_0^2t_1^2\rho_0\rho_1\rho_2\boldsymbol{r}\vec{\boldsymbol{B}}_0{}^{\mathrm{T}}\vec{\boldsymbol{B}}_1{}^{\mathrm{T}}\vec{\boldsymbol{B}}_1\vec{\boldsymbol{B}}_1{}^{\mathrm{T}}\vec{\boldsymbol{B}}_2{}^{\mathrm{T}}\vec{\boldsymbol{B}}_2\vec{\boldsymbol{B}}_1\vec{\boldsymbol{B}}_0\boldsymbol{E}_{in0} \\ \boldsymbol{E}_{3\tau,c3,0} = \overleftarrow{\boldsymbol{B}}_0 t_0\overleftarrow{\boldsymbol{B}}_1 t_1\overleftarrow{\boldsymbol{B}}_2 \boldsymbol{r}\rho_2\vec{\boldsymbol{B}}_2 t_1\vec{\boldsymbol{B}}_1 \boldsymbol{r}\rho_0\overleftarrow{\boldsymbol{B}}_1 \boldsymbol{r}\rho_1\vec{\boldsymbol{B}}_1 t_0\vec{\boldsymbol{B}}_0\boldsymbol{E}_{in0} \\ \quad = t_0^2t_1^2\rho_0\rho_1\rho_2\boldsymbol{r}\vec{\boldsymbol{B}}_0{}^{\mathrm{T}}\vec{\boldsymbol{B}}_1{}^{\mathrm{T}}\vec{\boldsymbol{B}}_2{}^{\mathrm{T}}\vec{\boldsymbol{B}}_2\vec{\boldsymbol{B}}_1\vec{\boldsymbol{B}}_1{}^{\mathrm{T}}\vec{\boldsymbol{B}}_1\vec{\boldsymbol{B}}_0\boldsymbol{E}_{in0} \end{cases} \tag{7.7}$$

式(7.7) 中，$\boldsymbol{E}_{3\tau,1}$、$\boldsymbol{E}_{3\tau,0}$为分别经第四个光栅和第三个光栅反射回的主干涉脉冲，其他为串扰脉冲。这7个脉冲在时间上完全重合，混频后叠加的干涉光强可表示为

$$\begin{aligned} I_{3\tau} &= (\boldsymbol{E}_{3\tau,1}+\boldsymbol{E}_{3\tau,c1,1}+\boldsymbol{E}_{3\tau,0}+\boldsymbol{E}_{3\tau,c1,0}+\boldsymbol{E}_{3\tau,c2,0}+\boldsymbol{E}_{3\tau,c3,0})^{\dagger} \\ &\quad (\boldsymbol{E}_{3\tau,1}+\boldsymbol{E}_{3\tau,c1,1}+\boldsymbol{E}_{3\tau,0}+\boldsymbol{E}_{3\tau,c1,0}+\boldsymbol{E}_{3\tau,c2,0}+\boldsymbol{E}_{3\tau,c3,0}) \\ &= DC_{3\tau}+2t_0^4t_1^4t_2^2\rho_2\rho_3 Re(\boldsymbol{E}_{in1}^{\dagger}\vec{\boldsymbol{B}}_0{}^{\dagger}\vec{\boldsymbol{B}}_1{}^{\dagger}\vec{\boldsymbol{B}}_2{}^{\dagger}\vec{\boldsymbol{B}}_3{}^{\mathrm{T}}\vec{\boldsymbol{B}}_3\vec{\boldsymbol{B}}_2\vec{\boldsymbol{B}}_1\vec{\boldsymbol{B}}_0\boldsymbol{E}_{in0}) \\ &\quad -2t_0^4t_1^4\rho_2^3\rho_1 Re(\boldsymbol{E}_{in1}^{\dagger}\vec{\boldsymbol{B}}_0{}^{\dagger}\vec{\boldsymbol{B}}_1{}^{\dagger}\vec{\boldsymbol{B}}_2{}^{\mathrm{T}}\vec{\boldsymbol{B}}_2\vec{\boldsymbol{B}}_1\vec{\boldsymbol{B}}_0\boldsymbol{E}_{in0}) \\ &\quad -2t_0^4t_1^4\rho_2^2\rho_0\rho_1 Re(\boldsymbol{E}_{in1}^{\dagger}\vec{\boldsymbol{B}}_0{}^{\dagger}\vec{\boldsymbol{B}}_1{}^{\mathrm{T}}\vec{\boldsymbol{B}}_1\vec{\boldsymbol{B}}_0\boldsymbol{E}_{in0}) \end{aligned}$$

$$
\begin{aligned}
&-2t_0^4t_1^4\rho_2^2\rho_0\rho_1 Re[\boldsymbol{E}_{in1}^{\dagger}\vec{\boldsymbol{B}}_0{}^{\dagger}\vec{\boldsymbol{B}}_1{}^{\dagger}\vec{\boldsymbol{B}}_2{}^{\dagger}(\vec{\boldsymbol{B}}_2{}^{\mathrm{T}})^{\dagger}\vec{\boldsymbol{B}}_1\vec{\boldsymbol{B}}_1{}^{\mathrm{T}}\vec{\boldsymbol{B}}_2{}^{\mathrm{T}}\vec{\boldsymbol{B}}_2\vec{\boldsymbol{B}}_1\vec{\boldsymbol{B}}_0\boldsymbol{E}_{in0}]\\
&-2t_0^4t_1^2t_2^2\rho_1^2\rho_3\rho_0 Re[\boldsymbol{E}_{in0}^{\dagger}\vec{\boldsymbol{B}}_0{}^{\dagger}\vec{\boldsymbol{B}}_1{}^{\dagger}\vec{\boldsymbol{B}}_2{}^{\dagger}\vec{\boldsymbol{B}}_3{}^{\dagger}(\vec{\boldsymbol{B}}_3{}^{\mathrm{T}})^{\dagger}(\vec{\boldsymbol{B}}_2{}^{\mathrm{T}})^{\dagger}\vec{\boldsymbol{B}}_1\vec{\boldsymbol{B}}_1{}^{\mathrm{T}}\vec{\boldsymbol{B}}_1\vec{\boldsymbol{B}}_0\boldsymbol{E}_{in1}]
\end{aligned}
\tag{7.8}
$$

式(7.8) 中，同样忽略了来源于同一个入射脉冲的反射光之间的干涉，除此之外，还包含有 5 个干涉结果，其中第一个干涉结果为第三个水听器基元的相位，第二个干涉结果为第二个水听器基元的相位，第三个干涉结果为第一个水听器基元的相位，第四个干涉结果为第一个、第二个水听器基元相位的耦合结果，第五个干涉结果为第一个、第二个、第三个水听器基元相位的耦合结果。式(7.8) 表明，第一个、第二个水听器基元的相位可在第三个水听器基元的干涉结果中解调出来，从而形成通道串扰。

对比式(7.6) 和式(7.8)，光纤光栅水听器时分复用阵列的串扰总是将前端基元的信号串到后端基元，且在时分复用阵列中位置越靠后，形成含有串扰结果的干涉项就越多，串扰情况越复杂。

采用上述相同的分析方法，对每个水听器基元都可列出其主干涉脉冲和串扰脉冲的物理表达式，从而得到干涉结果的物理模型。上述推导过程表明，时分复用重数越多，靠近阵列后端的基元干涉结果越复杂，串扰的来源越多，且不同通道间信号耦合现象会增加，导致串扰情况更加复杂。

7.2.1.2　时分通道串扰的测量不稳定性

串扰的存在不仅仅会将不属于光纤光栅水听器基元的信号带入解调结果中影响水声信号处理过程，同时也会对基元自身的解调性能产生影响，最直接的表现为信号解调的不稳定性。式(7.6) 和式(7.8) 表明，由于串扰的存在，最终的干涉信号实际上为多个干涉信号的叠加。为简化分析，这里给出两个干涉信号叠加时的解调效果分析。

设干涉结果为两个干涉信号的叠加（对应于光纤光栅水听器时分复用阵列的第二个时分复用基元的情况），并将干涉结果简记为

$$I(t)=A+B\cos[\varphi_c(t)+\varphi(t)]+D\cos[\varphi_c(t)+\varphi'(t)] \tag{7.9}$$

式(7.9) 中，A 为直流项，$\varphi_c(t)=C\cos(\omega_0 t)$ 为调制信号，$\varphi(t)=-\varphi_{s2}(t)+\varphi_0(t)$ 为一个干涉信号相位和随机相位项的叠加信号，$\varphi'(t)=-\varphi_{s1}(t)+\varphi'_0(t)$ 为另一个信号相位和随机相位项的叠加信号。对应于式(7.6)，则 $A=DC_{2\tau}$；B 为主干涉项的幅度值，与前两个光栅的反射率和干涉光的偏振态有关，不考虑偏振诱导信号衰落时该项为常数；D 为串扰干涉项的幅度值，与前 3 个光栅的反射率和干涉光的偏振态有关，不考虑偏振诱导信号衰落时该项依然为常数。$\dfrac{D}{B}=\dfrac{R}{1-R}$为串扰项和信号项的振幅之比，与光栅的反射率成正比。

将式(7.9) 用 Bessel 函数展开可得：

$$
\begin{aligned}
I(t) = A + B\Big\{ & \Big[J_0(C) + 2\sum_{k=1}^{\infty} (-1)^k J_{2k}(C)\cos(2k\omega_0 t)\Big]\cos[\varphi(t)] \\
& - 2\Big[\sum_{k=0}^{\infty} (-1)^k J_{2k+1}(C)\cos((2k+1)\omega_0 t)\Big]\sin[\varphi(t)]\Big\} \\
+ D\Big\{ & \Big[J_0(C) + 2\sum_{k=1}^{\infty} (-1)^k J_{2k}(C)\cos(2k\omega_0 t)\Big]\cos[\varphi'(t)] \\
& - 2\Big[\sum_{k=0}^{\infty} (-1)^k J_{2k+1}(C)\cos((2k+1)\omega_0 t)\Big]\sin[\varphi'(t)]\Big\}
\end{aligned}
\tag{7.10}
$$

将式(7.10) 分别乘以 $G\cos(\omega_0 t)$ 和 $H\cos(2\omega_0 t)$ 后经过低通滤波，由于调制频率 ω_0 远远大于被测信号频率，经过低通之后含 ω_0 及其倍频项均被滤除，此时可以得到

$$
-GBJ_1(C)\sin[\varphi(t)] - GDJ_1(C)\sin[\varphi'(t)] \tag{7.11}
$$

$$
-HBJ_2(C)\cos[\varphi(t)] - HDJ_2(C)\cos[\varphi'(t)] \tag{7.12}
$$

式(7.11) 和式(7.12) 再经过微分、交叉相乘并相减可得

$$
\begin{aligned}
& GHB^2 J_1(C)J_2(C)\frac{\mathrm{d}\varphi(t)}{\mathrm{d}t} + GHBDJ_1(C)J_2(C)\cos[\varphi(t) - \varphi'(t)]\frac{\mathrm{d}\varphi(t)}{\mathrm{d}t} \\
& + GHBDJ_1(C)J_2(C)\cos[\varphi(t) - \varphi'(t)]\frac{\mathrm{d}\varphi'(t)}{\mathrm{d}t} + GHD^2 J_1(C)J_2(C)\frac{\mathrm{d}\varphi'(t)}{\mathrm{d}t}
\end{aligned}
\tag{7.13}
$$

对式(7.13) 求积分可得

$$
\begin{aligned}
& GHB^2 J_1(C)J_2(C)\varphi(t) + GHD^2 J_1(C)J_2(C)\varphi'(t) \\
& + GHBDJ_1(C)J_2(C)\int \cos[\varphi(t) - \varphi'(t)]\frac{\mathrm{d}[\varphi(t) + \varphi'(t)]}{\mathrm{d}t}
\end{aligned}
\tag{7.14}
$$

对应于光纤光栅水听器时分复用阵列第二个时分通道的情况，$\varphi(t)$ 为第二个水听器基元本身工作点 φ_{20}，$\varphi'(t)$ 为串扰信号。式(7.14) 可写成

$$
\begin{aligned}
& GHB^2 J_1(C)J_2(C)\varphi_{20} + GHD^2 J_1(C)J_2(C)\varphi'(t) \\
& + GHBDJ_1(C)J_2(C)\sin[\varphi'(t) - \varphi_{20}]
\end{aligned}
\tag{7.15}
$$

式(7.15) 经高通滤波后可得

$$
\begin{aligned}
& -GHD^2 J_1(C)J_2(C)\varphi_{s1}(t) + GHBDJ_1(C)J_2(C)\sin[\varphi'(t) - \varphi_{20}] \\
& = -GHD^2 J_1(C)J_2(C)\varphi_{s1}(t) + \frac{B}{D}\sin[\varphi'(t) - \varphi_{20}] \\
& = -GHD^2 J_1(C)J_2(C)\varphi_{s1}(t)\Big[1 + \frac{1-R}{R}\frac{\sin[\varphi'(t) - \varphi_{20}]}{\varphi_{s1}(t)}\Big]
\end{aligned}
\tag{7.16}
$$

其中 $\varphi_{s1}(t)$ 为施加在第一个时分复用基元上的信号，为 $\varphi'(t)$ 滤掉低频扰动（即消除

第一个时分复用基元工作点漂移）后的结果。由式(7.16) 可见，采用传统的 PGC 解调算法不能在第二个基元得到稳定的串扰信号，其信号幅度是随时间变化的，且其变化幅度的大小与反射率有关，反射率越大，变化幅度越小。变化的快慢与施加的信号、两个基元的工作点漂移等多个因素相关。

以上以两重时分复用结构为例，阐述了串扰信号幅度解调的不稳定。扩展到多重时分复用结构后基本结论类似。本质上由于光纤光栅水听器时分复用串扰在干涉结果上表现为多个干涉项的叠加，而提取相位信号常用的 PGC 等处理方法是非线性系统，导致了解调信号的不稳定。采用外差调制解调方案同样会出现这样的结果，其根源仍在于外差调制解调过程也含有非线性变换流程。

由于多个干涉叠加导致的解调信号不稳定，时分复用通道串扰的结果在多次测量过程中是不稳定的。为正确表征时分复用的通常串扰，通常采用串扰的概率分布来描述。图 7.5 中为第一个时分通道加信号，第二个和第三个时分通道的串扰测量 150 次的结果，其中图 7.15(a) 是按照次数解调的串扰，图 7.15(b) 则是串扰在某个值域期间的概率分布，即对于时分复用通道 2，串扰小于 -40 dB 的分布概率大于 90%，而对于时分复用通道 3，串扰小于 -20 dB 的分布概率大于 80%。

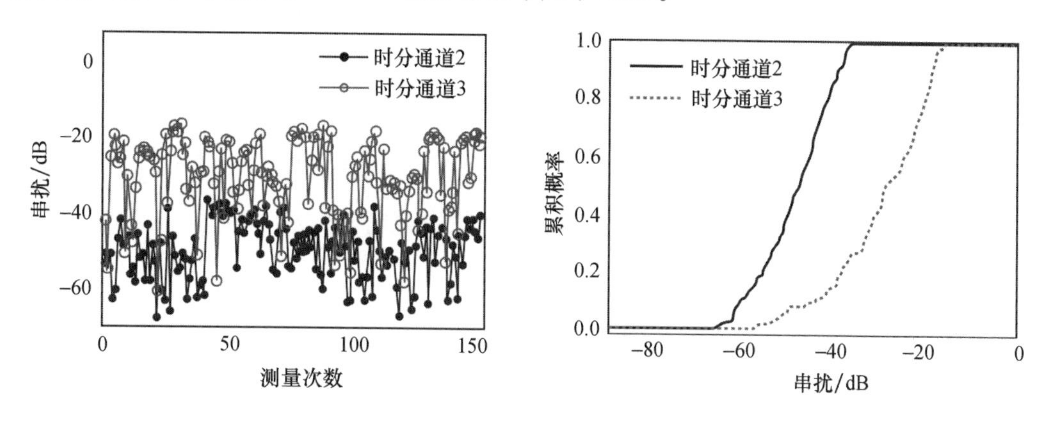

图 7.5　典型的时分通道串扰测试结果

7.2.2　时分复用串扰的抑制方法

时分串扰问题一直是制约光纤光栅水听器探测性能的关键难题之一。目前，可以有效抑制光纤光栅水听器时分复用阵列串扰的方法主要有低反射率光纤光栅法、剥层算法、串扰干涉项重构法和阵列结构特殊设计 4 种。

7.2.2.1　低反射率光纤光栅法

时分串扰来自光在光栅之间的多次反射，那么光栅的反射率越低，多次反射形成的串扰光强与信号光强的比值就会越小，从而可以降低串扰信号与实际信号的比值。本书在第3章给出了最大串扰与反射率的对应关系，一般而言，时分复用数量少于8的情况下，光栅反射率控制在0.5%以下，所有时分通道都能达到串扰小于-40 dB的分布概率大于85%的指标。

实际案例（7-1）

图7.6是作者团队在2011年报道的一个8重时分复用阵列。这个阵列采用反射率仅为0.21%的9个光栅构成了8重时分结构。由于光栅的反射率较低，系统在未做任何串扰控制的情况下，测得的8个通道串扰结果如彩图3所示。所有时分通道都能达到串扰小于-40 dB的分布概率大于85%的指标，与理论预测结果一致。

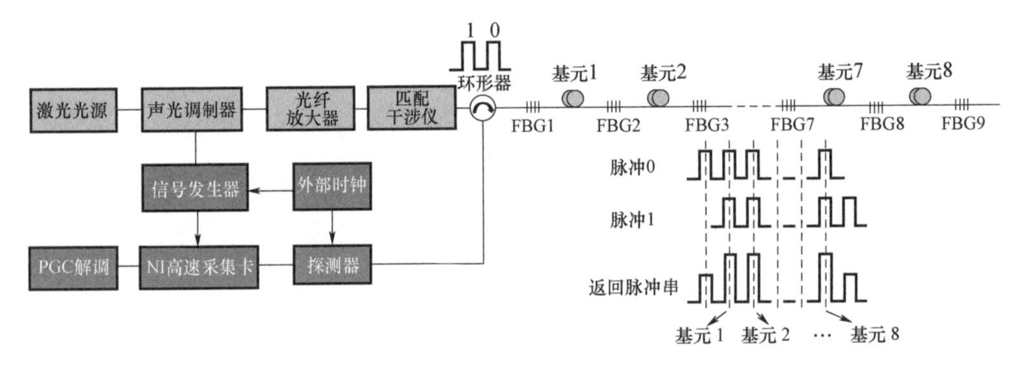

图7.6 采用低反射率方法控制时分通道串扰的实验系统结构图（蒋鹏，2011）

这种方法的不足之处在于，光栅的反射率过低，必然导致系统对光功率的浪费，在长距离、多通道的复用传感系统中，返回光强将微弱到难以检测，因此低反射率光栅在大规模复用水听器阵列中并不适用。

7.2.2.2 剥层算法

剥层算法是逆散射算法的一种，最初主要用来解决光纤光栅的逆问题，即通过光栅的反射谱计算出光栅的结构参数，从而指导光栅的折射率调制结构设计。除此之外，逆散射法也被广泛应用于分析传输线、振动弦、层状声介质和量子力学中的粒子散射问题中。

剥层算法对光纤光栅阵列时分串扰的基本思路来源于剥层算法在光纤光栅参数重构中的应用。

1）用于光栅重构的剥层算法

将一个光栅分为离散的N段，每段间隔为Δ，那么每段均可以看作均匀的光栅。对于均匀的光纤光栅，通过施加恰当的边界条件，根据其耦合模理论，可以得到位于z和$z+\Delta$处的光场的传输矩阵，如式(7.17)所示。

$$\begin{bmatrix} u(z+\Delta,\delta) \\ v(z+\Delta,\delta) \end{bmatrix} = \begin{bmatrix} \cosh[\gamma(z)\Delta] - \mathrm{i}\frac{\delta}{\gamma(z)}\sinh[\gamma(z)\Delta] & -\mathrm{i}\frac{q(z)}{\gamma(z)}\sinh[\gamma(z)\Delta] \\ \mathrm{i}\frac{q(z)}{\gamma(z)}\sinh[\gamma(z)\Delta] & \cosh[\gamma(z)\Delta] + \mathrm{i}\frac{\delta}{\gamma(z)}\sinh[\gamma(z)\Delta] \end{bmatrix} \begin{bmatrix} u(z,\delta) \\ v(z,\delta) \end{bmatrix} \tag{7.17}$$

式中，$u(z,\ \delta)$ 和 $v(z,\ \delta)$ 分别为正向传输光场和反向传输光场的振幅；$\gamma(z)^2 = |q(z)|^2 - \delta^2$，其中，$q(z)$ 为耦合系数；$\delta = \beta - \frac{\pi}{\Lambda}$为波数的失谐量。第 $m(m=1,\ 2,\ 3,\ \cdots)$ 段的光栅传输矩阵 $\boldsymbol{T}_m$可以表示为

$$\boldsymbol{T}_m = \begin{bmatrix} \cosh[\gamma_m\Delta] - \mathrm{i}\frac{\delta}{\gamma_m}\sinh[\gamma_m\Delta] & -\mathrm{i}\frac{q_m}{\gamma_m}\sinh[\gamma_m\Delta] \\ \mathrm{i}\frac{q_m}{\gamma_m}\sinh[\gamma_m\Delta] & \cosh[\gamma_m\Delta] + \mathrm{i}\frac{\delta}{\gamma_m}\sinh[\gamma_m\Delta] \end{bmatrix} \tag{7.18}$$

整个光栅两端的光场的传输可以表示为 N 段光栅传输矩阵的积，即

$$\begin{bmatrix} u(L,\delta) \\ v(L,\delta) \end{bmatrix} = \boldsymbol{T}\begin{bmatrix} u(z,\delta) \\ v(z,\delta) \end{bmatrix} \tag{7.19}$$

式中，$\boldsymbol{T} = \boldsymbol{T}_N\boldsymbol{T}_{N-1}\cdots\boldsymbol{T}_1$ 为光栅起始端到末端的光场总的传输矩阵。

考虑两种情况，当耦合系数 $|q|\rightarrow\infty$且保持 $|q\Delta|$ 有限，那么这段均匀光栅可以看作一个瞬时反射镜，此时传输矩阵可以表示为

$$\boldsymbol{T}_m^{\rho} = \cosh(|q_m|\Delta)\begin{bmatrix} 1 & \frac{q_m}{|q_m|}\tanh(|q_m|\Delta) \\ \frac{q_m^*}{|q_m|}\tanh(|q_m|\Delta) & 1 \end{bmatrix} \tag{7.20}$$

式中，定义 $\rho_m = \frac{q_m^*}{|q_m|}\tanh$ （$|q_m|\Delta$）为该段离散的复反射系数，那么式(7.20）可以进一步表示为

$$\boldsymbol{T}_m^{\rho} = \frac{1}{\sqrt{1-\rho_m^2}}\begin{bmatrix} 1 & -\rho_m^* \\ -\rho_m & 1 \end{bmatrix} \tag{7.21}$$

此外，考虑光在离散的 Δ 光栅长度内的传输，令耦合系数 q_m趋近于0，那么式(7.21）可以表示为

$$\boldsymbol{T}_m^{\Delta} = \begin{bmatrix} \mathrm{e}^{\mathrm{i}\delta\Delta} & 0 \\ 0 & \mathrm{e}^{-\mathrm{i}\delta\Delta} \end{bmatrix} \tag{7.22}$$

$\boldsymbol{T}_m^{\Delta}$ 就表示光在 Δ 的均匀段内的传输。那么描述这一离散区间的光场的总的传输矩阵可以用 $\boldsymbol{T}_m = \boldsymbol{T}_m^{\rho}\boldsymbol{T}_m^{\Delta}$ 来表示为

$$\boldsymbol{T}_m = \boldsymbol{T}_m^{\rho}\boldsymbol{T}_m^{\Delta} = \frac{1}{\sqrt{1-\rho_m^2}}\begin{bmatrix} \mathrm{e}^{\mathrm{i}\delta\Delta} & -\rho_m^*\mathrm{e}^{-\mathrm{i}\delta\Delta} \\ -\rho_m\mathrm{e}^{\mathrm{i}\delta\Delta} & \mathrm{e}^{-\mathrm{i}\delta\Delta} \end{bmatrix} \tag{7.23}$$

用于光纤光栅重构的剥层算法初始条件为光栅的光谱，在光栅的起始层，前向光场和后向光场可以表示为

$$\begin{bmatrix} u_1(\delta) \\ v_1(\delta) \end{bmatrix} = \begin{bmatrix} 1 \\ r_1(\delta) \end{bmatrix} \tag{7.24}$$

式中，$r_1(\delta)$ 为离散化的光栅反射谱。光场传输的因果律决定了在 $t=0$ 时刻的冲击响应只与起始层光栅的复反射系数 ρ_1 有关，此时光还没有足够的时间传到下一层。因此在考虑 $t=0$ 时刻的冲击响应时，只需要认为仅有起始层光栅存在，那么起始层光栅的复反射系数就可以用 $r_1(\delta)=v_1(\delta)/u_1(\delta)$ 的逆傅里叶变换结果中 $t=0$ 时刻的冲击响应来表示。其中 $r_1(\delta)$ 可以表示为

$$r_1(\delta) = \sum_{0}^{\infty} h_1(\tau)\mathrm{e}^{-\mathrm{i}\delta\tau 2\Delta} \tag{7.25}$$

式中，$\rho_1 = h_1(0)$。

当光场传递到下一层后，在新的一层中所面临的情况与起始层是一样的，即在新的一层中，$t=0$ 时刻的冲击响应只与该层光栅的复反射系数 ρ_2 有关。该层对应的新的光谱 $r_2(\delta)=v_2(\delta)/u_2(\delta)$，可以通过上一层光场和上一层到该层的传输矩阵得到

$$\begin{bmatrix} u_2(\delta) \\ v_2(\delta) \end{bmatrix} = \boldsymbol{T}_1\begin{bmatrix} u_1(\delta) \\ v_1(\delta) \end{bmatrix} \tag{7.26}$$

由此可得

$$r_2(\delta) = \mathrm{e}^{-\mathrm{i}2\delta\Delta}\frac{r_1(\delta)-\rho_1}{1-\rho_1^* r_1(\delta)} \tag{7.27}$$

$r_2(\delta)$ 的傅里叶级数在 $t=0$ 时刻的系数即为 $t=0$ 时刻的冲击响应，也就是该层的复反射系数 ρ_2。

剥层算法从初始条件开始，首先获取光栅的第一层的结构参数，再以光场传输的特性为基础，再对光栅第二层进行分析，在考察光栅第二层时，根据因果律，实际上的光栅第一层已经对后序各层耦合系数的获取没有影响，那么可以将光栅第一层剥离，所考察的光栅第二层可以看作光栅第一层，依此类推就可以求出整个光栅各层的耦合系数。

2）用于光纤光栅水听器时分复用的剥层算法

在光纤光栅重构中，剥层算法将光栅进行分层处理，最终获得各层的结构参数。借鉴这一思路，将光纤光栅水听器时分复用阵列的每一个传感通道当作一个均匀的层。剥层算法要解决的就是从已知的初始条件出发，求出光纤光栅阵列中每一层的特征参量，各层的特征参量包括光纤光栅的反射率和每层的光纤琼斯矩阵。这些特征参量反映的仅仅是各层的特性，而与其他层无关，这样各层拾取的信号就可以单独得到而不再包含串扰。剥层算法在光纤光栅传感阵列的应用是一种全时域的分析方法，其基本思路仍然为从已知初始条件出发，以光场在各层中传递的因果关系为线索，当考察某层时，可以把被考察的层当作第一层，这样就剥除了前面各层的影响，各层的特性就可以从前往后依次推导得到。

图 7.7 为光纤光栅传感阵列分层示意图。将含 n 个时分传感通道的光纤光栅阵列分为 $n+1$ 层，其中，第一个光栅及之前的引导光纤定义为一个层，n 个时分通道对应 n 个层。为了在描述中使通道序号与分层序号相统一，我们将第一个光栅及之前的引导光纤代表的起始层定义为第 0 层，第 1 个到第 n 个时分通道对应第 1 层到第 n 层。ρ_0 到 ρ_n 为表示光栅反射的复振幅反射系数，$\boldsymbol{B}_0$ 到 $\boldsymbol{B}_n$ 为各层中光纤的单向传输琼斯矩阵。

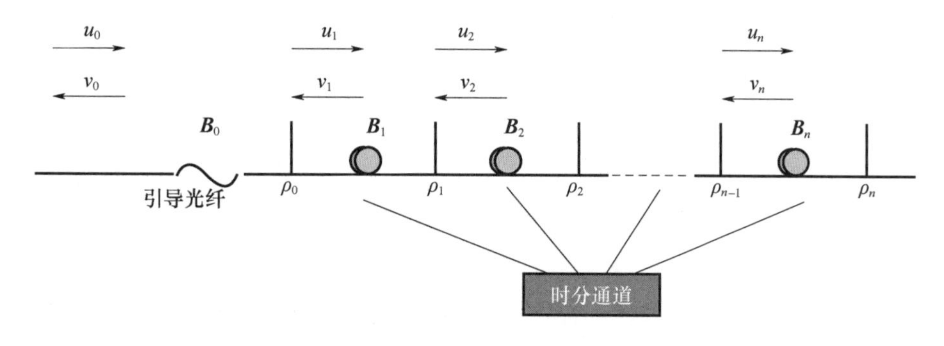

图 7.7　光纤光栅传感阵列分层示意图

对光纤光栅水听器阵列的各层特征参量的提取需要得到各层的响应，该响应包括沿该层的光纤的往返传输和在该层对应光栅处的一次反射。用$\vec{\boldsymbol{B}}_m$（$m=0，1，2，\cdots，n$）和$\overleftarrow{\boldsymbol{B}}_m$ 分别表示光在第 m 层光纤中的正向传输和反向传输。由于光栅长度极短，可以认为光经光栅反射和透射后偏振态不发生变化。因此，可以将光栅的反射矩阵表示为光栅的复振幅反射系数 ρ_{mr} 与表示无损反射镜的琼斯矩阵 $\boldsymbol{r}$ 的积，即 $\boldsymbol{r}\rho_{mr}$，其中 $\boldsymbol{r}$ 为

$$\boldsymbol{r}=\begin{bmatrix}-1 & 0\\ 0 & 1\end{bmatrix} \tag{7.28}$$

第 m 层的响应可以表示为

$$\mathfrak{R}_m = \overleftarrow{\boldsymbol{B}}_m r \rho_m \overrightarrow{\boldsymbol{B}}_m \tag{7.29}$$

根据第 5 章的分析，光纤的传输琼斯矩阵$\overleftarrow{\boldsymbol{B}}_m$ 和$\overrightarrow{\boldsymbol{B}}_m$ 均可以等效为一复数标量与一酉矩阵的乘积。复数标量为偏振无关部分，包括光纤的损耗与拾取的外界信号；酉矩阵表示偏振相关部分，反映了光在光纤中偏振态的演化。因此，各通道感知的外界信号可以由下式得到：

$$\varphi_m = \frac{1}{2} \angle \det \mathfrak{R}_m \tag{7.30}$$

式中，det 表示求行列式；∠表示求该行列式的幅角。

各层的响应由该层对应的第一个入射光场和第一个返回光场求得。如果第 m 层的入射光场和返回光场分别为 $\boldsymbol{u}_m$和 $\boldsymbol{v}_m$，那么该层的响应为

$$\mathfrak{R}_m = \boldsymbol{v}_m(1)\boldsymbol{u}_m(1)^{-1} \tag{7.31}$$

式中，$\boldsymbol{u}_m(1)$ 和 $\boldsymbol{v}_m(1)$ 分别表示第 m 层的第一个入射光场和第一个返回光场。要得到各层的入射光场和返回光场，需要知道 3 个条件，首先是起始层（第 0 层）的入射光场与返回光场，其次是层与层之间的传输矩阵，最后是上一层光场经传输矩阵传递的方式，下面将对这 3 个条件分别进行分析。

在光场传递过程中，首先确定第 0 层的入射光场和返回光场。我们假设一个单位振幅为 $\boldsymbol{E}$ 的光脉冲入射到图 7.7 所示的光纤光栅阵列，那么在接收端将会探测到若干个返回脉冲$\boldsymbol{h}_0\boldsymbol{E}$，$\boldsymbol{h}_1\boldsymbol{E}$，…，$\boldsymbol{h}_n\boldsymbol{E}$，其中$\boldsymbol{h}_0$，$\boldsymbol{h}_1$，…，$\boldsymbol{h}_n$ 均为 2×2 的琼斯矩阵，代表各时刻返回脉冲历经光路的冲击响应，其中 $\boldsymbol{h}_0$代表光在第一个光栅处的反射；$\boldsymbol{h}_1$为第二个光栅对应的主脉冲的传输光路；$\boldsymbol{h}_2$到 $\boldsymbol{h}_n$不仅包含对应光栅的主脉冲在阵列中的传输，还包括与该主脉冲同时序的串扰脉冲的传输。如果我们将光栅阵列的入射脉冲用单位矩阵 $\boldsymbol{I}$ 表示，那么各返回脉冲光场就可以用冲击响应表示，第 0 层的入射脉冲光场就可以表示为

$$\boldsymbol{u}_0 = [\boldsymbol{I} \quad 0 \quad \cdots \quad 0] \tag{7.32}$$

其中，$\boldsymbol{u}_0(1)$ 为第 0 层 0 时刻的入射光场。由于在该层中不存在光的多次反射，因此该层其他时刻的入射光场均为 0。该层各时刻的返回光场可以用阵列冲击响应来表示，即

$$\boldsymbol{v}_0 = [\boldsymbol{h}_0 \quad \boldsymbol{h}_1 \quad \cdots \quad \boldsymbol{h}_n] \tag{7.33}$$

光纤光栅水听器阵列的冲击响应需要从各通道原始干涉信号中获取。设入射的两个脉冲分别为$\boldsymbol{E}_{in0}$和$\boldsymbol{E}_{in1}$，那么返回各脉冲中来自$\boldsymbol{E}_{in0}$的部分可以表示为

$$\boldsymbol{E}_{j,0} = h_j \boldsymbol{E}_{in0}, \quad j = 0, 1, 2, 3, \cdots \tag{7.34}$$

返回各脉冲中来自$\boldsymbol{E}_{in1}$的部分可以表示为

$$\boldsymbol{E}_{j,1}=\begin{cases}0, j=0\\ \boldsymbol{h}_{j-1}\boldsymbol{E}_{in1}, \quad j=1,2,3,\cdots\end{cases} \tag{7.35}$$

式中，下标j表示返回脉冲对应的时刻，定义第一个返回脉冲对应0τ时刻，第二个返回脉冲为第一个传感通道的干涉脉冲，定义为1τ时刻，其余依此类推，其中τ为脉冲间隔。

0τ时刻的返回光强为脉冲$\boldsymbol{E}_{in0}$经第一个光栅反射的光脉冲，光强大小为

$$\begin{aligned}I(0\tau)&=\boldsymbol{E}_{0,0}^{\dagger}\boldsymbol{E}_{0,0}\\&=\boldsymbol{E}_{in}\boldsymbol{h}_0^{\dagger}\boldsymbol{h}_0\boldsymbol{E}_{in0}, \quad j=0,1,2,3,\cdots\end{aligned} \tag{7.36}$$

$j\tau$（$j\geqslant 1$）时刻的干涉光强为

$$\begin{aligned}I(j\tau)&=(\boldsymbol{E}_{j,1}+\boldsymbol{E}_{j,0})^{\dagger}(\boldsymbol{E}_{j,1}+\boldsymbol{E}_{j,0})\\&=DC_{j\tau}+2Re(\boldsymbol{E}_{in1}^{\dagger}\boldsymbol{h}_{j-1}^{\dagger}\boldsymbol{h}_j\boldsymbol{E}_{in0})\end{aligned} \tag{7.37}$$

式中，符号†表示转置共轭运算，$DC_{j\tau}$为干涉光强的直流项。定义$\boldsymbol{\hbar}_{(j-1,j)}=\boldsymbol{h}_{j-1}^{\dagger}\boldsymbol{h}_j$，如果从干涉光强交流项中获得了$\boldsymbol{\hbar}_{(j-1,j)}$，那么各冲击响应就可以由下式得到

$$\boldsymbol{h}_j=\boldsymbol{h}_{j-1}^{\dagger}\boldsymbol{\hbar}_{(j-1,j)}, \quad j=1,2,3,\cdots \tag{7.38}$$

式中，初始的冲击响应$\boldsymbol{h}_0$用第一个光栅的复振幅反射矩阵来初始化，那么根据式(7.38)就可以得到其余各时刻冲击响应。

确定第0层的入射光场和返回光场后，还需要知道各层光场的传输矩阵才能够求出各层的光场。根据剥层算法在光纤光栅重构中的传输矩阵，可以看到各层之间的光场传输矩阵是两部分的积，即表示离散反射镜瞬时反射的复反射矩阵$\boldsymbol{T}_m^{\rho}$和表示光在该层光纤中传输的传输矩阵$\boldsymbol{T}_m^{\Delta}$。光纤光栅的反射琼斯矩阵可以表示为光栅的复反射系数与瞬时反射镜琼斯矩阵的积。考虑到中心波长与光纤光栅峰值波长一致的光经过光纤光栅反射后相位将改变π/2，那么各光栅的复反射系数可以表示为$\rho_{mr}=\sqrt{R_m}\mathrm{e}^{\mathrm{j}\pi/2}$（$m=0$，1，2，3，…，$n$），那么各复反射矩阵可以表示为$\sqrt{R_m}\mathrm{e}^{\mathrm{j}\pi/2}\boldsymbol{r}$，而复反射系数满足$-\rho_m^*=\rho_m$。因此，式(7.21)所示反射矩阵$\boldsymbol{T}_m^{\rho}$变为

$$\boldsymbol{T}_m^{\rho}=\frac{1}{\sqrt{1-|\rho_m|^2}}\begin{bmatrix}1 & \boldsymbol{r}\rho_m\\ -\boldsymbol{r}\rho_m & 1\end{bmatrix} \tag{7.39}$$

传输矩阵$\boldsymbol{T}_m^{\Delta}$代表了入射光场和返回光场在光纤中的传输，可以表示为

$$\boldsymbol{T}_m^{\Delta}=\begin{bmatrix}\overrightarrow{\boldsymbol{B}}_m & 0\\ 0 & \overleftarrow{\boldsymbol{B}}_m^{-1}\end{bmatrix} \tag{7.40}$$

一般将单模光纤等效为互易网络，并考虑到反向传输相对于正向传输的坐标改变，反向传输矩阵与正向传输矩阵的关系为

$$\overleftarrow{\boldsymbol{B}}_m = \boldsymbol{r}\,\overrightarrow{\boldsymbol{B}}_m^{\mathrm{T}}\,\boldsymbol{r}^{-1} \tag{7.41}$$

令$\overrightarrow{\boldsymbol{B}}_m=\boldsymbol{B}_m$。$\boldsymbol{B}_m$ 为酉矩阵，其满足如下关系：$\boldsymbol{B}_m^{\mathrm{T}^{-1}}=\boldsymbol{B}_m^*$。另根据式(7.28)，式(7.40)中的$\overleftarrow{\boldsymbol{B}}_m^{-1}$ 可以表示为

$$\overleftarrow{\boldsymbol{B}}_m^{-1} = \boldsymbol{r}\,\boldsymbol{B}_m^*\boldsymbol{r} \tag{7.42}$$

传输矩阵 $\boldsymbol{T}_m$ 为 $\boldsymbol{T}_m^{\rho}$ 和 $\boldsymbol{T}_m^{\Delta}$ 的积，即

$$\boldsymbol{T}_m = \boldsymbol{T}_m^{\rho}\boldsymbol{T}_m^{\Delta} = \frac{1}{\sqrt{1-|\rho_m|^2}}\begin{bmatrix} \boldsymbol{B}_m & \rho_m\boldsymbol{B}_m^*\boldsymbol{r} \\ -\boldsymbol{r}\rho_m\boldsymbol{B}_m & \boldsymbol{r}\,\boldsymbol{B}_m^*\boldsymbol{r} \end{bmatrix} \tag{7.43}$$

根据传输矩阵 $\boldsymbol{T}_m$所得到的入射光场和返回光场均含有共同因子 $1\big/\sqrt{1-|\rho_m|^2}$，在根据式(7.31) 求各层的响应矩阵时，共同的相位因子被消去，因此在剥层算法的运算中，实际所用的传输矩阵将忽略掉 $1\big/\sqrt{1-|\rho_m|^2}$ 这一因子。

在得到起始层的入射光场与返回光场以及层与层之间的传输矩阵后，还需要知道上一层光场经传输矩阵传输的方式。在第 0 层中，已经利用式(7.32) 和式(7.33) 定义了该层的入射光场和返回光场，由于该层的第一个返回光场$\boldsymbol{v}_0(0)$ 代表第一个光栅的瞬时反射，因此可以认为该层的第一个入射光场 $\boldsymbol{u}_0(0)$ 和$\boldsymbol{v}_0(0)$ 在同一时序。当光场从该层向下一层传递时，以下各层的第一个返回光场为各层的第一个入射光场历经了在该层的往返传输，那么各层的第一个返回光场与第一个入射光场相比会延时 $2nL/c$，其中，n 为光纤折射率，L 为传感光纤长度，c 为光在真空中的光速。那么，在 $m\geqslant 1$ 的各层中，将不存在与第一个入射光场同一时序的返回光场，即

$$T_{m,21}\boldsymbol{u}_m(1) + T_{m,22}\boldsymbol{v}_m(1) \equiv 0 \tag{7.44}$$

式中，$T_{m,11}=\boldsymbol{B}_m$，$T_{m,12}=\rho_m\boldsymbol{B}_m^*\boldsymbol{r}$，$T_{m,21}=-\boldsymbol{r}\rho_m\boldsymbol{B}_m$，$T_{m,22}=\boldsymbol{r}\,\boldsymbol{B}_m^*\boldsymbol{r}$，分别为光场传输矩阵的 4 个基元；$\boldsymbol{u}_m(1)$ 和 $\boldsymbol{v}_m(1)$ 分别为第 m 层实际存在的第一个入射光场和第一个返回光场。

那么第 m 层到第 $m+1$ 层的光场传递过程为

$$\begin{gathered} \boldsymbol{u}_{m+1}(j) = T_{m,11}\boldsymbol{u}_m(j) + T_{m,12}\boldsymbol{v}_m(j) \\ \boldsymbol{v}_{m+1}(j) = T_{m,21}\boldsymbol{u}_m(j+1) + T_{m,22}\boldsymbol{v}_m(j+1) \\ j=1,\cdots,n-m,m=0,1,2,\cdots,n-1 \end{gathered} \tag{7.45}$$

通过这种层层递进的方法，可以求出每一层的响应，这一响应只反映该层对应通道拾取的外界信号，而与前面各通道施加的信号无关，该方法的流程可以用图 7.8 表示。

3）剥层算法的物理图像分析

以光纤光栅水听器 3 重时分复用阵列为例，从干涉光强模型推导出各级冲击响应的具体表达式，从物理图像角度揭示剥层过程。

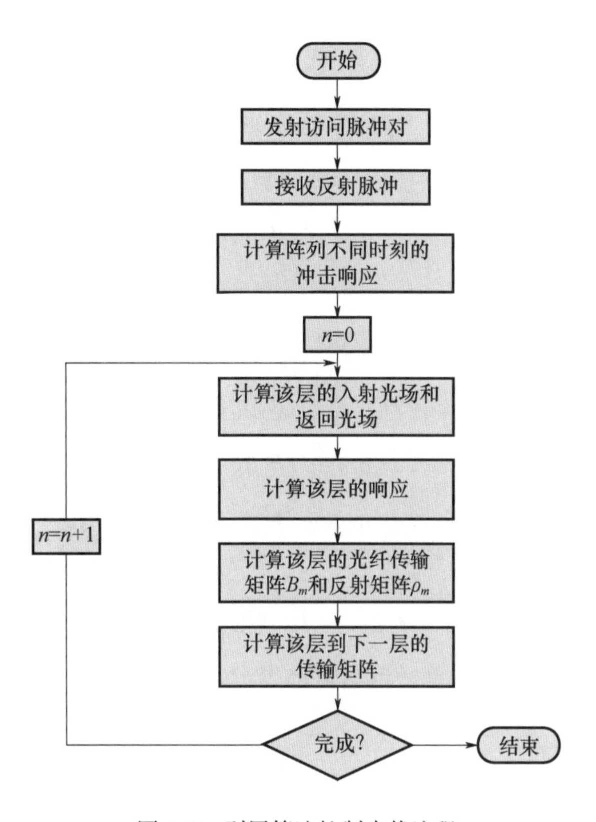

图 7.8　剥层算法抑制串扰流程

（1）冲击响应

根据图 7.4 所示光在光栅之间的多次反射路径和式(7.38) 所示冲击响应的定义，可以将理想无双折射光纤光栅水听器阵列的冲击响应表示为

$$\begin{cases}\boldsymbol{h}_0=\boldsymbol{r}\rho_{0r}\\ \boldsymbol{h}_1=\rho_{0t}\overleftarrow{\boldsymbol{B}}_1\boldsymbol{r}\rho_{1r}\overrightarrow{\boldsymbol{B}}_1\rho_{0t}\\ \boldsymbol{h}_2=\rho_{0t}\overleftarrow{\boldsymbol{B}}_1\rho_{1t}\overleftarrow{\boldsymbol{B}}_2\boldsymbol{r}\rho_{2r}\overrightarrow{\boldsymbol{B}}_2\rho_{1t}\overrightarrow{\boldsymbol{B}}_1\rho_{0t}\\ \qquad+\rho_{0t}\overleftarrow{\boldsymbol{B}}_1\boldsymbol{r}\rho_{1r}\overrightarrow{\boldsymbol{B}}_1\boldsymbol{r}\rho_{0r}\overleftarrow{\boldsymbol{B}}_1 r\rho_{1r}\overrightarrow{\boldsymbol{B}}_1\rho_{0t}\\ \boldsymbol{h}_3=\rho_{0t}\overleftarrow{\boldsymbol{B}}_1\rho_{1t}\overleftarrow{\boldsymbol{B}}_2\rho_{2t}\overleftarrow{\boldsymbol{B}}_3\boldsymbol{r}\rho_3\overrightarrow{\boldsymbol{B}}_3\rho_{2t}\overrightarrow{\boldsymbol{B}}_2\rho_{1t}\overrightarrow{\boldsymbol{B}}_1\rho_{0t}\\ \qquad+\rho_{0t}\overleftarrow{\boldsymbol{B}}_1\rho_{1t}\overleftarrow{\boldsymbol{B}}_2\boldsymbol{r}\rho_{2r}\overrightarrow{\boldsymbol{B}}_2\boldsymbol{r}\rho_{1r}\overleftarrow{\boldsymbol{B}}_2\boldsymbol{r}\rho_{2r}\overrightarrow{\boldsymbol{B}}_2\rho_{1t}\overrightarrow{\boldsymbol{B}}_1\rho_{0t}\\ \qquad+\rho_{0t}\overleftarrow{\boldsymbol{B}}_1\boldsymbol{r}\rho_{1r}\overrightarrow{\boldsymbol{B}}_1\boldsymbol{r}\rho_{0r}\overleftarrow{\boldsymbol{B}}_1\rho_{1t}\overleftarrow{\boldsymbol{B}}_2\boldsymbol{r}\rho_{2r}\overrightarrow{\boldsymbol{B}}_2\rho_{1t}\overrightarrow{\boldsymbol{B}}_1\rho_{0t}\\ \qquad+\rho_{0t}\overleftarrow{\boldsymbol{B}}_1\rho_{1t}\overleftarrow{\boldsymbol{B}}_2\boldsymbol{r}\rho_{2r}\overrightarrow{\boldsymbol{B}}_2\rho_{1t}\overrightarrow{\boldsymbol{B}}_1\boldsymbol{r}\rho_{0r}\overleftarrow{\boldsymbol{B}}_1\boldsymbol{r}\rho_{1r}\overrightarrow{\boldsymbol{B}}_1\rho_{0t}\\ \qquad+\rho_{0t}\overleftarrow{\boldsymbol{B}}_1\boldsymbol{r}\rho_{1r}B_1\boldsymbol{r}\rho_{0r}\overleftarrow{\boldsymbol{B}}_1\boldsymbol{r}\rho_{1r}\overrightarrow{\boldsymbol{B}}_1\boldsymbol{r}\rho_{0r}\overleftarrow{\boldsymbol{B}}_1\boldsymbol{r}\rho_{1r}\overrightarrow{\boldsymbol{B}}_1\rho_{0t}\end{cases}\tag{7.46}$$

将光纤的正向传输矩阵$\overrightarrow{\boldsymbol{B}}_m$ 用 $\boldsymbol{B}_m$来代替，光纤的反向传输矩阵$\overleftarrow{\boldsymbol{B}}_m$ 为

$$\overleftarrow{\boldsymbol{B}}_m=\boldsymbol{r}\,\boldsymbol{B}_m^{\mathrm{T}}\boldsymbol{r}\tag{7.47}$$

式(7.46)所示冲击响应可以进一步表示为

$$
\begin{cases}
\boldsymbol{h}_0 = \boldsymbol{r}\rho_{0r} \\
\boldsymbol{h}_1 = \rho_{0t}\boldsymbol{r}\,\boldsymbol{B}_1^{\mathrm{T}}\rho_{1r}\boldsymbol{B}_1\rho_{0t} \\
\boldsymbol{h}_2 = \rho_{0t}\boldsymbol{r}\,\boldsymbol{B}_1^{\mathrm{T}}\rho_{1t}\boldsymbol{B}_2^{\mathrm{T}}\rho_{2r}\boldsymbol{B}_2\rho_{1t}\boldsymbol{B}_1\rho_{0t} \\
\qquad + \rho_{0t}r\,\boldsymbol{B}_1^{\mathrm{T}}\rho_{1r}\boldsymbol{B}_1^{\mathrm{T}}\rho_{0r}\boldsymbol{B}_1\rho_{1r}\boldsymbol{B}_1\rho_{0t} \\
\boldsymbol{h}_3 = \rho_{0t}\boldsymbol{r}\,\boldsymbol{B}_1^{\mathrm{T}}\rho_{1t}\boldsymbol{B}_2^{\mathrm{T}}\rho_{2t}\boldsymbol{B}_3^{\mathrm{T}}\rho_3\boldsymbol{B}_3\rho_{2t}\boldsymbol{B}_2\rho_{1t}\boldsymbol{B}_1\rho_{0t} \\
\qquad + \rho_{0t}\boldsymbol{r}\,\boldsymbol{B}_1^{\mathrm{T}}\rho_{1t}\boldsymbol{B}_2^{\mathrm{T}}\rho_{2r}\boldsymbol{B}_2\rho_{1r}\boldsymbol{B}_2^{\mathrm{T}}\rho_{2r}\boldsymbol{B}_2\rho_{1t}\boldsymbol{B}_1\rho_{0t} \\
\qquad + \rho_{0t}\boldsymbol{r}\,\boldsymbol{B}_1^{\mathrm{T}}\rho_{1r}\boldsymbol{B}_1\rho_{0r}\boldsymbol{B}_1^{\mathrm{T}}\rho_{1t}\boldsymbol{B}_2^{\mathrm{T}}\rho_{2r}\boldsymbol{B}_2\rho_{1t}\boldsymbol{B}_1\rho_{0t} \\
\qquad + \rho_{0t}\boldsymbol{r}\,\boldsymbol{B}_1^{\mathrm{T}}\rho_{1t}\boldsymbol{B}_2^{\mathrm{T}}\rho_{2r}\boldsymbol{B}_2\rho_{1t}\boldsymbol{B}_1\rho_{0r}\boldsymbol{B}_1^{\mathrm{T}}\rho_{1r}\boldsymbol{B}_1\rho_{0t} \\
\qquad + \rho_{0t}\boldsymbol{r}\,\boldsymbol{B}_1^{\mathrm{T}}\rho_{1r}\boldsymbol{B}_1\rho_{0r}\boldsymbol{B}_1^{\mathrm{T}}\rho_{1r}\boldsymbol{B}_1\rho_{0r}\boldsymbol{B}_1^{\mathrm{T}}\rho_{1r}\boldsymbol{B}_1\rho_{0t}
\end{cases}
\tag{7.48}
$$

0τ 时刻的光强可以表示为

$$\boldsymbol{I}(0\tau) = \boldsymbol{E}_{in0}^{\dagger}\boldsymbol{h}_0^{\dagger}\boldsymbol{h}_0\boldsymbol{E}_{in0} \tag{7.49}$$

$i\tau$($i \geqslant 1$)时刻的干涉光强的琼斯矩阵表示为

$$\boldsymbol{I}(i\tau) = DC_{i\tau} + 2Re(\boldsymbol{E}_{in1}^{\dagger}\boldsymbol{h}_{i-1}^{\dagger}\boldsymbol{h}_i\,\boldsymbol{E}_{in0}) \tag{7.50}$$

式中,$DC_{i\tau}$ 为干涉光强的直流项;$\boldsymbol{E}_{in0}$ 和 $\boldsymbol{E}_{in1}$ 分别为匹配干涉仪输出的两个脉冲光。

考虑原始入射脉冲存在的与偏振无关的初相位,那么经过正交偏振切换以及光强归一化后得到的系统响应矩阵应具有如下形式

$$\boldsymbol{H}_N(i\tau) = \mathrm{e}^{\mathrm{j}\delta\varphi_0}\boldsymbol{h}_{i-1}^{\dagger}\boldsymbol{h}_i \tag{7.51}$$

式中,$\delta\varphi_0$ 为与偏振无关的初相位,j 为虚数符号。

单模系统对系统冲击响应的获取涉及矩阵的运算。仍然将从原始干涉光强出发求得的系统冲击响应定义为 $\boldsymbol{h}'_i$,将从原始干涉光强出发求得的光纤传输矩阵定义为 $\boldsymbol{B}'_i(i=0,1,2,\cdots)$。忽略了光经过光栅反射后的参考坐标系的变换矩阵 $\boldsymbol{r}$,将初始的系统冲击响应定义为第一个光栅的复反射系数,表示成矩阵形式即为复反射系数与单位矩阵 $\boldsymbol{I}$ 的积

$$\boldsymbol{h}'_0 = \rho_{0r}\boldsymbol{I} \tag{7.52}$$

那么各返回脉冲对应时刻对应的系统冲击响应可以由下式得到

$$\boldsymbol{h}'_i = \boldsymbol{H}_N(i\tau)[(\boldsymbol{h}'_{i-1})^{\dagger}]^{-1},\quad i \geqslant 1 \tag{7.53}$$

式(7.53)是由干涉光强得到的系统冲击响应,与式(7.38)所示的根据光在阵列中的传输路径所直接给出的冲击响应对比,式(7.53)可以进一步表示为

$$
\begin{cases}
\boldsymbol{h}'_0 = \boldsymbol{r}\,\boldsymbol{h}_0 \\
\boldsymbol{h}'_i = \mathrm{e}^{\mathrm{j}i\delta\varphi_0}\boldsymbol{r}\,\boldsymbol{h}_i,\quad i=1,2,3,\cdots
\end{cases}
\tag{7.54}
$$

将上式进一步展开，得到

$$
\begin{cases}
\boldsymbol{h}_0 = \rho_{0r}\boldsymbol{I} \\
\boldsymbol{h}_1 = \mathrm{e}^{\mathrm{i}\delta\varphi_0}\rho_{0t}\boldsymbol{B}_1^{\mathrm{T}}\rho_{1r}\boldsymbol{B}_1\rho_{0t} \\
\boldsymbol{h}_2 = \mathrm{e}^{\mathrm{i}2\delta\varphi_0}\rho_{0t}\boldsymbol{r}\,\boldsymbol{B}_1^{\mathrm{T}}\rho_{1t}\boldsymbol{B}_2^{\mathrm{T}}\rho_{2r}\boldsymbol{B}_2\rho_{1t}\boldsymbol{B}_1\rho_{0t} \\
\quad + \mathrm{e}^{\mathrm{i}2\delta\varphi_0}\rho_{0t}\boldsymbol{B}_1^{\mathrm{T}}\rho_{1r}\boldsymbol{B}_1^{\mathrm{T}}\rho_{0r}\boldsymbol{B}_1\rho_{1r}\boldsymbol{B}_1\rho_{0t} \\
\boldsymbol{h}_3 = \mathrm{e}^{\mathrm{i}3\delta\varphi_0}\rho_{0t}\boldsymbol{B}_1^{\mathrm{T}}\rho_{1t}\boldsymbol{B}_2^{\mathrm{T}}\rho_{2t}\boldsymbol{B}_3^{\mathrm{T}}\rho_{3r}\boldsymbol{B}_3\rho_{2t}\boldsymbol{B}_2\rho_{1t}\boldsymbol{B}_1\rho_{0t} \\
\quad + \mathrm{e}^{\mathrm{i}3\delta\varphi_0}\rho_{0t}\boldsymbol{B}_1^{\mathrm{T}}\rho_{1t}\boldsymbol{B}_2^{\mathrm{T}}\rho_{2r}\boldsymbol{B}_2\rho_{1r}\boldsymbol{B}_2^{\mathrm{T}}\rho_{2r}\boldsymbol{B}_2\rho_{1t}\boldsymbol{B}_1\rho_{0t} \\
\quad + \mathrm{e}^{\mathrm{i}3\delta\varphi_0}\rho_{0t}\boldsymbol{B}_1^{\mathrm{T}}\rho_{1r}\boldsymbol{B}_1\rho_{0r}\boldsymbol{B}_1^{\mathrm{T}}\rho_{1t}\boldsymbol{B}_2^{\mathrm{T}}\rho_{2r}\boldsymbol{B}_2\rho_{1t}\boldsymbol{B}_1\rho_{0t} \\
\quad + \mathrm{e}^{\mathrm{i}3\delta\varphi_0}\rho_{0t}\boldsymbol{B}_1^{\mathrm{T}}\rho_{1t}\boldsymbol{B}_2^{\mathrm{T}}\rho_{2r}\boldsymbol{B}_2\rho_{1t}\boldsymbol{B}_1\rho_{0r}\boldsymbol{B}_1^{\mathrm{T}}\rho_{1r}\boldsymbol{B}_1\rho_{0t} \\
\quad + \mathrm{e}^{\mathrm{i}3\delta\varphi_0}\rho_{0t}\boldsymbol{B}_1^{\mathrm{T}}\rho_{1t}\boldsymbol{B}_1\rho_{0r}\boldsymbol{B}_1^{\mathrm{T}}\rho_{1r}\boldsymbol{B}_1\rho_{0r}\boldsymbol{B}_1^{\mathrm{T}}\rho_{1r}\boldsymbol{B}_1\rho_{0t}
\end{cases}
\tag{7.55}
$$

从式(7.55) 可以发现，当把第一个冲击响应定义为第一个光栅的复振幅反射系数，而不考虑反射产生的坐标系变换时，后续求得的各冲击响应均不含有坐标变换矩阵 $\boldsymbol{r}$。此时的传输矩阵 $\boldsymbol{T}_m$ 将变为

$$
\boldsymbol{T}_m = \begin{bmatrix} \boldsymbol{B}_m & \rho_m \boldsymbol{B}_m^* \\ -\rho_m \boldsymbol{B}_m & \boldsymbol{B}_m^* \end{bmatrix} \tag{7.56}
$$

（2）剥层过程

首先确定第 0 层的入射光场和返回光场，此处用单位矩阵表示 0 层的第一个入射光场，那么其入射光场和返回光场表示为

$$
\begin{cases}
\boldsymbol{u}_0 = [\boldsymbol{I} \quad 0 \quad 0 \quad 0] \\
\boldsymbol{v}_0 = [\boldsymbol{h}_0' \quad \boldsymbol{h}_1' \quad \boldsymbol{h}_2' \quad \boldsymbol{h}_3']
\end{cases}
\tag{7.57}
$$

那么第 0 层的响应由下式得到

$$
\Re_0 = \boldsymbol{v}_0(1)\boldsymbol{u}_0(1)^{-1} = \boldsymbol{h}_0' = \sqrt{R_0}\,\mathrm{e}^{\mathrm{j}\pi/2}\boldsymbol{I} \tag{7.58}
$$

式(7.58) 中，第 0 层响应的模乘以 $\mathrm{e}^{\mathrm{j}\pi/2}$ 即为 FBG0 的复振幅反射率 ρ_{1r}，那么第 0 层的传输光纤的琼斯矩阵为 $\boldsymbol{B}_0' = \Re_0\rho_{0r}^{-1} = \boldsymbol{I}$。也就是说，根据剥层算法可以得出，第 0 层不能够拾取任何外界信号。

求得 ρ_{0r} 和 $\boldsymbol{B}_0'$ 后，可以得到第 0 层到第 1 层的光场传输矩阵为

$$
\boldsymbol{T}_0 = \begin{bmatrix} \boldsymbol{I} & \rho_{0r} \\ -\rho_{0r} & \boldsymbol{I} \end{bmatrix} \tag{7.59}
$$

由第 0 层的入射光场和返回光场以及式(7.59) 所示传输矩阵，可以得到第 1 层的入射光场与返回光场分别为

$$\begin{cases} \boldsymbol{u}_1 = [\boldsymbol{I} + \rho_{0r}\boldsymbol{h}_0' \quad \rho_{0r}\boldsymbol{h}_1' \quad \rho_{0r}\boldsymbol{h}_2' \quad \rho_{0r}\boldsymbol{h}_3'] \\ \boldsymbol{v}_1 = [\boldsymbol{h}_1' \quad \boldsymbol{h}_2' \quad \boldsymbol{h}_3'] \end{cases} \tag{7.60}$$

那么第 1 层的响应可以由下式得到

$$\mathfrak{R}_1 = \boldsymbol{v}_1(1)\boldsymbol{u}_1(1)^{-1} = \boldsymbol{h}_1'(\boldsymbol{I} + \rho_{0r}\boldsymbol{h}_0')^{-1} = e^{j\delta\varphi_0}\boldsymbol{B}_1^{T}\rho_{1r}\boldsymbol{B}_1 \tag{7.61}$$

式(7.61）中，第 1 层的响应仅与光在第一个时分通道的光纤中的往返传输和在第二个光栅处的反射有关，而光在第一个时分通道中往返传输所携带的外界信号引起的相位变化即可以表示为第一个时分通道感知的信号，信号可以通过下式得到

$$\varphi_1 = \frac{1}{2}\angle \det\mathfrak{R}_1 \tag{7.62}$$

实际上，在获得$\mathfrak{R}_1$的行列式后，一般通过微分交叉相乘算法或反正切算法求得 φ_1。

式(7.62）仅给出了第一个时分通道的响应，为了得到该层到下一层的传输矩阵，还需要进一步得到该层的光纤琼斯矩阵和第一支光纤光栅的复反射矩阵。在式(7.61）中，琼斯矩阵 $\boldsymbol{B}_1$ 为酉矩阵，那么$\mathfrak{R}_1$的行列式的模就是第一支光纤光栅的光强反射率，其复反射矩阵可以用下式表示

$$\boldsymbol{\rho}_{1r} = \sqrt{\mathrm{moddet}(\mathfrak{R}_1)}\,e^{j\pi/2} \tag{7.63}$$

如果将$\mathfrak{R}_1$用式(7.61）表示，那么$\boldsymbol{B}'_1 = \boldsymbol{B}_1 e^{j\delta\varphi_0/2}$。不难发现，矩阵$\mathfrak{R}_1$为对称的酉矩阵，因此可以采用奇异值分解的方法求得$\boldsymbol{B}_1'$。

在求得$\boldsymbol{B}_1'$和$\boldsymbol{\rho}_{1r}$后，根据式(7.56）并忽略坐标变换矩阵 $\boldsymbol{r}$，可以将第 1 层到第 2 层的传输矩阵表示为

$$\boldsymbol{T}_1 = \begin{bmatrix} \boldsymbol{B}_1' & \rho_{1r}\boldsymbol{B}_1'^{*} \\ -\boldsymbol{\rho}_{1r}\boldsymbol{B}_1' & \boldsymbol{B}_1'^{*} \end{bmatrix} \tag{7.64}$$

由此得到第 2 层的入射光场和出射光场为

$$\begin{cases} \boldsymbol{u}_2 = [\boldsymbol{B}_1' + \boldsymbol{B}_1'\boldsymbol{\rho}_{0r}\boldsymbol{h}_0' + \boldsymbol{B}_1'^{*}\boldsymbol{h}_1'\boldsymbol{\rho}_{1r} \quad \boldsymbol{B}_1'\boldsymbol{\rho}_{0r}\boldsymbol{h}_1' + \boldsymbol{B}_1'^{*}\boldsymbol{h}_2'\boldsymbol{\rho}_{1r} \quad \boldsymbol{B}_1'\boldsymbol{\rho}_{0r}\boldsymbol{h}_2' + \boldsymbol{B}_1'^{*}\boldsymbol{h}_3'\boldsymbol{\rho}_{1r}] \\ \boldsymbol{v}_2 = [-\boldsymbol{B}_1'\boldsymbol{\rho}_{0r}\boldsymbol{h}_1'\boldsymbol{\rho}_{1r} + \boldsymbol{B}_1'^{*}\boldsymbol{h}_2' \quad -\boldsymbol{B}_1'\boldsymbol{\rho}_{0r}\boldsymbol{h}_2'\boldsymbol{\rho}_{1r} + \boldsymbol{B}_1'^{*}\boldsymbol{h}_3'] \end{cases} \tag{7.65}$$

根据酉矩阵的性质，可以得到$\boldsymbol{B}_1'^{*}\boldsymbol{B}_1'^{T} = \boldsymbol{I}$，那么第 2 层的第一个入射光场和出射光场可以进一步表示为

$$\begin{cases} \boldsymbol{u}_2(1) = \boldsymbol{B}_1'(1 - |\boldsymbol{\rho}_{0r}|^2)(1 - |\boldsymbol{\rho}_{1r}|^2) \\ \boldsymbol{v}_2(1) = \rho_{2r}(1 - |\boldsymbol{\rho}_{0r}|^2)(1 - |\boldsymbol{\rho}_{1r}|^2)\boldsymbol{B}_2'^{T}\boldsymbol{B}_2'\boldsymbol{B}_1' \end{cases} \tag{7.66}$$

式中，$\boldsymbol{B}_2' = \boldsymbol{B}_2 e^{j\delta\varphi_0/2}$。

第 2 层的响应可以由下式得到

$$\mathfrak{R}_2 = \boldsymbol{v}_2(1)\boldsymbol{u}_2(1)^{-1} = \boldsymbol{B}_2'^{T}\boldsymbol{\rho}_{2r}\boldsymbol{B}_2' \tag{7.67}$$

从式(7.67)同样可以求得第2个时分通道的信号。由奇异值分解，可以得到$\boldsymbol{B}'_2$和$\boldsymbol{\rho}'_{2r}$，从而可以构造第2层到第3层的传输矩阵

$$\boldsymbol{T}_2=\begin{bmatrix}\boldsymbol{B}'_2 & \boldsymbol{\rho}_{2r}\boldsymbol{B}_2'^{*}\\ -\boldsymbol{\rho}_{2r}\boldsymbol{B}'_2 & \boldsymbol{B}_2'^{*}\end{bmatrix}\tag{7.68}$$

由此得到第3层的第一个入射光场和第一个出射光场分别为

$$\begin{cases}\boldsymbol{u}_3(1)=\boldsymbol{B}'_2\boldsymbol{B}'_1+\boldsymbol{B}'_2\boldsymbol{B}'_1\boldsymbol{\rho}_{0r}\boldsymbol{h}'_0+\boldsymbol{B}'_2\boldsymbol{B}_1'^{*}\boldsymbol{h}'_1\boldsymbol{\rho}_{1r}-\boldsymbol{\rho}_{2r}\boldsymbol{B}_2'^{*}\boldsymbol{B}'_1\boldsymbol{\rho}_{0r}\boldsymbol{h}'_1\boldsymbol{\rho}_{1r}+\boldsymbol{\rho}_{2r}\boldsymbol{B}_2'^{*}\boldsymbol{B}_1'^{*}\boldsymbol{h}'_2\\ \boldsymbol{v}_3(1)=-\boldsymbol{\rho}_2 r\,\boldsymbol{B}'_2\boldsymbol{B}'_1\boldsymbol{\rho}_{0r}\boldsymbol{h}'_1-\boldsymbol{\rho}_2 r\,\boldsymbol{B}'_2\boldsymbol{B}_1'^{*}\boldsymbol{h}'_2\boldsymbol{\rho}_{1r}-\boldsymbol{B}_2'^{*}\boldsymbol{B}'_1\boldsymbol{\rho}_{0r}\boldsymbol{h}'_2\boldsymbol{\rho}_{1r}+\boldsymbol{B}_2'^{*}\boldsymbol{B}_1'^{*}\boldsymbol{h}'_3\end{cases}\tag{7.69}$$

将式(7.54)和式(7.55)代入式(7.69)，可进一步得到第3层的入射光场和出射光场为

$$\begin{cases}\boldsymbol{u}_3(1)=\boldsymbol{B}'_2\boldsymbol{B}'_1(1-|\boldsymbol{\rho}_{2r}|^2)(1-|\boldsymbol{\rho}_{1r}|^2)(1-|\boldsymbol{\rho}_{0r}|^2)\\ \boldsymbol{v}_3(1)=\boldsymbol{B}_3'^{T}\boldsymbol{\rho}_{3r}\boldsymbol{B}'_3\boldsymbol{B}'_2\boldsymbol{B}'_1(1-|\boldsymbol{\rho}_{2r}|^2)(1-|\boldsymbol{\rho}_{1r}|^2)(1-|\boldsymbol{\rho}_{0r}|^2)\end{cases}\tag{7.70}$$

式中，$\boldsymbol{B}'_3=\boldsymbol{B}_3\mathrm{e}^{\mathrm{j}\delta\varphi_0/2}$。

第3层的响应可以由下式得到

$$\mathfrak{R}_3=\boldsymbol{v}_3(1)\boldsymbol{u}_3(1)^{-1}=\boldsymbol{B}_3'^{\mathrm{T}}\boldsymbol{\rho}_{3r}\boldsymbol{B}'_3\tag{7.71}$$

根据式(7.71)就可以得到第3个时分通道的信号。

从以上分析可知，剥层算法可以实现对各层特征参量（ρ_{ir}和$\boldsymbol{B}'_i$）的获取，这些参量仅表示对应层的特性，而与其他各层无关。从这些参量中提取出的信号也仅反映该层对应通道感知的外界信号，而与其他通道的传感信号无关。通过这种方法，实际上就消除了各通道的串扰信号。此外，对各通道干涉光强对应的响应矩阵$\boldsymbol{H}_N(i\tau)$的测量需要采用正交偏振切换方法，偏振衰落和偏振噪声问题也可以同时得到解决。因此，剥层算法在单模光纤光栅传感系统中的串扰抑制效果不仅受到初始条件（第一个光栅反射率和两个入射之间的比值）测量准确性以及波长匹配程度的影响，还与正交偏振切换方法对系统响应矩阵测量准确性有关。

实际案例（7-2）

2006年，挪威OptoPlan团队的Ole Henrik Waagaard针对光纤光栅水听器阵列中的时分串扰问题提出，可以应用剥层算法抑制时分串扰。这一想法在2008年OptoPlan团队安装的海底地震光缆测试系统中得到成功应用。根据该系统测试的结果，当光纤光栅反射率为5%时，利用剥层算法可以将5路时分复用系统的串扰降低15~20 dB。这是当前在时分串扰抑制上表现最好的方法，证明了剥层算法在抑制施时分串扰上的可行性和优越性。图7.9是其公开报道的研究成果。采用剥层方法，5重时分复用结构中，在第一个通道施加信号时，后4个通道串扰低-40 dB的概率大于95%。

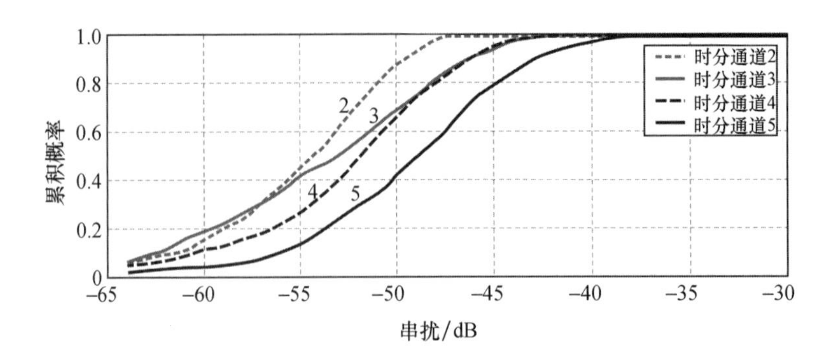

图 7.9 剥层算法的实验效果（Ole Henrik Waagaard，2008）

7.2.2.3 串扰干涉项重构法

严格来讲，串扰干涉项重构法（Interference Crosstalk Synthesis，ICS）是剥层算法在时分复用重数比较少的情况下的简化版本，尤其适用于两重时分复用结构。在 2 重时分复用结构下，两个基元的主干涉脉冲和串扰脉冲结构示意如图 7.10 所示，两个基元的干涉结果如式(7.72) 所示。

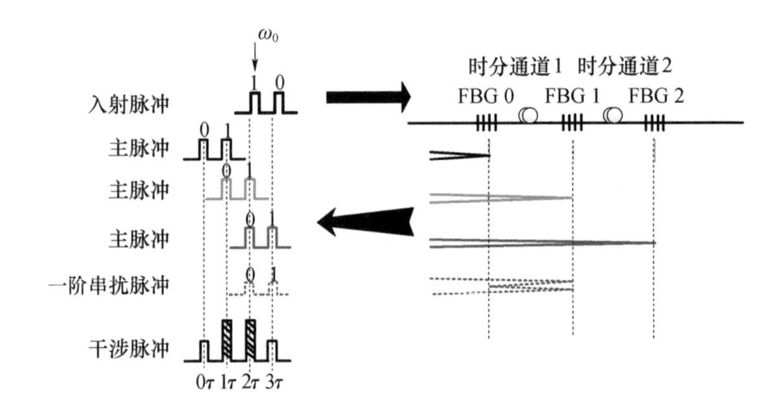

图 7.10 光纤光栅 2 重时分复用系统脉冲时序

$$\begin{cases} I_{1\tau} = DC_{1\tau} + 2t_0^2\rho_0\rho_1 Re(\boldsymbol{E}_{in1}^{\dagger}\vec{\boldsymbol{B}}_0{}^{\dagger}\vec{\boldsymbol{B}}_1{}^{\mathrm{T}}\vec{\boldsymbol{B}}_1\vec{\boldsymbol{B}}_0\boldsymbol{E}_{in0}) \\ I_{2\tau} = DC_{2\tau} + 2t_0^4t_1^2\rho_1\rho_2 Re(\boldsymbol{E}_{in1}^{\dagger}\vec{\boldsymbol{B}}_0{}^{\dagger}\vec{\boldsymbol{B}}_1{}^{\dagger}\vec{\boldsymbol{B}}_2{}^{\mathrm{T}}\vec{\boldsymbol{B}}_2\vec{\boldsymbol{B}}_1\vec{\boldsymbol{B}}_0\boldsymbol{E}_{in0}) \\ \qquad - 2t_0^4\rho_0\rho_1^3 Re(\boldsymbol{E}_{in1}^{\dagger}\vec{\boldsymbol{B}}_0{}^{\dagger}\vec{\boldsymbol{B}}_1{}^{\mathrm{T}}\vec{\boldsymbol{B}}_1\vec{\boldsymbol{B}}_0\boldsymbol{E}_{in0}) \end{cases} \tag{7.72}$$

由于光纤的双折射特性主要受外界温度和应力的影响，可以认为双折射特性的改变是一个慢变量。而两入射脉冲的时延仅在微秒量级，当两脉冲先后经过同一传感通道时，可以认为传感通道的双折射特性保持稳定，即$\boldsymbol{B}_i$ 不变。因此，比较式(7.72) 中的两个干涉结果可以发现，$I_{2\tau}$的串扰干涉项与 $I_{1\tau}$的主干涉项具有相同的偏振相关因子，两者仅相差一个系数 $t_0^2\rho_1^2$，这就意味着如果已知光栅反射参数的前提下，可以用 $I_{1\tau}$的主干涉项重新构造一个与 $I_{2\tau}$ 的串扰干涉项相等的干涉项，从而通过线性运算直接将串扰干涉项从 $I_{2\tau}$ 中减去。这是串扰重构方法的基本物理思想。

在具体实现上，可采用式(7.73)，直接将 $I_{1\tau}$ 与补偿系数相乘即可，尽管这样会带来新的直流项，但直流项一般在后续解调中会通过滤波方法去掉，因此不影响解调结果。

$$\widetilde{I}_{2\tau} = I_{2\tau} + 2t_0^2\rho_1^2 I_{1\tau} \tag{7.73}$$

实际案例（7-3）

2016 年，本书作者团队等对串扰干涉重构法进行了详细的仿真和实验研究。为消除偏振诱导信号衰落的影响，采用全保偏结构构建了一个 2 重时分的光纤光栅水听器阵列，对串扰重构方法在这套系统中的应用情况进行了系统的仿真和实验分析。系统中光栅反射率为 5%。

图 7.11 是仿真分析结果。将频率为 1 kHz、幅度为 0.1 rad 的信号和频率为 500 Hz、幅度为 0.1 rad 的信号分别同时施加于时分通道 1 和时分通道 2 中，并采用串扰重构方法对通道 2 中的串扰进行抑制。如图 7.11 中黑色曲线为采用串扰重构方法以后通道 2 的解调结果，对比浅灰色曲线，可以看出信号在 1 kHz 频点上的串扰信号被抑制了 20 dB，但这一通道原本施加的 500 Hz 的信号与串扰重构之前一致，表明这种算法是针对串扰信号进行精准抑制而不会影响正常信号。

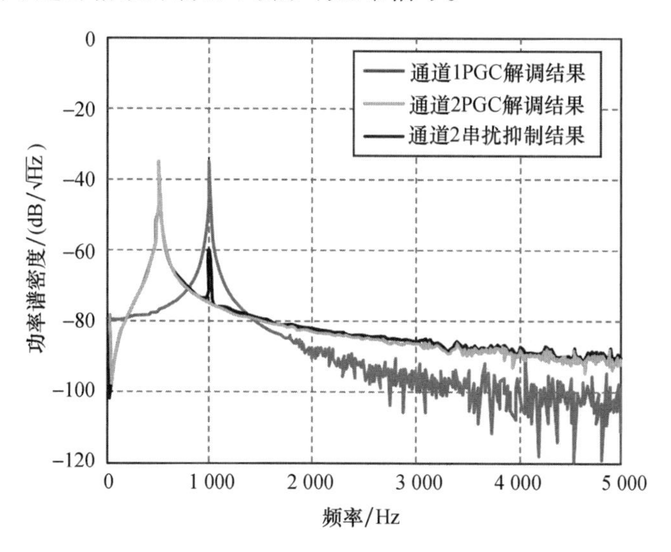

图 7.11　串扰重构方法的效果

当通道 1 和通道 2 的干涉光强中的初相位随机漂移时，仅保留施加在通道 1 中的 0.1 rad 的 1 kHz 信号，对通道 1 到通道 2 的串扰大小进行 150 次测量，并比较串扰抑制前后的串扰大小，结果如图 7.12 所示。可以看到，经过串扰抑制后，通道 1 到通道 2 的串扰大小明显降低，97% 的串扰可以降至 -54 dB 以下，取得了约 30 dB 的串扰抑制量，仿真效果验证了该方法的可行性。

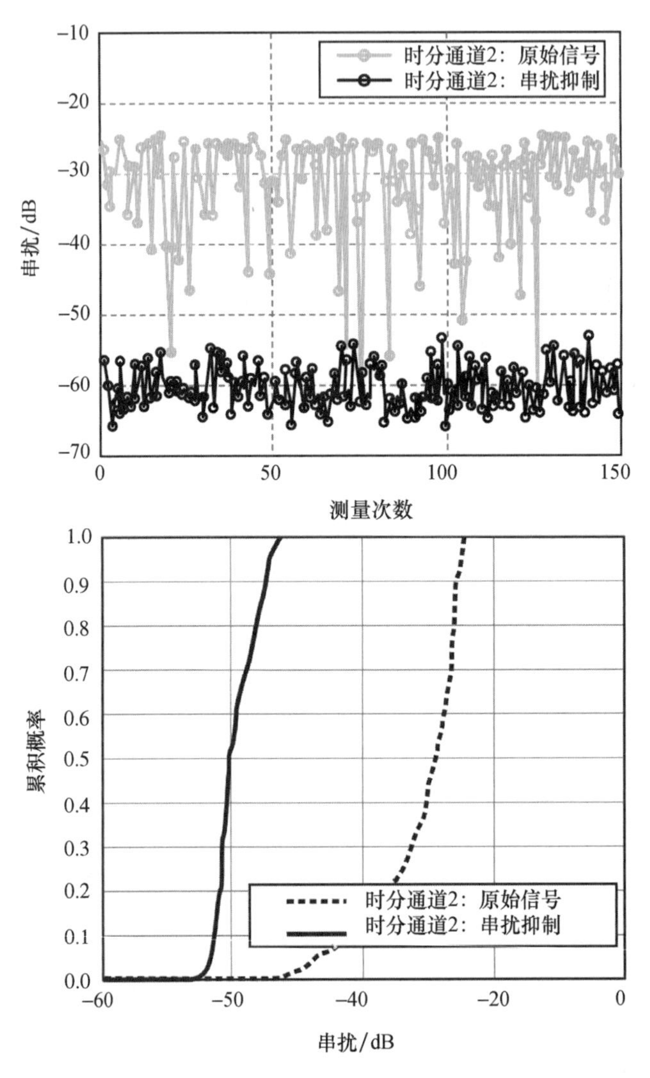

图 7.12　双通道的串扰 150 次测量结果与串扰抑制前后的串扰比较

此外，采用串扰重构方法后，通道 2 中所施加的 500 Hz 信号的解调结果幅度稳定性有了明显提升，如图 7.13 所示。在 150 次测试之下，其幅度稳定性如图 7.13 中灰色线所示。从图 7.13 中可以看到，当未进行串扰抑制时，通道 2 中信号的解调结果幅度波动范围约为 1 dB；进行串扰抑制后，解调结果幅度波动降到 0.2 dB 范围内，解调信号幅度稳定性大大改善。

图 7.14 是串扰重构方法的实验验证系统示意图。实验系统为保偏系统，光栅的反射率约为 4.76%。实验中仅分析前两个基元的情况。

用信号源分别在通道 1 和通道 2 中的 PZT 陶瓷环上施加频率为 315 Hz 和 1.25 kHz 的正弦信号，信号幅度均为 1 V。两个通道采用 PGC 解调的结果和串扰抑制后的通道 2

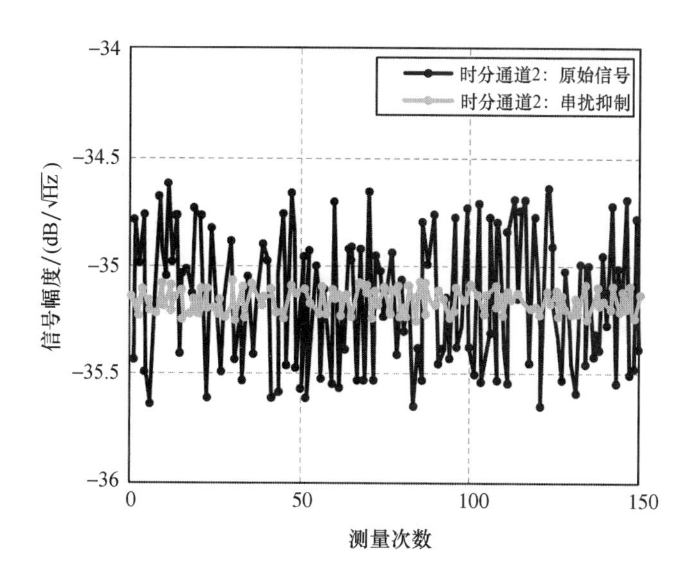

图 7.13　通道 2 的 500 Hz 信号的解调结果幅度稳定性仿真结果

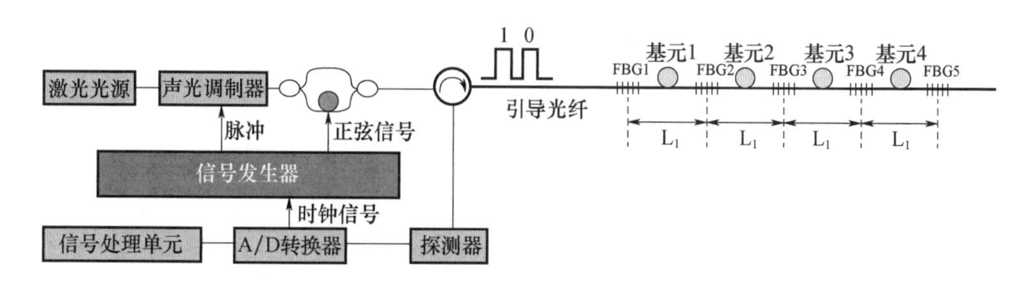

图 7.14　系统结构示意图

的解调信号如图 7.15(a) 所示。对比发现，进行串扰抑制后，通道 2 中的 315 Hz 的串扰信号被消除，而实际施加的 1.25 kHz 信号被保留。对通道 2 中施加的 1.25 kHz 的信号进行 100 次解调测试，并对比串扰抑制前后解调得到的 1.25 kHz 信号的幅度分布，如图 7.15(b) 所示。其中，在未进行串扰抑制前，1.25 kHz 解调信号幅度波动范围为 1.42 dB；进行串扰抑制后，该信号解调结果幅度波动降到 0.51 dB。可见，当通道 2 的干涉信号的串扰干涉项被消除后，通道 2 的解调信号幅度稳定性得到改善。

图 7.16 是采用串扰重构方法后时分通道 2 的本底噪声变化情况。从图中可以看到，采用串扰抑制方法后，通道 2 中的 315 Hz 串扰被抑制，但是本底噪声并没有改变。

对通道 1 到通道 2 的串扰大小进行多次测量，测得的串扰大小随测量次数的分布以及累积概率分布如图 7.17 所示。以测量次数中 97% 的串扰为标准，可以看到，串扰抑制后，通道 1 到通道 2 的串扰从 -24 dB 降到了 -42.5 dB，实现了约 18 dB 的串扰抑制效果。

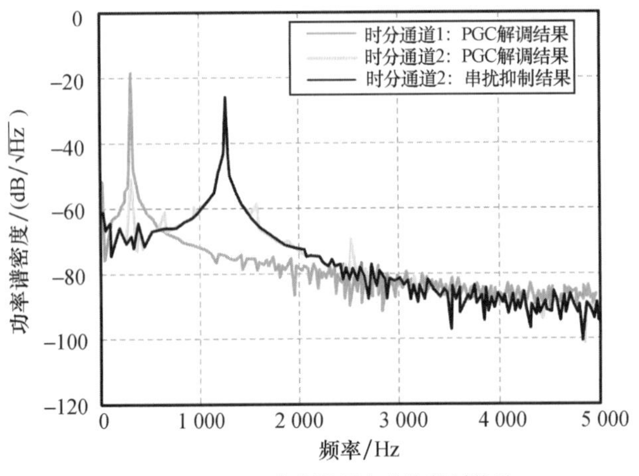

(a) PGC解调结果与串扰抑制结果

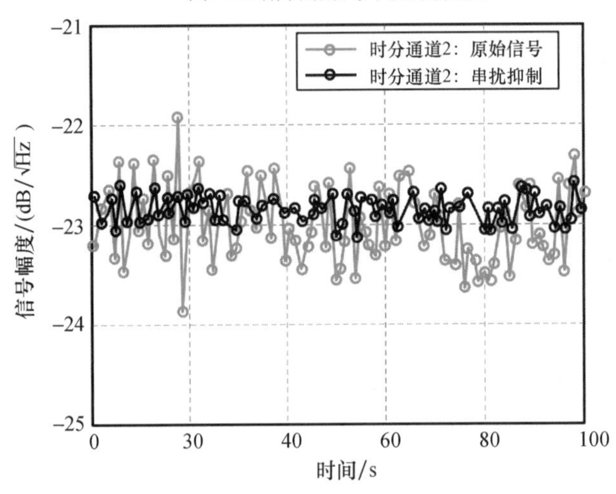

(b) 串扰抑制前后解调的幅度分布

图 7.15 解调结果

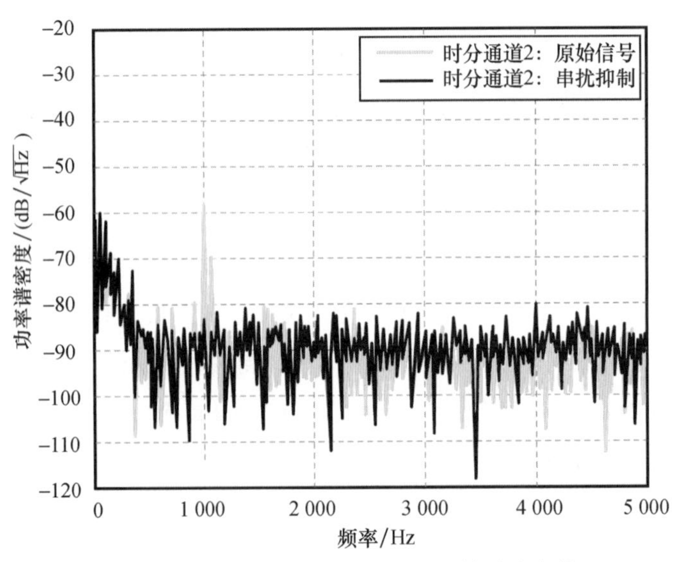

图 7.16 通道 2 串扰抑制前后解调结果功率谱

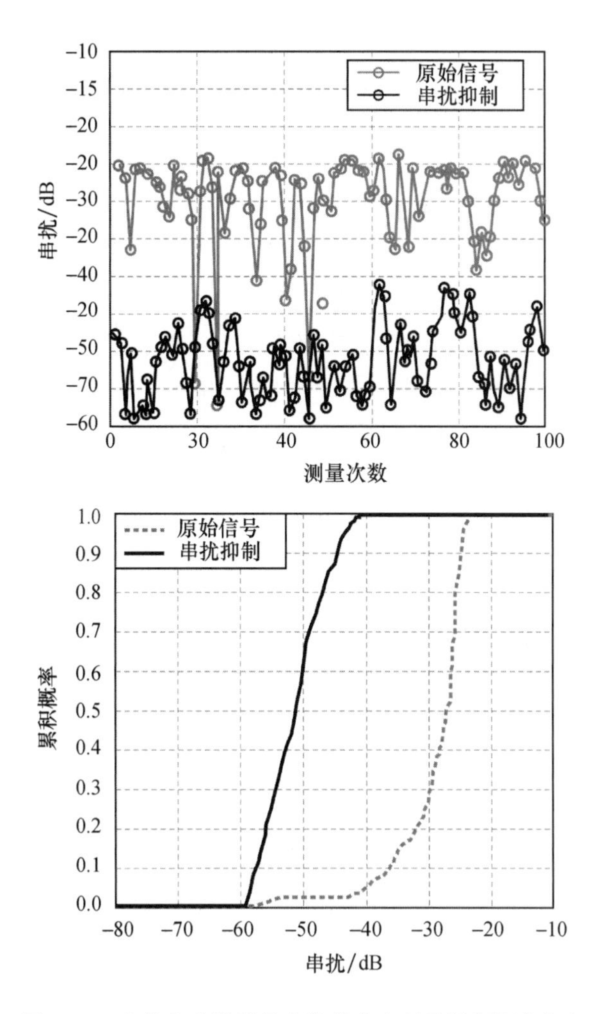

图 7.17　串扰大小随测量次数的分布以及累积概率分布

7.2.2.4　阵列结构特殊设计

阵列结构特殊设计是指从光纤光栅时分传感结构入手，采用一些特殊的方法阻断或减弱光场在光栅之间的多次反射，或是控制串扰光场与信号光场在时序上不发生重叠，以此达到消除串扰的目的。严格来讲，这并非是解决问题的手段而是防止问题出现的手段。这种手段不可避免地要引入额外的光纤器件，例如环形器、耦合器等，破坏了光纤光栅水听器极简水下结构优势，对于大规模组阵应用是不利的，一般仅用于小规模系统中或者实验室研究。

实际案例（7－4）

2015 年，日本的 Kenji Saijyou 在由两个光栅对构成的两路时分复用传感阵列中，加入了一个环形器阻断光在光栅之间的来回反射，系统结构如图 7.18 所示。当光栅反射率为 1% 时，实验测得通道 1 到通道 2 的串扰在 －50 dB 以下。这种方法都需要在光栅阵列中添加额外的环形器和耦合器，使光栅阵列结构复杂化，而且熔接点的增多也将使系统的不稳定性增大。同年，Kenji Saijyou 还提出在光纤上不等间距刻写光栅，使串扰脉冲与信号脉冲在时序上不会重合，那么探测的干涉信号中也就不含有串扰信号。

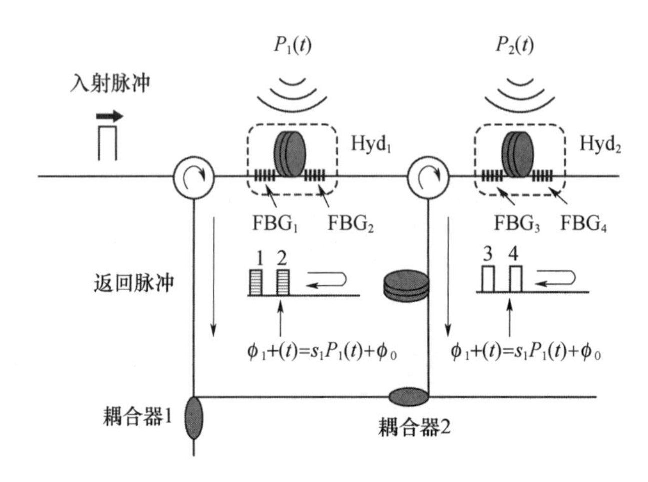

图 7. 18　返回脉冲分立型 2 重时分复用传感系统结构（Kenji Saijyou，2015）

实际案例（7 –5）

近年来，中国电子科技集团第二十三研究所报道了为抑制时分复用串扰而设计的特殊结构，如图 7. 19 所示。图 7. 19（a）通过将时分复用基元独立化，即取消共用的光栅，将相邻两个光栅的多次反射与主干涉脉冲时间错开，从而有效减少串扰干涉。缺点是更多的多次反射点让系统中串扰不可控，且为了有效地从时间上错开，相邻两个时分基元之间的传输光纤必须很长，导致系统的问询频率受限，最终限制系统的探测频段。图 7. 19（b）中时分复用基元并未在一个光纤上，本质上是空分复用和波分复用的结合，因此工作在同一波长的时分复用基元之间信号串扰是最小的，且与光栅反射率无关。缺点是水下将引入大量光纤耦合器，破坏了水下极简设计结构。

7.3 本章小结

光纤光栅水听器阵列的复用技术与传统光纤水听器一脉相承，常用的复用手段包括时分复用、波分复用和空分复用等，但是由于光纤光栅水听器湿端结构的特殊性，光纤光栅水听器阵列更加简单高效，从而带来水下结构极简、可靠性大幅度提升等应用优势。同时，由于光纤光栅的双向反射特性，也带来了时分复用阵列串扰问题，低反射率光栅设计、剥层算法、串扰重构算法及阵列特殊设计方法都是抑制时分复用阵列串扰的常用方法。

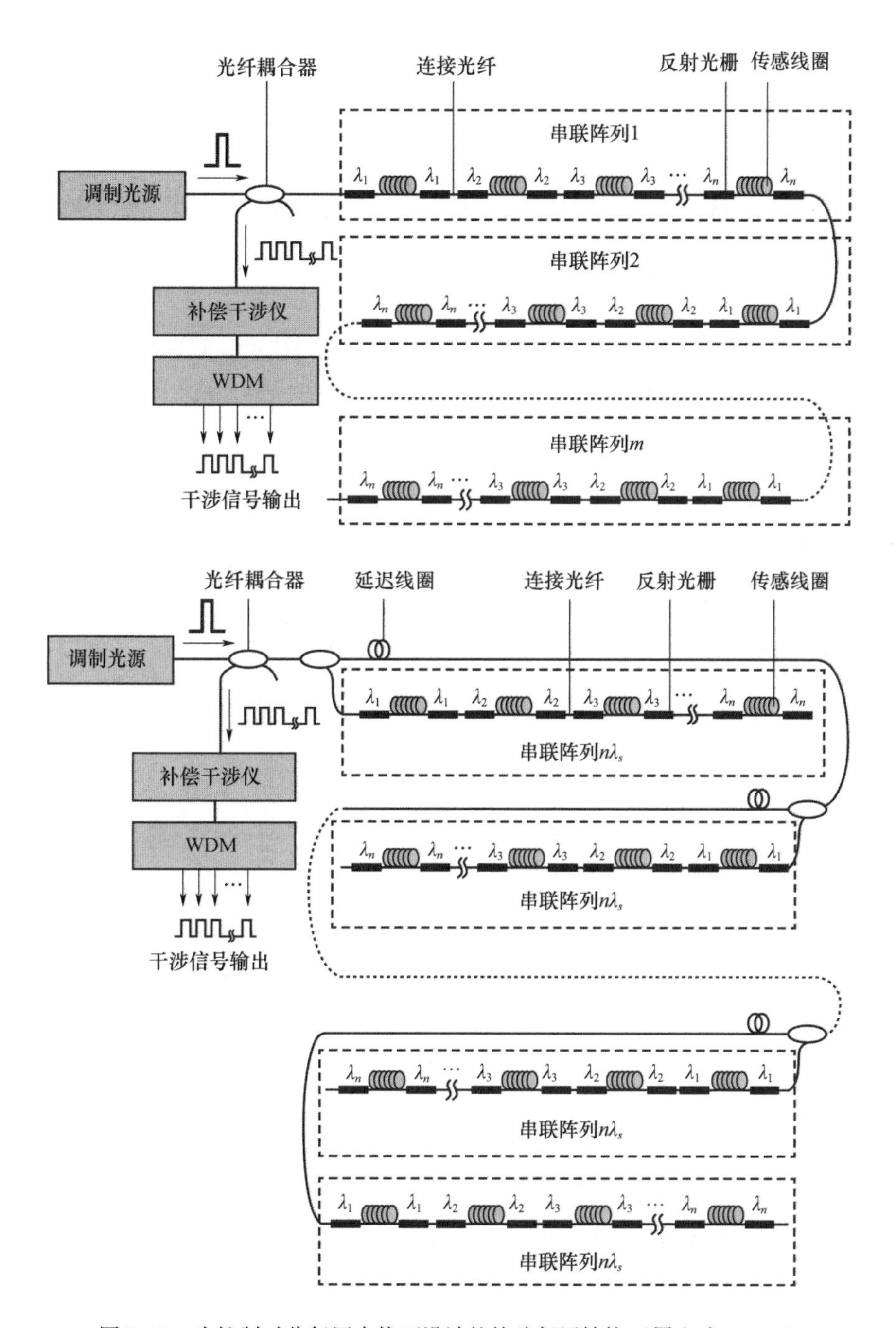

图 7.19　为抑制时分复用串扰而设计的特殊复用结构（周少玲，2017）

第8章　光纤光栅水听器调制解调集成技术

在前面的章节中，对光纤光栅水听器信号处理的关键技术分别进行了介绍。为了保证技术的针对性，对系统进行了特殊处理，只保留了要解决的问题，其他问题则通过特殊的硬件设计进行回避。例如，在介绍偏振诱导信号衰落及其抑制方法的时候，并没有考虑随机相位衰落的影响；在介绍随机相位衰落及其抑制方法时，通过将系统设计为保偏低反射率光纤光栅水听器阵列消除了偏振诱导信号衰落和时分复用通道串扰的影响；在介绍时分复用串扰抑制技术时，通过将系统设计为保偏低光纤光栅水听器阵列消除了偏振诱导信号衰落的影响。在实际系统中，这些技术问题往往是同时存在的，为保证系统的性能，需要将各关键技术的解决方案进行集成，形成综合调制解调集成技术。

8.1 PGC－PS 混合处理技术

PGC 与偏振切换混合处理技术（Phase Generated Carrier and Polarization Switching Hybrid Processing Method，PGC－PS）是将随机相位衰落和偏振诱导信号衰落抑制技术进行同步处理形成的调制解调集成技术，其中随机相位衰落抑制采用了 PGC 调制解调技术，偏振诱导信号衰落抑制则采用偏振切换技术。本书第 5 章 5.2.4 节的分析表明，如果可以知道干涉型传感系统的响应矩阵，就可以消除系统中的偏振相关因素。PGC－PS 混合处理技术主要详细阐述基于 PGC 解调的脉冲正交偏振切换方法、实现对光纤光栅水听器系统响应矩阵的获取，在此基础上同步消除偏振诱导信号衰落和随机相位衰落的过程。

8.1.1　PGC－PS 混合处理方法的系统构成与基本问询时序

四路偏振切换的基本原理如本书第 5 章 5.2.4 节所述，通过对入射光脉冲的偏振态进行周期性的调制，获得 4 组不同偏振通道的脉冲对，利用这 4 组脉冲对水听器分别进行问询，从而测得水听器基元的响应矩阵。在此基础上引入 PGC 调制，为四路偏振信号合成提供载波基础，系统结构如图 8.1 所示。

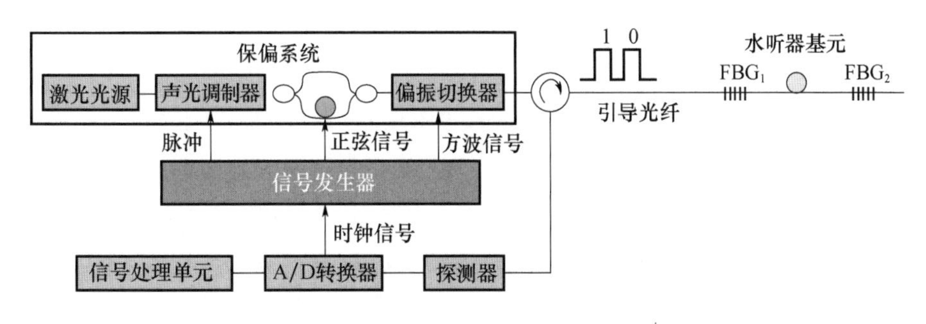

图 8.1　正交偏振切换脉冲问询系统

图 8.1 中，窄线宽激光器输出的激光经声光调制器 AOM 调制为脉冲光，脉冲光经过非平衡的匹配干涉仪分为两个脉冲，其中非平衡匹配干涉仪的一个臂上引入了相位调制器，因此通过这个臂的光脉冲可引入 PGC 调制信号。这两个脉冲再经过一个偏振切换器后输出。偏振切换器将两个脉冲的偏振态在两个正交偏振态之间来回切换。一般而言，偏振切换器对入射光的偏振是有要求的，通常要求偏振切换器的输入光必须保证为线偏振光，因此系统中所选用的光源、AOM、匹配干涉仪以及可能用到的光放大器均需要采用保偏结构。信号源需要提供 3 个信号：AOM 的脉冲调制信号、PGC 外调制相位信号以及偏振切换器的偏振切换信号，这 3 个调制信号需要保持同步，同时还需要与数据采集卡的 A/D 采样同步以保证采样的准确性。

图 8.2 所示为 AOM 的脉冲调制、匹配干涉仪的脉冲输出以及脉冲偏振切换时序。通过在偏振切换器上施加一方波信号实现对匹配干涉仪输出的双脉冲的偏振态进行正交切换，方波信号的高低电平分别为 V_1 和 V_2，其中 V_1 和 V_2 的差值为偏振调制器的半波电压，此时的高低电平分别对应偏振切换器的两个正交的偏振态输出。

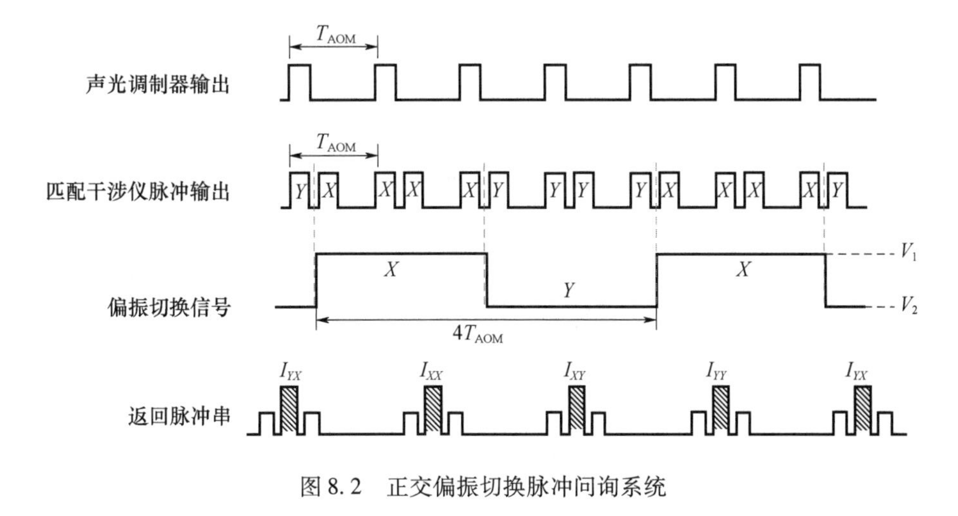

图 8.2　正交偏振切换脉冲问询系统

根据图 8.2，偏振切换器的切换频率 f_{PS} 与 AOM 调制频率 f_{AOM} 满足如下关系：

$$f_{PS}=\frac{f_{AOM}}{4} \tag{8.1}$$

这样，偏振切换器的两个输出脉冲具有4组偏振组合，即 XX、XY、YY 和 YX，其中 X 和 Y 代表两个相互正交的偏振态。4组偏振组合的脉冲分别问询传感通道，就可以得到该传感通道对应的四路偏振通道的干涉光强。由于一个传感通道对应四路偏振通道，那么每一路偏振通道干涉光强的采样率变为AOM调制频率的1/4，即为偏振切换器的切换频率，那么PGC相位调制信号的调制频率也应该相应地调整为偏振切换频率的1/8。

设系统的响应矩阵 $\mathfrak{R}$ 为

$$\mathfrak{R}=\begin{bmatrix}\mathfrak{R}_{XX} & \mathfrak{R}_{XY}\\ \mathfrak{R}_{YX} & \mathfrak{R}_{YY}\end{bmatrix} \tag{8.2}$$

式(8.2) 中 $\mathfrak{R}_{XX}$、$\mathfrak{R}_{XY}$、$\mathfrak{R}_{YX}$ 和 $\mathfrak{R}_{YY}$ 为系统响应矩阵的4个元素，每个元素均可以表示为偏振相关因子和偏振无关因子的积，根据本书第5章5.2.4节的结论，可以将这4个元素表示为如下一般形式

$$\mathfrak{R}_{mn}=\rho_0\rho_1 t_0^2 k_{mn}\mathrm{e}^{\mathrm{j}(\phi_s+\phi_{mn})},\quad mn=XX,XY,YY,YX \tag{8.3}$$

式(8.3) 中，$\phi_s=2\varphi_1$，定义为光纤水听器基元的相位信号，$\rho_0\rho_1 t_0^2\mathrm{e}^{\mathrm{j}\phi_s}$ 为偏振无关因子，$k_{mn}\mathrm{e}^{\mathrm{j}\phi_{mn}}$ 为偏振相关因子，其中 k_{mn} 是与光纤双折射有关的系数，满足 $0\leqslant k_{mn}\leqslant 1$，$\phi_{mn}$ 为与光纤双折射相关的相位。那么 $\mathfrak{R}$ 的行列式为

$$\begin{aligned}&\mathfrak{R}_{XX}\mathfrak{R}_{YY}-\mathfrak{R}_{XY}\mathfrak{R}_{YX}\\&=\rho_0^2\rho_1^2 t_0^4(k_{XX}k_{YY}\mathrm{e}^{\phi_{XX}+\phi_{YY}+2\phi_s}-k_{XY}k_{YX}\mathrm{e}^{\phi_{XY}+\phi_{YX}+2\phi_s})\end{aligned} \tag{8.4}$$

在测得正确的系统响应矩阵 $\mathfrak{R}$ 后，式(8.4) 所示结果应该与式(5.31) 的结果一致，即

$$k_{XX}k_{YY}\mathrm{e}^{\mathrm{j}(\phi_{XX}+\phi_{YY})}-k_{XY}k_{YX}\mathrm{e}^{\mathrm{j}(\phi_{XY}+\phi_{YX})}==1 \tag{8.5}$$

那么如何获取 $\mathfrak{R}$ 的4个响应基元并从四路偏振通道的干涉光强中提取出系统响应矩阵是核心问题。

8.1.2 PGC-PS混合处理算法原理

8.1.2.1 四路偏振通道干涉结果

当给偏振切换器施加工作点电压 V_1 和 V_2 时，且 V_1 和 V_2 的差值为半波电压时，理想的铌酸锂偏振切换器实现的是两个正交线偏振光之间的切换。同时考虑从在匹配干涉仪中引入PGC调制信号，通过这种正交切换，可以使问询脉冲对的偏振态依次为

$$\begin{cases}\boldsymbol{E}_{in0,X}=[1\quad 0]^{\mathrm{T}},\boldsymbol{E}_{in1,X}=\mathrm{e}^{\mathrm{j}\phi_c}[1\quad 0]^{\mathrm{T}}\\ \boldsymbol{E}_{in0,X}=[1\quad 0]^{\mathrm{T}},\boldsymbol{E}_{in1,Y}=\mathrm{e}^{\mathrm{j}\phi_c}[0\quad 1]^{\mathrm{T}}\\ \boldsymbol{E}_{in0,Y}=[0\quad 1]^{\mathrm{T}},\boldsymbol{E}_{in1,Y}=\mathrm{e}^{\mathrm{j}\phi_c}[0\quad 1]^{\mathrm{T}}\\ \boldsymbol{E}_{in0,Y}=[0\quad 1]^{\mathrm{T}},\boldsymbol{E}_{in1,X}=\mathrm{e}^{\mathrm{j}\phi_c}[1\quad 0]^{\mathrm{T}}\end{cases} \tag{8.6}$$

式(8.6) 中为简化分析，假设两入射脉冲的光强一致。$\mathrm{e}^{\mathrm{j}\phi_c}$为 PGC 调制项，其中 $\phi_c=C\cos(\omega_0 t)$，C 为调制幅度，ω_0 为调制频率。根据本书第 5 章 5.2.4 节分析，可以得到 4 组偏振组合对应的四路偏振通道的干涉光强，经过光电转化后分别为

$$\begin{aligned}I_{XX}&=A+BRe(\mathrm{e}^{\mathrm{j}\phi_c}\mathfrak{R}_{XX})\\ I_{XY}&=A+BRe(\mathrm{e}^{\mathrm{j}\phi_c}\mathfrak{R}_{XY})\\ I_{YY}&=A+BRe(\mathrm{e}^{\mathrm{j}\phi_c}\mathfrak{R}_{YY})\\ I_{YX}&=A+BRe(\mathrm{e}^{\mathrm{j}\phi_c}\mathfrak{R}_{YX})\end{aligned} \tag{8.7}$$

式(8.7) 中，A 为干涉结果的直流分量表达式，B 为干涉结果的交流项系数。将式(8.3)代入式(8.7) 中，可以得到

$$\begin{cases}I_{XX}=A+Bk_{XX}\cos(\phi_c+\phi_s+\phi_{XX})\\ I_{XY}=A+Bk_{XY}\cos(\phi_c+\phi_s+\phi_{XY})\\ I_{YY}=A+Bk_{YY}\cos(\phi_c+\phi_s+\phi_{YY})\\ I_{YX}=A+Bk_{YX}\cos(\phi_c+\phi_s+\phi_{YX})\end{cases} \tag{8.8}$$

式(8.8) 为传感通道对应的四路偏振通道的干涉光强，下面需要从这四路偏振通道的干涉光强中提取出系统响应矩阵的各个元素。

8.1.2.2　四路偏振通道干涉结果复数化

在获取四路偏振通道的干涉光强的基础上，需要分别从四路干涉光强中提取出系统响应矩阵的各个元素，构造系统响应矩阵并计算其行列式，这一过程实际上是对这四路偏振通道的干涉光强进行算法合成。式(8.4)和式(8.5)进行计算的基础是$\mathfrak{R}_{mn}$，但式(8.8) 获取到的仅是$\mathfrak{R}_{mn}$的实数表达形式。采用式(8.8)的结果是无法实现矩阵行列式计算的。为此，需要对每一路干涉光强进行特殊的处理，即还原干涉光强的复数表达形式。

通常而言，希尔伯特变换可以实现由实数复数化的过程，但由于干涉光强的复杂性，信号往往加载在余弦函数的相位项中，直接通过这一类数学变换由余弦项获得正弦项会带来频谱成分的移相，因此对干涉光场的复数化重构需要根据干涉光场的信号特征来进行特殊设计。

考虑到在四路偏振通道干涉信号中均包含 PGC 相位调制信号，干涉光强的复数构

造方法也以 PGC 相位调制为基础。

将式(8.8）中各偏振通道对应的干涉光强展开为 Bessel 级数形式，得到

$$\begin{aligned} I_{mn} &= A + Bk_{mn}\cos(\phi_c + \phi_s + \phi_{mn}) \\ &= A + Bk_{mn}\left\{\left[J_0(C) + 2\sum_{k=1}^{\infty}(-1)^k J_{2k}(C)\cos(2k\omega_0 t)\right]\cos(\phi_s + \phi_{mn})\right\} \\ &\quad - 2\left[\sum_{k=0}^{\infty}(-1)^k J_{2k+1}(C)\cos(2k+1)\omega_0 t\right]\sin(\phi_s + \phi_{mn}) \end{aligned} \tag{8.9}$$

将式(8.9）分别与 $\cos(\omega_0 t)$ 和 $\cos(2\omega_0 t)$ 相乘，并滤除频率为 ω_0 的载波及其高阶载波频率成分，分别得到

$$M_{mn} = -BJ_1(C)k_{mn}\sin(\phi_s + \phi_{mn}) \tag{8.10}$$

$$N_{mn} = -2BJ_2(C)k_{mn}\cos(\phi_s + \phi_{mn}) \tag{8.11}$$

式(8.10）和式(8.11）为相互正交的两项，根据这两项可以构造复数 H_{mn}，如式(8.12）所示

$$H_{mn} = -\frac{N_{mn}}{J_2(C)} - \mathrm{j}\frac{M_{mn}}{J_1(C)} = Bk_{mn}\mathrm{e}^{\mathrm{j}(\phi_s + \phi_{mn})} \tag{8.12}$$

不难发现，H_{mn} 和 $\mathfrak{R}_{mn}$ 之间仅相差一个系数 B，即

$$H_{mn} = B\mathfrak{R}_{mn} \tag{8.13}$$

经过上述运算，各偏振通道干涉结果中的 PGC 相位调制项被去除，余下的结果为一与偏振无关的固定系数与系统响应矩阵元素的积。

8.1.2.3 偏振诱导信号衰落和随机相位衰落同步抑制的算法流程

入射脉冲光偏振态的正交切换入射可以得到四路偏振通道干涉光强，四路偏振通道干涉光强的复数域结果 H_{mn} 中包含系统响应矩阵的 4 个元素，构造矩阵

$$\boldsymbol{H} = \begin{bmatrix} H_{XX} & H_{XY} \\ H_{YX} & H_{YY} \end{bmatrix} \tag{8.14}$$

矩阵 $\boldsymbol{H}$ 的行列式的平方根为

$$\sqrt{\det \boldsymbol{H}} = \sqrt{H_{XX}H_{YY} - H_{XY}H_{YX}} = B\sqrt{\det\mathfrak{R}} \tag{8.15}$$

根据式(8.4)和式(8.5)，可以得到

$$\sqrt{\det \boldsymbol{H}} = B\mathrm{e}^{\mathrm{j}\phi_s} \tag{8.16}$$

$\sqrt{\det \boldsymbol{H}}$ 与 $\sqrt{\det\mathfrak{R}}$ 相比，仅仅多了一偏振无关的因子 B，因此 $\sqrt{\det \boldsymbol{H}}$ 具有与 $\sqrt{\det\mathfrak{R}}$ 相同的特性。通过对 $\sqrt{\det \boldsymbol{H}}$ 进行计算，消除了偏振相关因子对相位信号提取的影响。

进一步地，式(8.16)包含的两个正交项分别为

$$LF1 = Re(\sqrt{\det \boldsymbol{H}}) = B\cos(\phi_s) \tag{8.17}$$

$$LF2 = I\text{mag}(\sqrt{\det \boldsymbol{H}}) = B\sin(\phi_s) \tag{8.18}$$

将式(8.17)和式(8.18)进行微分，可得

$$\frac{\mathrm{d}LF1}{\mathrm{d}t} = -B\sin(\phi_s)\dot{\phi}_s \tag{8.19}$$

$$\frac{\mathrm{d}LF2}{\mathrm{d}t} = B\cos(\phi_s)\dot{\phi}_s \tag{8.20}$$

将式(8.17)与式(8.20)相乘，并减去式(8.18)与式(8.19)相乘的结果，可得到$B\dot{\phi}_s$，再进行积分、低通并除以系数B，可以不受干涉仪工作点影响提取加载在ϕ_s中的水声信号。这一过程与第6章6.2.1节所述DCM算法类似，只不过少了系数项$J_1(C)$和$J_2(C)$。事实上，这两个系数在构造H_{mn}时已通过式(8.12)去掉。

上述从式(8.10)到式(8.20)的运算过程中，首先基于PGC载波信号的特征对干涉结果进行预处理，获得响应矩阵元的复数表达形式；然后通过对相应矩阵求行列式运算消除偏振诱导信号衰落现象；最后通过采用与常规PGC解调算法类似的DCM过程消除了随机相位衰落现象，最终不受系统工作点和双折射状态漂移影响，准确地提取出水声信号，是PGC与偏振切换混合运用的过程，因此称为PGC－PS混合调制解调算法，算法流程如图8.3所示。

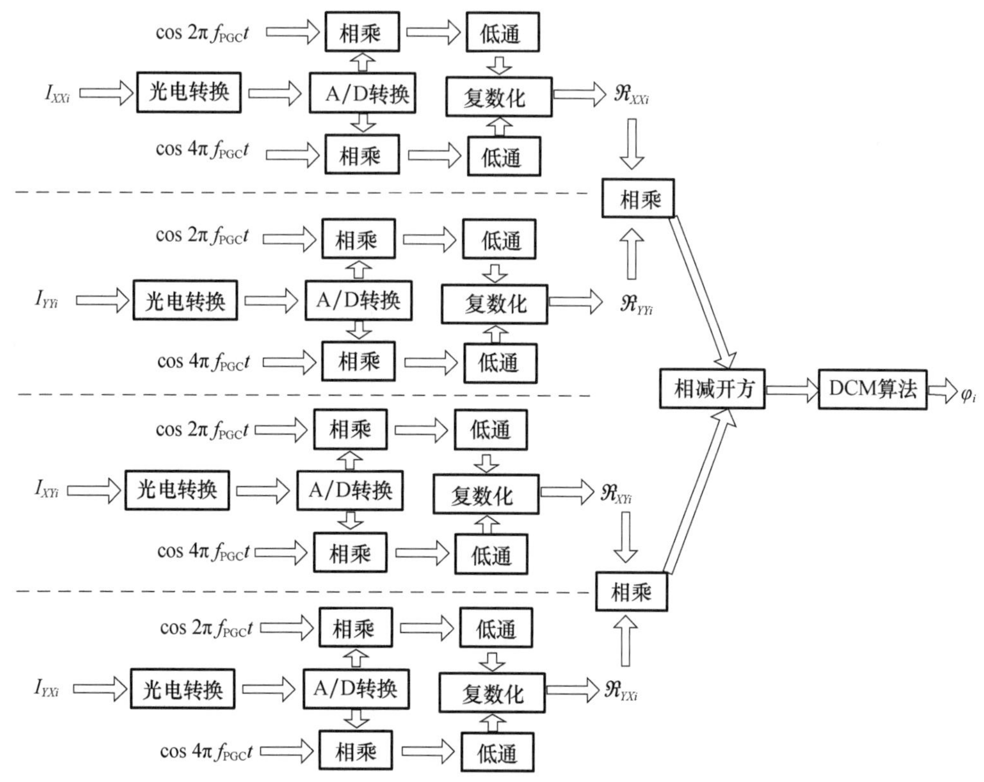

图8.3　PGC－PS混合调制解调算法流程

8.1.3 非线偏振切换状态下的 PGC－PS 混合处理算法适用性分析

以上以线偏振光的正交切换输入为基础，推导了基于 PGC 调制解调技术的光纤光栅水听器实现抗偏振衰落和抑制偏振诱导相位噪声的详细过程。在实际应用中，实现铌酸锂偏振切换器线偏振光输出的高低电平 V_1 和 V_2 容易受到温度的影响。当施加特定的 V_1 和 V_2 时，在不采取温控或反馈控制的情况下，实际晶体线偏振光输出所需要的高低电平值会发生漂移，此时偏振切换器的输出并不为线偏振光。然而，当施加在偏振切换器上的高低电平之差满足半波电压的关系时，高低电平对应的偏振切换器输出光的偏振态仍然满足正交关系，但是不一定为线偏光。在此基础上，本节讨论入射光脉冲在正交的非线偏振态之间切换的情况下偏振衰落和偏振诱导相位噪声的抑制情况。

设入射光脉冲在如下两个偏振态之间切换：

$$\boldsymbol{E}_X = [E_{X,x} \quad E_{X,y}]^{\mathrm{T}};\boldsymbol{E}_Y = [E_{Y,x} \quad E_{Y,y}]^{\mathrm{T}} \tag{8.21}$$

并假定这两个偏振态相互正交，即式(8.21) 满足如下关系：

$$\boldsymbol{E}_X^{\dagger}\boldsymbol{E}_Y = E_{X,x}^{*}E_{Y,x} + E_{X,y}^{*}E_{Y,y} = 0 \tag{8.22}$$

为简化分析，假设两个入射脉冲的光强相等，即

$$I_{in0} = I_{in1} = \boldsymbol{E}_X^{\dagger}\boldsymbol{E}_X = \boldsymbol{E}_Y^{\dagger}\boldsymbol{E}_Y \tag{8.23}$$

4 组不同偏振态组合的入射脉冲对分别为

$$\begin{aligned}
&\boldsymbol{E}_{in0,X} = [E_{X,x}\ E_{X,y}]^{\mathrm{T}},\boldsymbol{E}_{in1,X} = \mathrm{e}^{\mathrm{j}\phi_c}[E_{X,x}\ E_{X,y}]^{\mathrm{T}}\\
&\boldsymbol{E}_{in0,X} = [E_{X,x}\ E_{X,y}]^{\mathrm{T}},\boldsymbol{E}_{in1,Y} = \mathrm{e}^{\mathrm{j}\phi_c}[E_{Y,x}\ E_{Y,y}]^{\mathrm{T}}\\
&\boldsymbol{E}_{in0,Y} = [E_{Y,x}\ E_{Y,y}]^{\mathrm{T}},\boldsymbol{E}_{in1,Y} = \mathrm{e}^{\mathrm{j}\phi_c}[E_{Y,x}\ E_{Y,y}]^{\mathrm{T}}\\
&\boldsymbol{E}_{in0,Y} = [E_{Y,x}\ E_{Y,y}]^{\mathrm{T}},\boldsymbol{E}_{in1,X} = \mathrm{e}^{\mathrm{j}\phi_c}[E_{X,x}\ E_{X,y}]^{\mathrm{T}}
\end{aligned} \tag{8.24}$$

由式(5.30) 可得系统响应矩阵表

$$\mathfrak{K} = 2\rho_0\rho_1 t_0^2 \mathrm{e}^{\mathrm{j}\phi_s}\begin{bmatrix} U_{XX} & U_{XY} \\ U_{YX} & U_{YY} \end{bmatrix} \tag{8.25}$$

式中，ρ_0、ρ_1 为两个光栅的振幅反射率率，t_0 为第一个光栅的振幅透过率。其中，U_{XX}、U_{XY}、U_{YY}和 U_{YX}分别为与偏振相关的矩阵的 4 个元素，偏振相关矩阵为酉矩阵，因此该矩阵可以表示为酉矩阵的一般形式，如式(8.26) 所示

$$\boldsymbol{U} = \begin{bmatrix} U_{XX} & U_{XY} \\ U_{YX} & U_{YY} \end{bmatrix} = \frac{1}{aa^{*} + bb^{*}}\begin{bmatrix} a & -b^{*} \\ b & a^{*} \end{bmatrix} \tag{8.26}$$

式中，a 和 b 是与光纤双折射状态和相位延迟状态相关的参数，* 表示复共轭运算。4 组偏振态组合的入射脉冲分别问询传感通道，得到传感通道对应的 4 路偏振通道的干涉光

强，如式(8.27) 所示

$$\begin{cases} I_{XX}=I_{DCXX}+2\rho_0\rho_1 t_0^2 e^{j(\phi c+\phi s)} Re\{[(U_{XX}E_{X,x}^*+U_{YX}E_{X,y}^*)E_{X,x}+(U_{YY}E_{X,y}^*+U_{XY}E_{X,x}^*)E_{X,x}]\} \\ I_{XY}=I_{DCXY}+2\rho_0\rho_1 t_0^2 e^{j(\phi c+\phi s)} Re\{[(U_{XX}E_{X,x}^*+U_{YX}E_{X,y}^*)E_{Y,x}+(U_{YY}E_{X,y}^*+U_{XY}E_{X,x}^*)E_{Y,x}]\} \\ I_{YY}=I_{DCYY}+2\rho_0\rho_1 t_0^2 e^{j(\phi c+\phi s)} Re\{[(U_{XX}E_{Y,x}^*+U_{YX}E_{Y,y}^*)E_{X,x}+(U_{YY}E_{Y,y}^*+U_{XY}E_{Y,x}^*)E_{X,y}]\} \\ I_{YX}=I_{DCYX}+2\rho_0\rho_1 t_0^2 e^{j(\phi c+\phi s)} Re\{[(U_{XX}E_{Y,x}^*+U_{YX}E_{Y,y}^*)E_{Y,x}+(U_{YY}E_{Y,y}^*+U_{XY}E_{Y,x}^*)E_{Y,y}]\} \end{cases} \tag{8.27}$$

式中，I_{DCXX}、I_{DCXY}、I_{DCYY}、I_{DCYX}分别为4路偏振干涉结果的直流项。得到4路偏振通道的干涉光强后，需要将4路干涉光强进行复数域转化。从式(8.12) 的结论可以看到，干涉光强复数化的过程相当于寻找交流项的正交项，并去除了相位调制项，同时交流项的系数不变。根据这一结论，直接写出式(8.27) 的复数化结果，如式(8.28) 所示

$$\begin{cases} H_{XX}=2\rho_0\rho_1 t_0^2 e^{j\varphi_s}\{[(U_{XX}E_{X,x}^*+U_{YX}E_{X,y}^*)E_{X,x}+(U_{YY}E_{X,y}^*+U_{XY}E_{X,x}^*)E_{X,x}]\} \\ H_{XY}=2\rho_0\rho_1 t_0^2 e^{j\varphi_s}\{[(U_{XX}E_{X,x}^*+U_{YX}E_{X,y}^*)E_{Y,x}+(U_{YY}E_{X,y}^*+U_{XY}E_{X,x}^*)E_{Y,x}]\} \\ H_{YY}=2\rho_0\rho_1 t_0^2 e^{j\varphi_s}\{[(U_{XX}E_{Y,x}^*+U_{YX}E_{Y,y}^*)E_{X,x}+(U_{YY}E_{Y,y}^*+U_{XY}E_{Y,x}^*)E_{Y,y}]\} \\ H_{XX}=2\rho_0\rho_1 t_0^2 e^{j\varphi_s}\{[(U_{XX}E_{Y,x}^*+U_{YX}E_{Y,y}^*)E_{X,x}+(U_{YY}E_{Y,y}^*+U_{XY}E_{Y,x}^*)E_{Y,y}]\} \end{cases} \tag{8.28}$$

构造矩阵 $\boldsymbol{H}$

$$\boldsymbol{H}=\begin{bmatrix} H_{XX} & H_{XY} \\ H_{YX} & H_{YY} \end{bmatrix} \tag{8.29}$$

计算矩阵 $\boldsymbol{H}$ 的行列式并开方，得到的结果为

$$\begin{aligned} &\sqrt{H_{XX}H_{YY}-H_{XY}H_{YX}} \\ &=2\rho_0\rho_1 t_0^2 e^{j\varphi_s}[E_{X,x}E_{X,x}^*E_{Y,y}E_{Y,y}^*+E_{Y,x}E_{Y,x}^*E_{X,y}E_{X,y}^*-E_{X,x}E_{X,y}^*E_{Y,y}E_{Y,x}^*-E_{X,y}E_{X,x}^*E_{Y,x}E_{Y,y}^*] \end{aligned} \tag{8.30}$$

结合式(8.22) 可得

$$\sqrt{H_{XX}H_{YY}-H_{XY}H_{YX}}=2\rho_0\rho_1 t_0^2 e^{j\varphi_s}\sqrt{(E_{X,x}^*E_{X,x}+E_{X,y}^*E_{X,y})(E_{Y,x}^*E_{Y,x}+E_{Y,y}^*E_{Y,y})} \tag{8.31}$$

其中，($E_{X,x}^*E_{X,x}+E_{X,y}^*E_{X,y}$) 和 ($E_{Y,x}^*E_{Y,x}+E_{Y,y}^*E_{Y,y}$) 分别为两个入射脉冲的光强。式(8.31) 在经过光电转换以后的结果可以表示为

$$\sqrt{H_{XX}H_{YY}-H_{XY}H_{YX}}=Be^{j\varphi_s} \tag{8.32}$$

式(8.32) 表明，非线偏振光的正交切换入射同样可以得到和线偏振光正交切换入射等效的结果。事实上，光纤双折射特性主要受外界温度和应力变化的影响，可以认为双折射特性的改变为一缓慢变化的过程。而偏振切换的调制频率一般在几十千赫兹以上，在4组偏振态的入射脉冲完成问询的时间段内，可以认为光纤及传感通道的双折射

特性保持稳定，4 组偏振态的入射脉冲经过的传输光纤具有相同的双折射特性。当偏振态正交的两束光注入同一双折射特性的光纤时，相当于同时与一个相同的酉矩阵相乘，光纤末端的输出光的偏振态将仍然保持正交状态。此外，正交线偏振切换情况下，偏振切换器输出的线偏振光注入到光纤光栅水听器阵列时，经过的单模传输光纤可以等效为一椭圆延迟器，那么线偏振光到达传感通道时不一定保持线偏振态。因此，在正交线偏振光切换情况下，偏振切换器输出的正交的线偏振态光到达传感通道时可能会变为正交的非线偏振光，这也表明了偏振切换器输出为非线偏振光情况下的正交偏振切换方法的可行性。

上述分析表明，非线偏振切换状态下，PGC - PS 混合处理算法依然适用，并可以采用图 8.3 所示的信号处理流程进行计算。对这一问题进行分析的意义在于，通常状态下偏振切换器自身的性质会随着环境（特别是温漂）而变化，即在不施加控制电压的状态下，偏振切换器的输出不一定是线偏光，甚至不是一个固定的偏振态，这种情况下要保证偏振切换器的输出是在两个正交的线偏振状态下切换的话，需要对偏振切换器进行反馈控制。但是 PGC - PS 混合处理算法同样适用于非线偏振态光的正交切换，这就意味着即使不做反馈控制，只要能够保证是在相互正交的偏振态之间切换即可，而偏振切换器的半波电压通常是稳定的，这就为 PGC - PS 混合处理算法的实际使用提供了极大的便利性。

实际案例（8 - 1）

近年来，国防科技大学光纤光栅水听器团队的相关报道都是基于 PGC - PS 混合调制解调技术。2020 年，该团队报道了一套 8 基元时分复用阵列，采用一套 PGC - PS 混合处理系统对 8 个基元进行问询（图 8.4）。由于单基元的传感光纤长度较长，导致系统的问询频率很低，PGC 调制频率为 6 kHz，偏振切换调制频率为 48 kHz，问询脉冲的重复频率为 192 kHz。

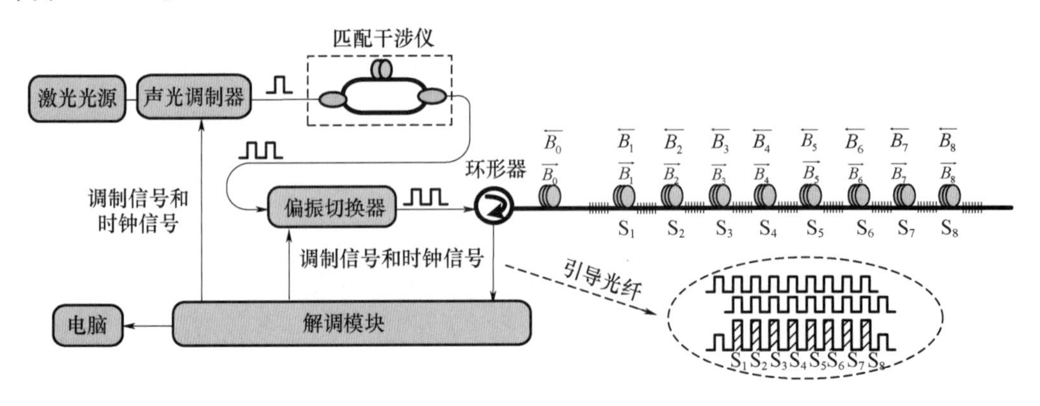

图 8.4 采用 PGC - PS 混合调制解调的 8 基元阵列结构

尽管系统的调制频率很低，但经过 PGC - PS 混合处理算法，8 个时分复用基元都获得了很好的解调效果。图 8.5 是 8 个通道采集 50 次后平均的本底噪声测试结果，噪声稳定在 −95 dB/$\sqrt{\text{Hz}}$@1 kHz 的水平，且低频部分的拐点在 100 Hz 左右。

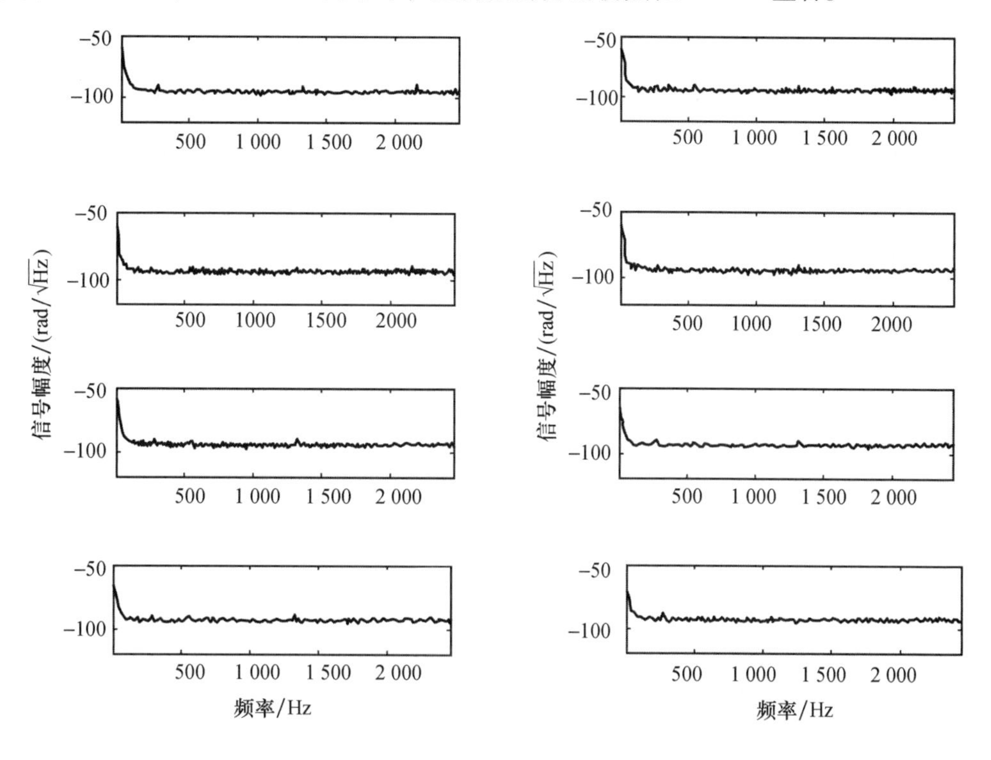

图 8.5　8 个通道本底噪声采集 50 次解调后的平均结果

这一实验系统验证了采用一套 PGC - PS 调制解调硬件可以问询水下多个水听器通道，且各通道的性能一致性很好。这意味着这种技术方案在面向大规模水听器构建时具有良好的可扩展性和性价比。

8.2 ICS - PGC - PS 集成混合处理技术

基于 PGC 调制的串扰干涉重构与偏振切换混合处理技术（Interference Crosstalk Synthesis and Polarization Switching hybrid processing method based on Phase Generated Carrier Modulation，ICS - PGC - PS）是将时分通道串扰、随机相位衰落和偏振诱导信号衰落抑制技术进行同步处理形成的调制解调集成技术，其中时分通道串扰抑制采用串扰重构技术，随机相位衰落抑制采用 PGC 调制解调技术，偏振诱导信号衰落抑制则采用偏振切换技术。

8.2.1 信号处理原理

采用 ICS－PGC－PS 混合处理技术的系统结构如图 8.6 所示。通常采用窄线宽激光器作为光源，其输出光经 AOM 调制为脉冲光，脉冲光经过非平衡匹配干涉仪输出两个脉冲，这两个脉冲经过偏振切换器 PS 后输出。为保证进入光纤光栅系统的入射光为线偏振光，光源、AOM、匹配干涉仪、耦合器以及可能用到的光纤放大器均采用保偏结构。调制解调模块提供 3 个调制信号：AOM 的脉冲调制信号、偏振切换器的偏振切换信号以及 PGC 外调制相位信号。光纤光栅水听器阵列为 2 重时分复用结构，采用普通单模光纤。

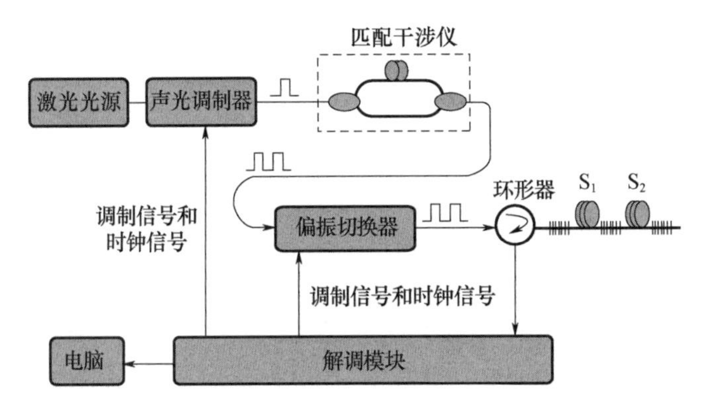

图 8.6　采用 ICS－PGC－PS 混合处理技术的系统结构示意图

在图 8.6 所示系统中，光栅阵列的前端系统均采用具有保偏特性的元器件搭建，确保输入光栅阵列的脉冲光均是线偏振光，因此偏振切换器的高、低电平对应输出的两个正交线偏振光可以表示为

$$\begin{aligned} \boldsymbol{E}_X &= [E_x \quad 0]^{\mathrm{T}} \\ \boldsymbol{E}_Y &= [0 \quad E_y]^{\mathrm{T}} \end{aligned} \tag{8.33}$$

连续的脉冲对经过偏振切换器后形成 4 组不同偏振态组合的脉冲对，分别表示为

$$\begin{cases} \boldsymbol{E}_{0,X} = [E_x \quad 0]^{\mathrm{T}}, \boldsymbol{E}_{1,X} = \mathrm{e}^{\mathrm{j}\varphi_c}[E_x \quad 0]^{\mathrm{T}} \\ \boldsymbol{E}_{0,X} = [E_x \quad 0]^{\mathrm{T}}, \boldsymbol{E}_{1,Y} = \mathrm{e}^{\mathrm{j}\varphi_c}[0 \quad E_y]^{\mathrm{T}} \\ \boldsymbol{E}_{0,Y} = [0 \quad E_y]^{\mathrm{T}}, \boldsymbol{E}_{1,X} = \mathrm{e}^{\mathrm{j}\varphi_c}[E_x \quad 0]^{\mathrm{T}} \\ \boldsymbol{E}_{0,Y} = [0 \quad E_y]^{\mathrm{T}}, \boldsymbol{E}_{1,Y} = \mathrm{e}^{\mathrm{j}\varphi_c}[0 \quad E_y]^{\mathrm{T}} \end{cases} \tag{8.34}$$

以上 4 组脉冲对依次问询传感通道，得到第一传感通道和第二传感通道各自对应的四路偏振通道的干涉信号。由式(8.33) 和式(8.34) 可以得到八路干涉信号的表达

式为

$$
\begin{cases}
I_{1\tau XX} = DC_{1\tau XX} + 2t_0^2\rho_0\rho_1 Re(\boldsymbol{E}_{1,X}^{\dagger}\vec{\boldsymbol{B}}_1{}^{\mathrm{T}}\vec{\boldsymbol{B}}_1\boldsymbol{E}_{0,X}) \\
I_{1\tau XY} = DC_{1\tau XY} + 2t_0^2\rho_0\rho_1 Re(\boldsymbol{E}_{1,Y}^{\dagger}\vec{\boldsymbol{B}}_1{}^{\mathrm{T}}\vec{\boldsymbol{B}}_1\boldsymbol{E}_{0,X}) \\
I_{1\tau YY} = DC_{1\tau YY} + 2t_0^2\rho_0\rho_1 Re(\boldsymbol{E}_{1,Y}^{\dagger}\vec{\boldsymbol{B}}_1{}^{\mathrm{T}}\vec{\boldsymbol{B}}_1\boldsymbol{E}_{0,Y}) \\
I_{1\tau YX} = DC_{1\tau YX} + 2t_0^2\rho_0\rho_1 Re(\boldsymbol{E}_{1,X}^{\dagger}\vec{\boldsymbol{B}}_1{}^{\mathrm{T}}\vec{\boldsymbol{B}}_1\boldsymbol{E}_{0,Y}) \\
I_{2\tau XX} = DC_{2\tau XX} + 2t_0^4t_1^2\rho_1\rho_2 Re(\boldsymbol{E}_{1,X}^{\dagger}\vec{\boldsymbol{B}}_1{}^{\dagger}\vec{\boldsymbol{B}}_2{}^{\mathrm{T}}\vec{\boldsymbol{B}}_2\vec{\boldsymbol{B}}_1\boldsymbol{E}_{0,X}) - 2t_0^4\rho_0\rho_1^3 Re(\boldsymbol{E}_{1,X}^{\dagger}\vec{\boldsymbol{B}}_1{}^{\mathrm{T}}\vec{\boldsymbol{B}}_1\boldsymbol{E}_{0,X}) \\
I_{2\tau XY} = DC_{2\tau XY} + 2t_0^4t_1^2\rho_1\rho_2 Re(\boldsymbol{E}_{1,Y}^{\dagger}\vec{\boldsymbol{B}}_1{}^{\dagger}\vec{\boldsymbol{B}}_2{}^{\mathrm{T}}\vec{\boldsymbol{B}}_2\vec{\boldsymbol{B}}_1\boldsymbol{E}_{0,X}) - 2t_0^4\rho_0\rho_1^3 Re(\boldsymbol{E}_{1,Y}^{\dagger}\vec{\boldsymbol{B}}_1{}^{\mathrm{T}}\vec{\boldsymbol{B}}_1\boldsymbol{E}_{0,X}) \\
I_{2\tau YY} = DC_{2\tau YY} + 2t_0^4t_1^2\rho_1\rho_2 Re(\boldsymbol{E}_{1,Y}^{\dagger}\vec{\boldsymbol{B}}_1{}^{\dagger}\vec{\boldsymbol{B}}_2{}^{\mathrm{T}}\vec{\boldsymbol{B}}_2\vec{\boldsymbol{B}}_1\boldsymbol{E}_{0,Y}) - 2t_0^4\rho_0\rho_1^3 Re(\boldsymbol{E}_{1,Y}^{\dagger}\vec{\boldsymbol{B}}_1{}^{\mathrm{T}}\vec{\boldsymbol{B}}_1\boldsymbol{E}_{0,Y}) \\
I_{2\tau YX} = DC_{2\tau YX} + 2t_0^4t_1^2\rho_1\rho_2 Re(\boldsymbol{E}_{1,X}^{\dagger}\vec{\boldsymbol{B}}_1{}^{\dagger}\vec{\boldsymbol{B}}_2{}^{\mathrm{T}}\vec{\boldsymbol{B}}_2\vec{\boldsymbol{B}}_1\boldsymbol{E}_{0,Y}) - 2t_0^4\rho_0\rho_1^3 Re(\boldsymbol{E}_{1,X}^{\dagger}\vec{\boldsymbol{B}}_1{}^{\mathrm{T}}\vec{\boldsymbol{B}}_1\boldsymbol{E}_{0,Y})
\end{cases}
\tag{8.35}
$$

式(8.35)中，$I_{1\tau MN}$($MN = XX$，XY，YY，YX) 是时分复用基元 1 对应输出的四路干涉光强，例如 $I_{1\tau XX}$代表由偏振组合 XX 干涉的结果，其中的第一项是直流项，第二项是第一个光纤光栅的反射脉冲与第二个光纤光栅反射的主脉冲之间干涉产生的主干涉项；$I_{2\tau MN}$是时分复用基元 2 对应输出的四路干涉光强，其中的第一项是直流项，第二项是第二个和第三个光纤光栅反射回来的主脉冲干涉的主干涉项，第三项是第二个光栅反射的主脉冲与对应的串扰脉冲之间干涉产生的串扰干涉项。

根据 8.1 节所述的 PGC－PS 混合处理方法，第一通道的四路偏振通道的干涉光强 $I_{1\tau MN}$经过复数域处理之后可以得到相互正交的两项用来构造系统响应矩阵 $\boldsymbol{H}$ 的4 个元素 H_{MN}，并去除了 PGC 相位调制项。但如果直接对通道 2 的四路干涉信号 $I_{2\tau MN}$进行复数域处理，再分别与 $\cos(\omega_0 t)$ 和 $\cos(2\omega_0 t)$ 相乘并滤除频率为 ω_0 的载波及其高阶载波频率成分后，留下的零频成分不是两项正交项，那么由这两项非正交项构造的系统响应矩阵 $\boldsymbol{H}$ 的行列式 $\det \boldsymbol{H}$ 将出现非常复杂的交叉相乘项，难以通过解调 $\sqrt{\det \boldsymbol{H}}$得到有效信息。因此，必须先对四路信号 $I_{2\tau MN}$进行去串扰处理，得到干涉项仅包含主干涉项的等效干涉信号，再进行偏振合成处理，才能够实现偏振切换抑制偏振衰落的作用。

假设对于相同偏振通道，干涉信号 $I_{1\tau MN}$的主干涉项和 $I_{2\tau MN}$的串扰干涉项具有偏振一致性，两者之间仅相差两个已知的光栅参数 t^0和 ρ^1。因此可以通过串扰重构方法将 $I_{2\tau MN}$中的串扰干涉项去除，得到四路新的等效干涉信号：

$$
\begin{cases}
I'_{2\tau XX} = DC_{2\tau} + 2t_0^4t_1^2\rho_1\rho_2 Re(\boldsymbol{E}_{1,X}^{\dagger}\vec{\boldsymbol{B}}_1{}^{\dagger}\vec{\boldsymbol{B}}_2{}^{\mathrm{T}}\vec{\boldsymbol{B}}_2\vec{\boldsymbol{B}}_1\boldsymbol{E}_{0,X}) \\
I'_{2\tau XY} = DC_{2\tau} + 2t_0^4t_1^2\rho_1\rho_2 Re(\boldsymbol{E}_{1,Y}^{\dagger}\vec{\boldsymbol{B}}_1{}^{\dagger}\vec{\boldsymbol{B}}_2{}^{\mathrm{T}}\vec{\boldsymbol{B}}_2\vec{\boldsymbol{B}}_1\boldsymbol{E}_{0,X}) \\
I'_{2\tau YX} = DC_{2\tau} + 2t_0^4t_1^2\rho_1\rho_2 Re(\boldsymbol{E}_{1,X}^{\dagger}\vec{\boldsymbol{B}}_1{}^{\dagger}\vec{\boldsymbol{B}}_2{}^{\mathrm{T}}\vec{\boldsymbol{B}}_2\vec{\boldsymbol{B}}_1\boldsymbol{E}_{0,Y}) \\
I'_{2\tau YY} = DC_{2\tau} + 2t_0^4t_1^2\rho_1\rho_2 Re(\boldsymbol{E}_{1,Y}^{\dagger}\vec{\boldsymbol{B}}_1{}^{\dagger}\vec{\boldsymbol{B}}_2{}^{\mathrm{T}}\vec{\boldsymbol{B}}_2\vec{\boldsymbol{B}}_1\boldsymbol{E}_{0,Y})
\end{cases}
\tag{8.36}
$$

将这4项等效干涉信号进行第8.1节所述的偏振合成处理即可获得系统响应矩阵$\boldsymbol{H}$。对$\sqrt{\det \boldsymbol{H}}$利用微分交叉相乘算法进行解调可以得到抑制偏振衰落的最终解调结果。最后，将第一通道的四路干涉信号$I_{1\tau MN}$和第二通道的四路干涉信号$I_{2\tau MN}$分别进行复数化合成处理得到的结果进行解调对比，得到通道2的串扰大小。

根据以上分析总结出串扰干涉项重构法与正交偏振切换法相结合同步抑制串扰和偏振衰落的信号处理流程，如图8.7所示。

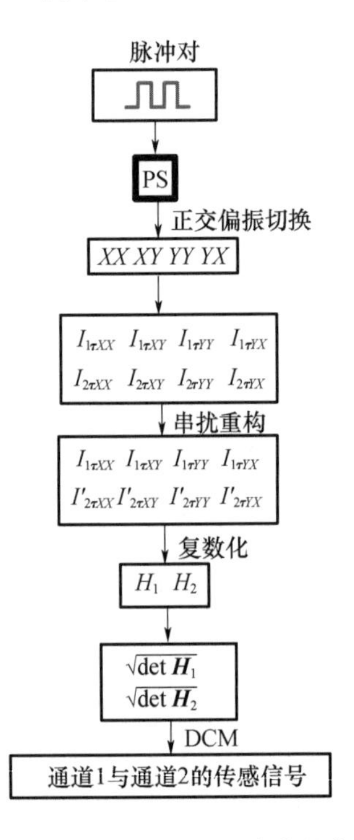

图8.7 同步抑制时分串扰与偏振衰落的信号处理流程

ICS - PGC - PS混合处理技术的基本过程总结如下。

（1）通过正交偏振切换器的周期性调制得到四组不同偏振态组合的脉冲对，这4组脉冲对依次问询传感通道得到通道1和通道2对应的八路偏振通道的干涉信号$I_{1\tau MN}$和$I_{2\tau MN}$（$MN = XX$，XY，YY，YX）。

（2）采用串扰干涉项重构法，利用通道1主干涉与通道2串扰干涉项的偏振一致性将串扰干涉项从通道2的干涉光强中减去，得到第二通道不含串扰干涉项的四路偏振通道的等效干涉信号$I'_{2\tau MN}$。

（3）将四路等效干涉信号复数化，构造仅包含通道2信息的系统响应矩阵$\boldsymbol{H}$。对$\boldsymbol{H}$计算行列式并求其平方根，获得系数与偏振无关的复数，对这一复数进行微分交叉相乘算法解调提取出来。

（4）将第一通道的四路偏振通道干涉光强 $I_{1\tau MN}$ 的偏振合成结果与第二通道的四路等效干涉信号的偏振合成结果进行解调对比得到通道 1 到通道 2 的串扰。

8.2.2　流程分析

2018 年，国防科技大学甘鹏等报道了 ICS－PGC－PS 集成混合处理技术的实验验证结果。本节以这一案例为例，对 ICS－PGC－PS 集成混合处理技术进行按照流程的逐步分析。

系统的调制解调系统结构如图 8.6 所示。所使用光源的光源为一台线宽小于3 kHz 的 RIO 固体激光器，激光器尾纤输出为保偏光纤。输出光经 AOM 调制为脉冲光，脉冲光经过非平衡匹配干涉仪输出两个脉冲，这两个脉冲经过偏振切换器 PS 后输出。为保证进入光纤光栅系统的入射光为线偏振光，系统中的光源、AOM、匹配干涉仪、耦合器以及可能用到的光纤放大器和传输光纤均采用保偏结构。AOM 的脉冲调制信号、偏振切换器的偏振切换信号以及 PGC 外调制相位信号，调制频率依次为 320 kHz、80 kHz、10 kHz。光纤光栅水听器阵列为 3 重时分复用结构。

用信号源分别在时分通道 1 和时分通道 2 上分别施加频率为 125 Hz 和 630 Hz 的正弦信号。

8.2.2.1　流程一：去串扰处理（ICS）

按照 ICS－PGC－PS 混合处理算法，首先对第二时分通道的四路偏振通道采用串扰干涉重构算法进行去串扰处理，结果如表 8.1 和图 8.8 所示。

表 8.1　重构去串扰处理结果

	第一偏振通道	第二偏振通道	第三偏振通道	第四偏振通道
通道 1　125 Hz 信号幅度	－7.3 dB/$\sqrt{Hz}$	－7.3 dB/$\sqrt{Hz}$	－7.3 dB/$\sqrt{Hz}$	－7.3 dB/$\sqrt{Hz}$
通道 2　125 Hz 信号幅度	－39.4 dB/$\sqrt{Hz}$	－35.0 dB/$\sqrt{Hz}$	－34.1 dB/$\sqrt{Hz}$	－35.3 dB/$\sqrt{Hz}$
通道 2 去串扰后 125 Hz 信号幅度	－61.9 dB/$\sqrt{Hz}$	－63.0 dB/$\sqrt{Hz}$	－68.0 dB/$\sqrt{Hz}$	－58.9 dB/$\sqrt{Hz}$
串扰抑制量	22.5 dB	28.0 dB	33.9 dB	23.6 dB
通道 2　630 Hz 信号幅度	－27.4 dB/$\sqrt{Hz}$	－27.2 dB/$\sqrt{Hz}$	－27.2 dB/$\sqrt{Hz}$	－27.3 dB/$\sqrt{Hz}$
通道 2 去串扰后 630 Hz 信号幅度	－27.6 dB/$\sqrt{Hz}$	－27.5 dB/$\sqrt{Hz}$	－27.5 dB/$\sqrt{Hz}$	－27.6 dB/$\sqrt{Hz}$

由图 8.8 可以看出，通道 2 的四路偏振通道原始信号在 125 Hz 处存在串扰信号。经过重构法抑制后，通道 2 的本底噪声水平保持不变，而 125 Hz 串扰信号被抑制。为了说明串扰重构法对信号解调结果的影响，将处理结果的关键信息提取出来进行对比，

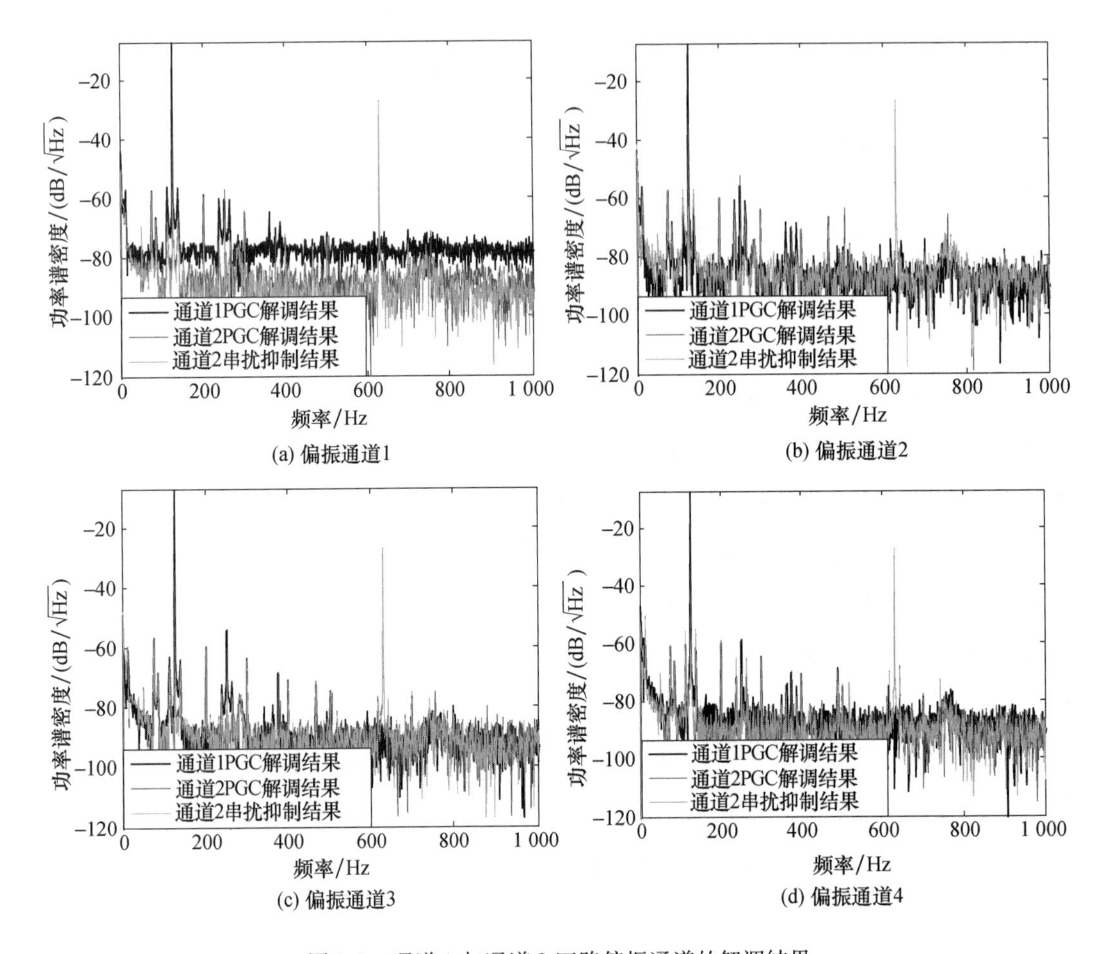

图 8.8　通道 1 与通道 2 四路偏振通道的解调结果

如表 8.1所示。在表中，经串扰抑制处理后，通道 2 的四路偏振通道在 125 Hz 处的串扰抑制量达均到 20 dB 以上。相比于第 7 章 7.2 节基于保偏光纤的时分复用系统，在采用单模光纤时，串扰重构方法也是有效的。通道 2 在 630 Hz 处的信号幅度在去串扰处理前后的变化仅为 0.2 dB 左右，可以认为保持不变，说明重构算法仅针对通道 1 到通道 2 的串扰有抑制效果。

考虑到串扰的不稳定性，对时分通道 1 到时分通道 2 的串扰大小进行多次测量，测量结果如图 8.9 所示。

图 8.9 表明，经过重构算法处理后，对于反射率为 5% 左右的光栅阵列，各偏振通道的串扰均可达到 −40 dB 以下。

对通道 2 上施加的 630 Hz 信号进行解调测试，并对比串扰抑制前后解调得到的 630 Hz信号的幅度分布，如图 8.10 所示。可以看到，630 Hz 信号的解调幅度在串扰抑制后虽略有下降，但幅度稳定性得到改善。

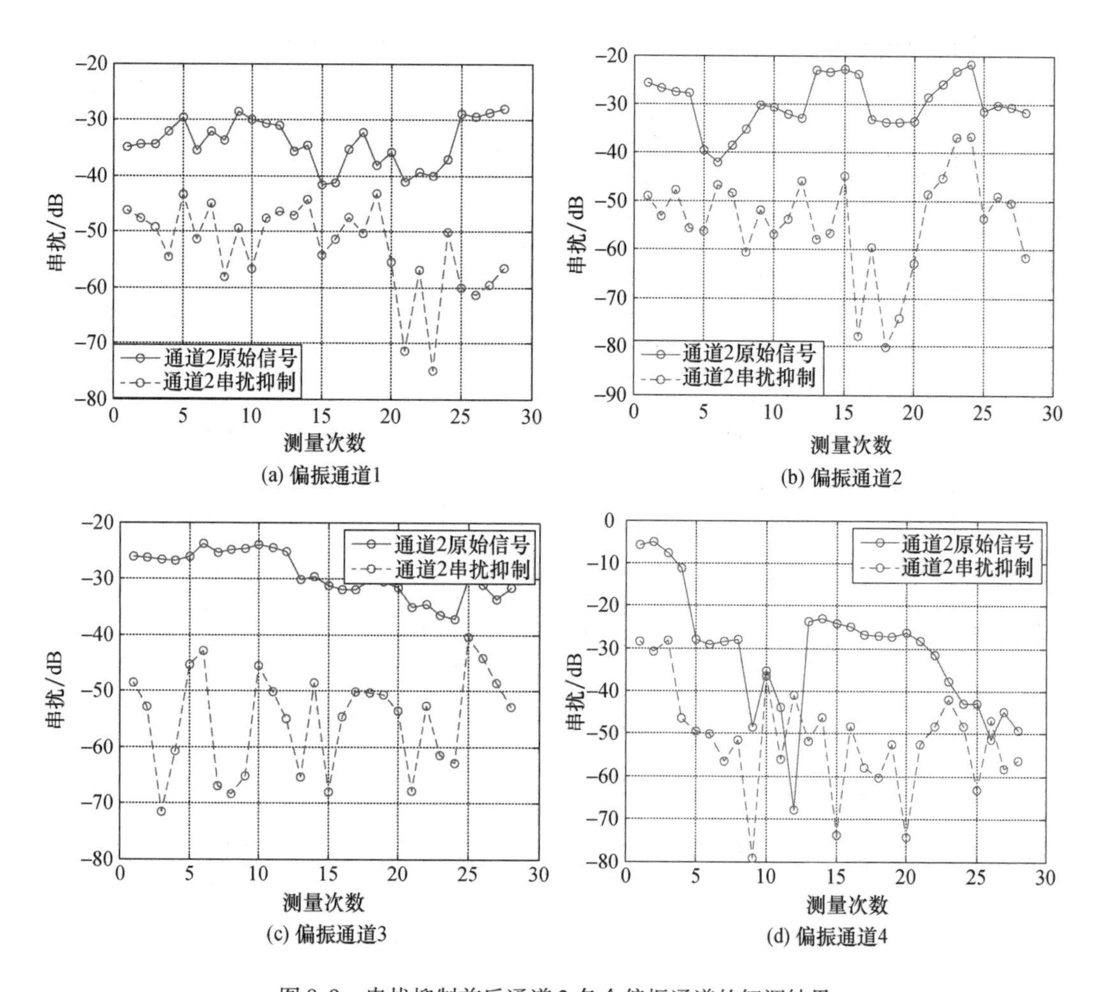

图 8.9　串扰抑制前后通道 2 各个偏振通道的解调结果

8.2.2.2　流程二：PGC－PS 混合处理

在采用了干涉项重构方法后，已经可以有效降低时分通道 2 中各个偏振通道的串扰。但各个偏振通道的偏振衰落依然存在，必然影响各偏振通道的干涉度，进而影响信号的稳定性。

彩图 4 是第一时分通道四路偏振通道干涉光强解调结果和偏振合成结果的频谱图。图中颜色为蓝、黄、绿、黑的四条频谱是四路偏振通道干涉光强的 PGC 解调结果，黄色频谱是偏振合成信号的解调结果。以 1 kHz 处的相位噪声为标准，得到四路偏振通道与偏振合成信号的本底噪声依次为 $-80.43\ \mathrm{dB}/\sqrt{\mathrm{Hz}}$、$-83.81\ \mathrm{dB}/\sqrt{\mathrm{Hz}}$、$-85.57\ \mathrm{dB}/\sqrt{\mathrm{Hz}}$、$-83.01\ \mathrm{dB}/\sqrt{\mathrm{Hz}}$、$-97.58\ \mathrm{dB}/\sqrt{\mathrm{Hz}}$，可见，经偏振合成后解调结果的本底噪声有一定下降，而且整体的噪声水平低于四路偏振通道，由此证明了偏振切换方法抑制偏振衰落的有效性。其次，偏振合成信号的解调结果在 125 Hz 处的信

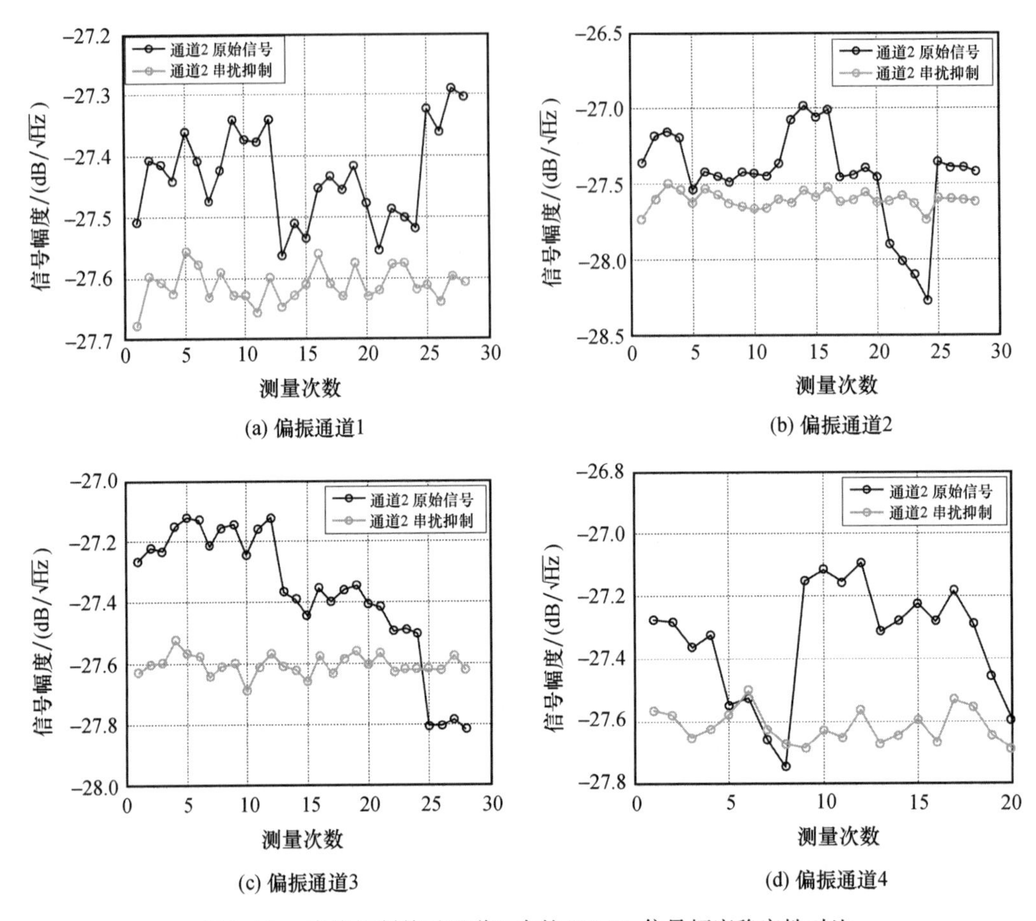

图 8.10　串扰抑制前后通道 2 中的 630 Hz 信号幅度稳定性对比

号幅度与四路偏振通道相同，且时域波形吻合良好，验证了对偏振合成信号解调的准确性。

时分通道 2 采用 PGC－PS 混合处理流程后的解调结果如彩图 5 所示。在经过去串扰处理得到四路等效干涉信号的基础上，由四路等效干涉光强偏振合成与四路偏振通道原始干涉光强的解调结果如彩图 5 所示。

由彩图 5(a) 可得，四路偏振通道原始干涉光强与由四路等效干涉光强偏振合成的解调结果在 1 kHz 处的本底噪声依次为 $-91.45\ \mathrm{dB}/\sqrt{\mathrm{Hz}}$、$-97.67\ \mathrm{dB}/\sqrt{\mathrm{Hz}}$、$-85.00\ \mathrm{dB}/\sqrt{\mathrm{Hz}}$、$-88.38\ \mathrm{dB}/\sqrt{\mathrm{Hz}}$、$-101.82\ \mathrm{dB}/\sqrt{\mathrm{Hz}}$，经偏振合成后解调结果的本底噪声有一定的下降，整体的噪声水平保持在四路偏振通道最低水平，而且，合成信号的解调时域波形相比于四路偏振通道更加趋近于正弦曲线，这些结果证明了偏振切换方法对通道 2 的偏振衰落同样具有抑制效果。四路等效干涉信号的偏振合成结果在 630 Hz 处的信号解调幅度与四路偏振通道的原始信号解调结果相同，而在125 Hz串扰信号处的解调幅度有一定下降，说明偏振切换方法在保证了信号解调的准确性的同时，仍然保留了四路等效干涉信号去除串扰的效果。

将经过 ICS－PGC－PS 混合处理后的通道 2 与通道 1 的解调结果进行对比，如图 8.11 所示。结果表明，通道 1 与通道 2 在 125 Hz 处的解调幅度分布为 －7.37 dB/$\sqrt{\text{Hz}}$ 和 －61.87 dB/$\sqrt{\text{Hz}}$，两者的差值作为衡量通道 1 到通道 2 串扰大小的等效串扰，其值为 －54.4 dB。

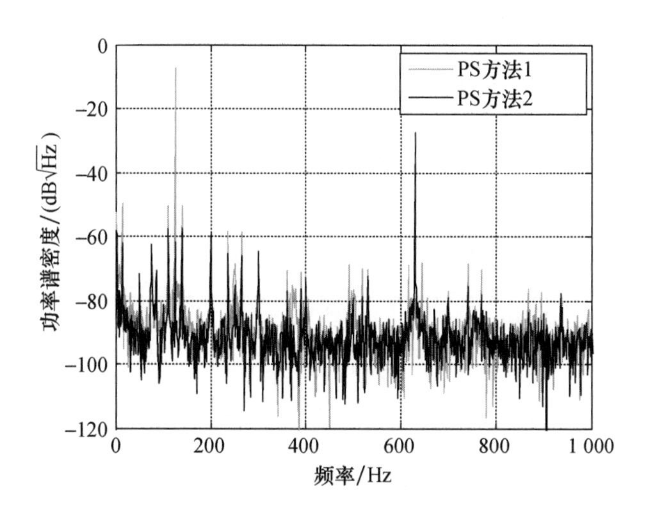

图 8.11　经过 ICS－PGC－PS 混合处理后通道 2 与通道 1 的解调结果

同样条件下进行连续多次测试，得到通道 2 等效串扰分布如图 8.12 所示。可以看出，经过去串扰以及偏振合成处理后，通道 2 的串扰量抑制到 －50 dB 以下。而且与原始四路偏振通道干涉光强相比，串扰水平明显降低。

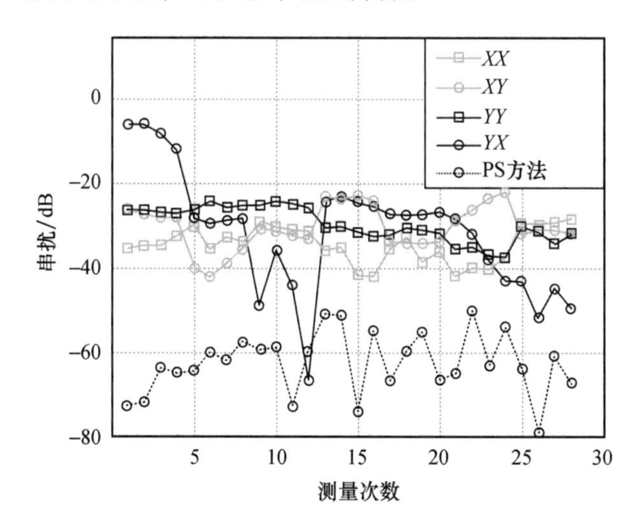

图 8.12　通道 2 的等效串扰与四路偏振通道原始信号的串扰分布

图 8.13 是通道 2 经过去串扰后的偏振合成信号与通道 1 的 4 路偏振通道原始干涉

信号在 630 Hz 处的信号解调幅度。不难看出，经过去串扰以及偏振合成处理后，通道 2 真实信号的稳定性得到很大程度的改善。

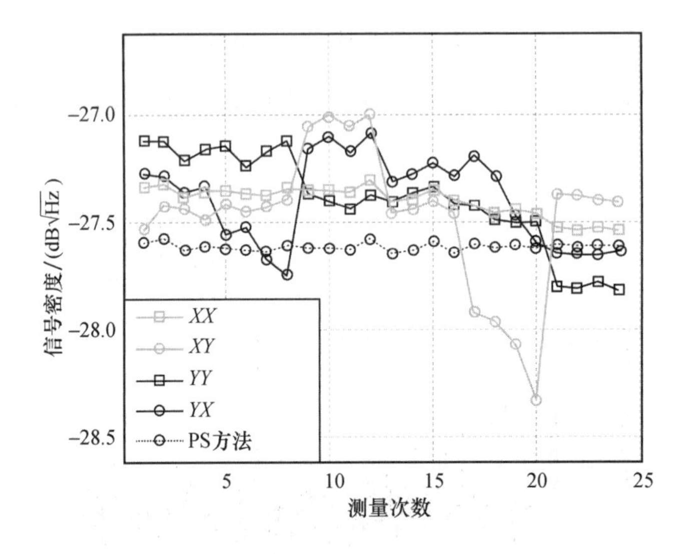

图 8.13　通道 2 在 630 Hz 处的信号解调幅度分布

上述实验表明，ICS－PGC－PS 混合处理技术对于提光纤光栅水听器时分阵列的性能有显著效果，主要体现在：

（1）对于时分通道 1，由于采用了 ICS－PGC－PS 混合处理技术，该基元的本底噪声和信号解调幅度稳定性有显著提升，主要影响因素是 PGC－PS 混合处理后消除了偏振衰落的随机相位衰落的影响。

（2）对于时分通道 2，由于采用了 ICS－PGC－PS 混合处理技术，该基元的本底噪声、信号解调幅度稳定性、时分通道串扰水平都有了显著提升。与时分通道 1 不同的是，该基元性能的提升不仅仅是消除了偏振衰落的随机相位衰落的影响，更重要的是通过重构出串扰干涉项并将其进行有效消除，显著降低了时分通道 1 内光纤传输时相位扰动对于时分通道 2 的影响，而不仅仅是施加在时分通道 1 上的信号消除。对比图 8.13 和本书第 7 章中的图 7.12 可以看出，这种方法对稳定信号幅度、降低串扰的作用比采用保偏光纤时仅使用串扰干涉重构方法获取的时分通道串扰更低、信号幅度更稳定。

8.3 本章小结

实际使用的光纤光栅水听器阵列作为一套复杂系统，各个环节的技术瓶颈是同时存在的，为保证系统性能需要将多种调制解调技术进行集成。PGC 与偏振切换混合处理技术（PGC－PS）是将随机相位衰落和偏振诱导信号衰落抑制技术进行同步处理形成的调制解调集成技术，其中随机相位衰落抑制采用了 PGC 调制解调技术，偏振诱导信号衰落抑制则采用偏振切换技术。基于 PGC 调制的串扰干涉重构与偏振切换混合处理技术（ICS－PGC－PS）是将时分通道串扰、随机相位衰落和偏振诱导信号衰落抑制技术进行同步处理形成的调制解调集成技术，其中时分通道串扰抑制采用串扰重构技术，随机相位衰落抑制采用了 PGC 调制解调技术，偏振诱导信号衰落抑制则采用偏振切换技术。实际应用案例表明，在多种调制手段进行集成的情况下，系统的性能会更稳定，表现为本底噪声更低、串扰更小、解调信号更稳定等多个方面。

第9章　典型光纤光栅水听器应用案例分析

截至目前，光纤光栅水听器在世界各国的技术发展水平不一，其中挪威用于海底油气田永久监测的光纤光栅水听器系统发展得最为成熟，目前已经具有10年以上的实际工程使用验证；美国以潜艇拖曳阵作为应用形式，TB－33光纤光栅细线拖曳阵已经发展了15年以上，初步完成了试装试验，但还未大规模列装。本章对这两个典型应用案例进行系统地分析，包括历史、关键技术和未来发展评估等。

9.1　挪威光纤光栅水听器海底地震波监测系统

挪威OBC（Ocean Bottom Seismic Cable）光纤光栅岸基阵系统主要应用于永久式海上油田地震波检测及油气储层三维勘察等领域。尽管OBC并非针对军事用途设计研制，但其采用的光学技术体制与基于光纤光栅水听器的水下目标探测系统基本一致，因而成为光纤光栅水听器研究领域关注的焦点之一。本节系统整理了挪威OBC系统的发展历史和现状，包括研究团队的历史与现状，实际海上部署系统的发展历史；针对本案例提到的光纤光栅水听器技术瓶颈，分析挪威OBC系统的解决手段和解决效果；最后对其未来应用做出评估。

9.1.1　OptoPlan研究团队发展历史及现状

挪威OptoPlan研究团队是OBC系统的主要研发团队，也是光纤传感技术在石油与天然气应用领域的先驱，距今已有35年以上的发展历史，见图9.1。

1985年，以Hilde Nakstad、Jon Thomas Kringlebotn等为核心的光学技术小组从挪威科学技术大学独立出来，成立了OptoPlan公司，主要从事与油气资源勘探、生产相关的光学传感技术的研发与应用。

2002—2007年，作为美国跨国油气集团Weatherford International的子公司，OptoPlan研究团队将其研究重点主要集中在“基于匹配型光纤光栅传感”的海洋地震波检测技术。其间，OptoPlan先后解决了该领域诸多技术难题，并申请核心专利80余项，为

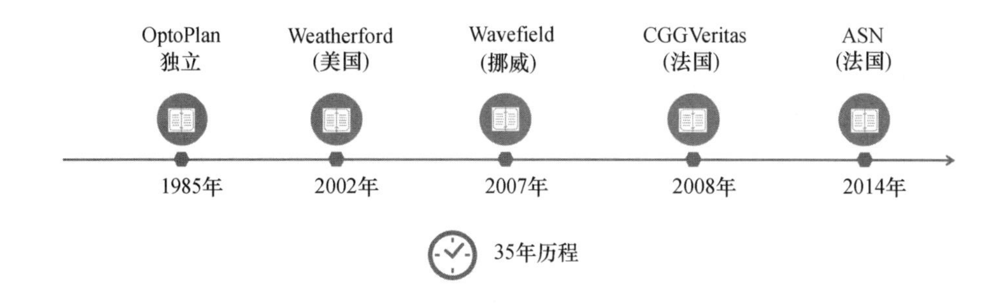

图 9.1　挪威 OBC 研发团队发展历史

设计研制超大规模永久式海底光纤光栅地震波监测阵列完成了大量的技术积累。

2007 年，Wavefield Inseis 与 Weatherford 签订了一项协议，将 OptoPlan 公司最核心的 4D 海底油气保有量监测系统专利“Optowave”商业化。商业化阶段结束后，OptoPlan 公司成为 Wavefield Inseis 的子公司。Wavefield Inseis 是一家挪威公司，于 2007—2009 年之间运营，提供全球海洋地球物理服务。到 2008 年，该公司总共运营了 6 艘地球物理勘测船，并可以提供 2D、3D、4D、多方位角的服务。

2008 年底，Wavefield Inseis 被 CGGVeritas 收购，OptoPlan 团队被并入 CGGVeritas 的子公司 Sercel。CGGVeritas（后改名为 CGG）是以法国公司为基础的地球物理服务公司，成立于 1931 年，核心能力为 3D/4D 数据处理能力方面，要为全球石油和天然气行业的客户提供地质、地球物理和储层能力。CGG 的公司 Sercel 目前还在运营，主要提供基于 MEMS 的传感器产品。凭借 CGGVeritas 集团全球领先的海底地层 3D/4D 数据处理能力，以及多年的光纤光栅传感技术积累，2008 年，OptoPlan 与美国油气勘探的跨国集团 ConocoPhillips 签署了世界首个超大规模永久式全光学地震波检测系统建设合同。

2014 年底，阿尔卡特子公司 ASN（Alcatel - Lucent Submarine Networks）从 CGG 子公司 Sercel 全资收购 OptoPlan。ASN 是一家法国公司，自 2016 年以来，隶属于芬兰诺基亚集团，是海底电缆生产和敷设领域的全球领导者之一。ASN 具备设计、制造、安装和维护海底电缆及相关设备的能力，并拥有数量庞大的工程船只。截至目前，ASN 已在全球海底铺设超过 590 000 km 电缆，对超过 300 000 km 的电缆进行了维护，调试了光纤系统 200 余个。2015 年至今，OptoPlan 作为 ASN 在挪威的研究与开发（R&D）中心，依然从事基于光纤光栅水听器矢量地震波检测阵列的设计、研制与生产业务。

9.1.2　OBC 实际海上部署案例历史与现状

自 2004 年开始，OptoPlan 与挪威国有跨国能源公司 Statoil（后改名为 Equinor）启动了为期两年的光纤传感研究计划，合作研制永久式 OBC 系统。从随后披露的相关论文及专利文献可以确定，OptoPlan 团队选择了湿端光路结构极简，但调制解调系统相对复杂的干涉型光纤光栅矢量传感结构，并沿用至今，其 4C 结构中含有 3 个加速度计、1 个水听器和 1 个参考分量。

2006 年，在先后攻克了偏振诱导信号衰落、时分串扰、大规模时分 - 波分复用等关键技术瓶颈后，OptoPlan 团队在挪威沿岸特隆赫姆港和杰尔德贝霍登完成了小规模高性能 OBC 组件的海上部署安装及性能测试试验。试验共掩埋布放传感光缆 10 km，每套光缆含有 14 个 4C 传感器基站，掩埋深度 1 m，测试系统连续工作 6 个月。

2007 年初，OptoPlan 与挪威国家石油公司签署了一项合同，在北海的 Snorre 油田进行永久监测试验安装。2008 年末完成了测试系统实际安装试验，在北海布放了长约 10 km、含有 200 个 4C 探头的海底地震光缆系统。

2008 年，OptoPlan 公司的 Optowave 光纤光栅式油井永久监测阵列在与另外 5 家供应商同类型产品的竞争中脱颖而出，成功获得 ConocoPhillips 石油公司在 Ekofisk 油田的永久式储量检测系统建设合同。竞标过程中，其中 3 家系统供应商提供了包含微电子机械 MEMS 技术在内的传统式“有源式”（需电缆供电）解决方案，另外 3 家提出了包含基于光纤光栅与基于耦合器迈克尔逊干涉结构的“被动”式全光传感方案。从后续报道披露得知，极简且无源的“湿端”传感阵列架构及其带来的高可靠性及耐久性，是 Optowave 系统赢得合同的关键因素之一。2010 年底，OptoPlan 在 Ekofisk 油田的永久式检测系统安装调试完成，并交付使用。整套系统光纤总长度达到 350 km，共包含 200 km 传感光缆，内置 3 966 个 4C 传感基站（15 864 个传感单元），设计寿命 15 ~ 25 年。传感光缆间距 300 m，传感器基站间距 50 m，掩埋深度 1.5 m，覆盖区域达到 60 km^2。至 2019 年底，在 17 次储量调查采集周期后（每采集周期工作 30 ~ 70 d），该系统 98.8% 的传感基站工作正常，这充分说明 Optowave 系统具有极高的可靠性与耐久性。部署在 Ekofisk 油田的这套系统成为最成功的光纤光栅水听器岸基阵系统，也为 OptoPlan 公司带来了巨大的声誉。

2018 年，OptoPlan 公司分别在 1 月及 10 月与挪威能源公司 Equinor 签署合同，分两阶段为挪威北海的 Johan Sverdrup 油田建设安装超大规模永久式储层监测系统。这一项目分为两期建设：第一期约 6 500 个水下 4C 节点，覆盖范围约 120 km^2；第二期约 3 800 个 4C 传感基站，覆盖海域 80 km^2。2019 年 11 月，OptoPlan 宣布 Johan Sverdrup 第一阶段大规模永久式储层监测系统已安装成功并交付使用，第二阶段工程将于 2022 年第四季度交付使用。该系统建设完成后，将包含 600 km 传感光缆，10 300 个 4C 传感基站，覆盖海域 200 km^2，是继 Ekofisk 油田之后公开的世界最大规模全光海底传感系统。

2018 年 8 月，OptoPlan 公司与 Equinor 再次签署合同，为巴伦支海（Barents Sea）Johan Castberg 油田建设安装大规模永久式储层监测 PRM 系统，原计划于 2022 年交付使用。该系统建设完成后，将包含 200 km 传感光缆，3 700 个 4C 传感基站，覆盖海域 60 km^2（图 9.2）。目前尚未发布相关系统交付情况。

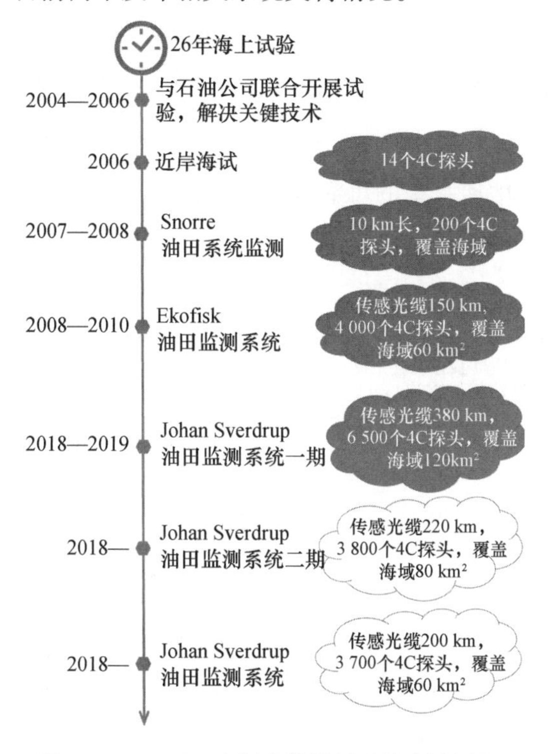

图 9.2　OptoPlan 实际安装部署系统发展历程

OptoPlan 团队能够承担多个海上实际工程安装布放任务的背后，除了完善先进的技术支撑外，设备和制作工艺也是不可缺少的能力。2009 年，团队在邀请报告中公布了部分制造工艺的细节。

9.1.3　挪威 OBC 岸基阵系统关键技术分析

9.1.3.1　基元技术

OBC 光纤光栅传感探头为矢量结构，每个传感探头由 1 个参考传感器、3 个加速度计和 1 个声压水听器构成，一般称为 4C 探头。每个 4C 传感探头包括在 1 根光纤上刻制的 6 个等波长的光纤光栅，这 6 个等波长光纤光栅构成 5 个光纤光栅 - FP 腔，如本书第 1 章图 1.4 所示。4C 结构的问询技术同样是采用一对特定时延间隔的激光脉冲，通过对不同时刻反射的光脉冲混频后产生干涉，且干涉的相位差为对应的两个光栅之间光纤的相位，与本书第 1 章中所述光纤栅水听器的内涵完全一致。正因为如此，尽管并非明确针对水下目标探测的光纤光栅水听器，OBC 系统的技术发展和实际水下部署与长期使用仍得到光纤光栅水听器领域的广泛关注。

4C 结构中的 5 个光纤光栅 - FP 腔中，3 个在封装时设计为轴向正交（x，y 和 z）的加速度计，1 个设计为标量声压传感器，还有 1 个作为参考干涉仪。加速度计用于将振动转换为光纤的压力振动，声压传感器用于感知声压信号，参考干涉仪用于减小一般的共模噪声和降低多普勒频移引起的传输缆噪声。由于采用了光纤光栅结构，具有无光纤耦合器、无复杂的波分复用器件、传感基元之间的熔接点最少、系统小型化和允许压力平衡传感器组设计来增加系统的可靠性等优点。图 9.3 为专利中公布的内部缠绕结构。本书第 1 章中图 1.5 所示为早期公开报道的 4C 实物图。

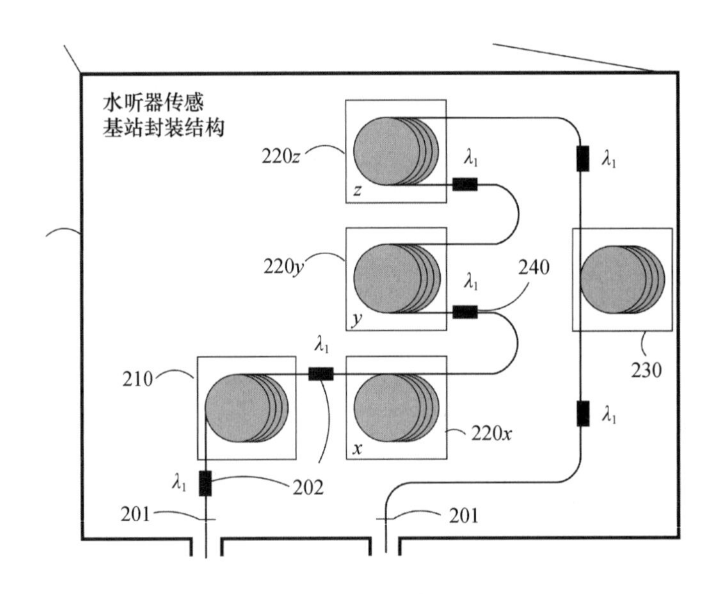

图 9.3　光纤光栅水听器探头光学结构、封装结构（Arne Berg，Kattern et al.，2009）

9.1.3.2　复用结构分析

OBC 阵列的主缆采用波分复用和空分复用相结合的技术。在每个 4C 结构内部不同通道之间为时分复用，在本书第 1 章图 1.4 中已经给出示意结构。基本复用原理与本书第 2 章所述一致。对水下光纤光栅对发射一对脉冲，脉冲对的时间间隔与两个光栅之间光纤往返传输一次的时间延迟完全一致，这样，第一个光栅反射回来的尾脉冲会与第一个光栅反射回来的首脉冲在时间上完全重合，从而发生干涉，干涉结果由两个光纤光栅中间光纤的相位决定。每个水下 OBC 矢量节点内为一个 5 重时分复用结构，5 重时分干涉的示意如图 9.4 所示。

不同的时分复用结构再结合不同的工作波长构成时分波分混合复用结构，展开结构的示意如图 9.5 所示。

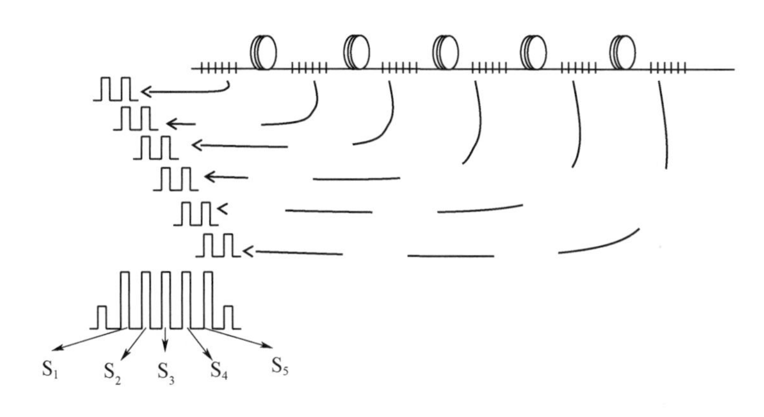

图9.4 时分复用结构问询原理示意

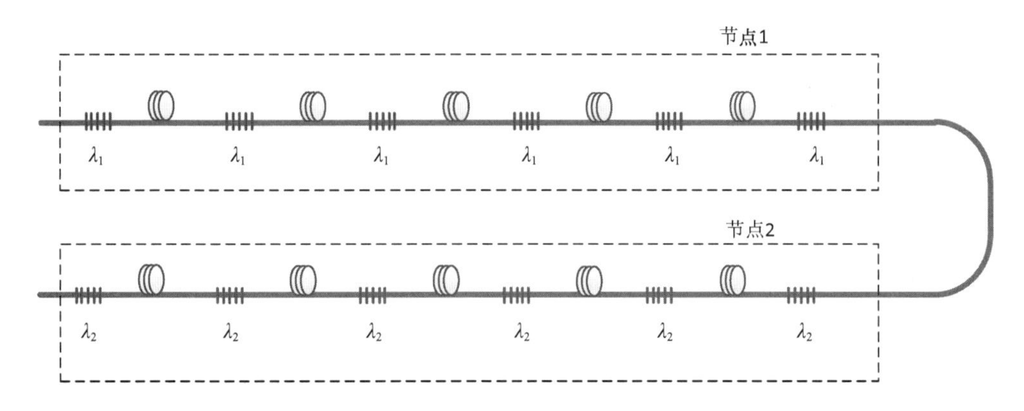

图9.5 时分波分混合复用结构示意

按照C波段可容纳8波长计，部署在Ekofisk油田的地震波监测系统水下共有4 000个节点，24条主传感缆，则每根缆内至少需要42根光纤支撑。若以现代海缆64芯光纤通用设计估算，按照8波长计，目前OptoPlan团队的技术可以最大支撑每条传感缆不少于192个节点的复用能力，Johan Sverdrup油田的规划可用54条传感缆实现。这一复用结构显示了光纤光栅技术体制在水下大规模组阵上的巨大优势。

OBC地震波监测系统采用这种复用结构的优势在于，波长相同的光栅全部封装在同一个4C结构内，在实际布放中处于水下同一个位置，受到的温度压力变化完全相同，从而有效地避免了环境对于光栅反射谱的影响，特别是同一时分复用结构中不同位置处光栅漂移量各不相同而导致的系统失效问题。

9.1.3.3 关键调制解调技术

OptoPlan团队在公开报道中以Ekofisk油田地震波检测系统为例，介绍了光纤光栅传感系统的调制解调系统结构，如图9.6所示。

采用n个波长的激光器（Laser source），通过波分复用模块（Mux）将所有波长耦

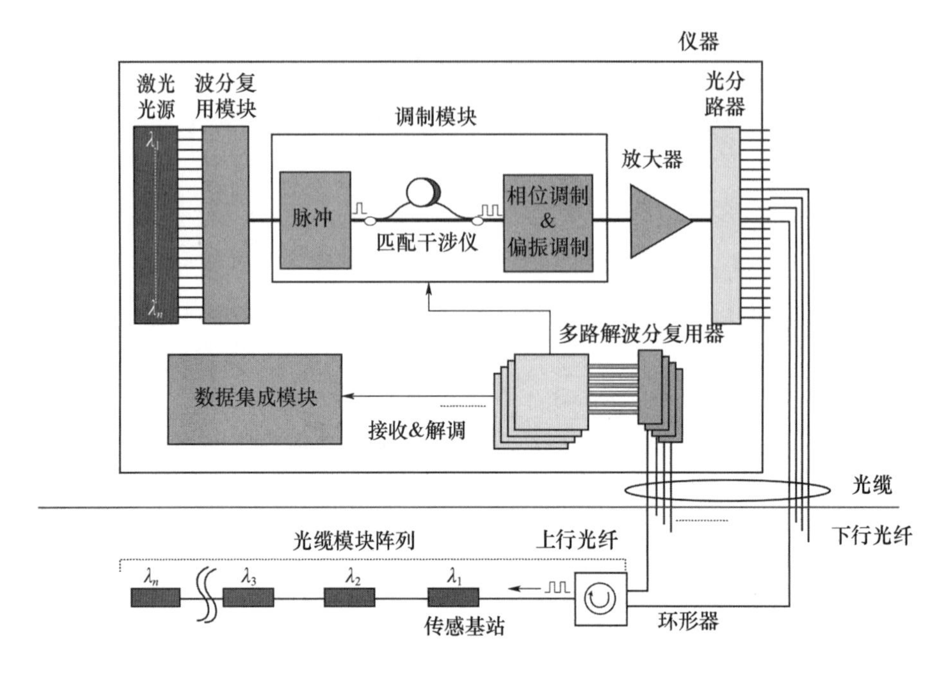

图 9.6　OBC 调制解调系统结构（Hide Nakstad et al.，2008）

合进一根光纤，然后调制成脉冲（Pulser，通常式声光调制器）后经过 CIF 变成脉冲对，之后完成相位调制和偏振调制（Ph & Pol Mod），再经过放大（Booster）后分成多束（$1 \times N$ Splitter）后在水下经过环形器（Circulator）注入到传感阵列中，返回光通过环形器经另一根光纤返回（上、下行分开），返回光经过解波分复用（n-channel Demux）后完成光电转换接收和解调。

（1）偏振诱导信号衰落抑制技术

针对偏振诱导信号衰落抑制技术，OBC 的地震波监测阵列采用偏振切换技术。偏振切换技术的基础原理如本书第 5 章所述，其核心器件为偏振切换器，在图 9.6 中已有体现。

OptoPlan 团队在 2006 年所申请的专利 Method and apparatus for providing polarization insensitive signal processing（US Patent 7081959 ）中对所采用的偏振切换方法进行了详细报道，包括其基本原理、技术实现手段等。偏振切换的基本原理与本书第 5 章所述基本一致，主要原理还是充分利用了光纤传输矩阵为酉正矩阵的特性，通过获得 4 路相互正交的偏振干涉结果，通过信号合成来消除双折射所导致的偏振扰动影响。

令第一个和第二个问询脉冲偏振态的琼斯矢量描述分别为

$$\boldsymbol{E}_0(n)=\begin{bmatrix}E_{0x}(n)\\E_{0y}(n)\end{bmatrix} \tag{9.1}$$

$$\boldsymbol{E}_1(n)=\begin{bmatrix}E_{1x}(n)\\E_{1y}(n)\end{bmatrix}\exp[-\mathrm{j}\Delta\varphi(n)] \tag{9.2}$$

相位调制器对第二个脉冲进行 $\Delta\varphi(n)$ 的相位调制，每经过一个声光调制周期 n 增加1。经过传输后参考光路和传感光路的脉冲的偏振态分别由$E_r(n)$ 和$E_s(n)$ 表示

$$\boldsymbol{E}_r(n)=\boldsymbol{B}_u\boldsymbol{B}_d\boldsymbol{E}_1(n) \tag{9.3}$$

$$\boldsymbol{E}_s(n)=\boldsymbol{B}_u\mathfrak{R}_s\boldsymbol{B}_d\boldsymbol{E}_0(n) \tag{9.4}$$

式(9.3)和式(9.4)中，$\boldsymbol{B}_d$表示从光源到水听器基元的下行引导光纤的琼斯矩阵描述，$\boldsymbol{B}_u$表示从水听器基元到探测器的上行引导光纤的琼斯矩阵描述，$\mathfrak{R}_s$为水听器的琼斯矩阵。响应琼斯矩阵定义为$\mathfrak{R}=B_d^{\dagger}B_u^{\dagger}B_u\mathfrak{R}_sB_d$，$E_r(n)$ 和$E_s(n)$ 的干涉交流项可表示为

$$\begin{aligned}I(n)&=2Re[E_r^{\dagger}(n)^*E_s(n)]=2Re[E_1^{\dagger}(n)B_d^{\dagger}B_u^{\dagger}B_u\mathfrak{R}_sB_dE_0(n)]\\&=2Re[E_1^{\dagger}(n)\mathfrak{R}E_0(n)]\\&=2Re\{[\mathcal{R}_{xx}E_{1x}^*(n)E_{0x}(n)+\mathcal{R}_{xy}E_{1x}^*(n)E_{0y}(n)\\&\quad+\mathcal{R}_{yx}E_{1y}^*(n)E_{0x}(n)+\mathcal{R}_{yy}E_{1y}^*(n)E_{0y}(n)]\exp(\mathrm{j}\omega nT_r)\}\end{aligned} \tag{9.5}$$

式(9.5) 中 † 表示共轭转置矩阵操作，而$\mathcal{R}_{xx}$、$\mathcal{R}_{xy}$、$\mathcal{R}_{yx}$和$\mathcal{R}_{yy}$为矩阵$\mathfrak{R}$ 的4个矩阵元，即$\mathfrak{R}=\begin{bmatrix}\mathcal{R}_{xx} & \mathcal{R}_{xy}\\ \mathcal{R}_{yx} & \mathcal{R}_{yy}\end{bmatrix}$。在这一系列脉冲对中具有相同偏振态的所有脉冲对定义为一个偏振通道，这4个通道标记为 xx、xy、yx 和 yy。在每个偏振通道中，通过控制$E_0(n)$ 和$E_1(n)$，使得干涉结果中只有一个干涉项$\mathcal{R}_{xx}E_{1x}^*(n)E_{0x}(n)$，$\mathcal{R}_{yx}E_{1y}^*(n)E_{0x}(n)$，$\mathcal{R}_{xy}E_{1x}^*(n)E_{0y}(n)$ 或$\mathcal{R}_{yy}E_{1y}^*(n)E_{0y}(n)$ 不为0，即可以对光源的偏振进行调制来得到$\mathfrak{R}$ 的4个矩阵元。在问询琼斯矩阵$E_0(n)$ 和$E_1(n)$ 已知的情况下，可以通过4次独立的测量得到4个干涉项$\mathcal{R}_{xx}E_{1x}^*(n)E_{0x}(n)$、$\mathcal{R}_{xy}E_{1x}^*(n)E_{0y}(n)$、$\mathcal{R}_{yx}E_{1y}^*(n)E_{0x}(n)$ 和$\mathcal{R}_{yy}E_{1y}^*(n)E_{0y}(n)$。

水听器相位定义为R_s行列式的相位的0.5倍，这等于两本征值相位的平均值。响应琼斯矩阵行列式的相位为

$$\begin{aligned}\angle\det\mathfrak{R}&=\angle\det(B_d^{\dagger}B_u^{\dagger}B_u\mathfrak{R}_sB_d)=\angle[(\det B_d)^*(\det B_u)^*(\det B_u)(\det\mathfrak{R}_s)(\det B_d)]\\&=\angle(|\det B_d|^2|\det B_u|^2\det\mathfrak{R}_s)=\angle\det\mathfrak{R}_s\end{aligned} \tag{9.6}$$

式(9.6) 表明响应琼斯矩阵行列式的相位与水听器相位一致，引导光纤的偏振波动不影响传感器的相位，并且通过$\mathfrak{R}$ 的4个矩阵元的测量可以用来计算传感器相位$\varphi_s=0.5\angle\det\mathfrak{R}_s=0.5\angle\det\mathfrak{R}=0.5\angle(\mathcal{R}_{xx}\mathcal{R}_{yy}-\mathcal{R}_{xy}\mathcal{R}_{yx})$，并且传感器相位$\varphi_s$可以独立于引导光纤的偏振波动。

如果问询场强度归一化为1，探测脉冲的干涉强度 $I(n)$ 作为脉冲对经过水听器响应后，4个偏振通道分别表示为

偏振通道 xx：$I_{xx}(m)=2Re[\mathcal{R}_{xx}e^{\mathrm{j}\Delta\varphi(m)}]$，$m=4n$

偏振通道 xy：$I_{xy}(m)\ =2Re\ [\Re_{yx}\mathrm{e}^{\mathrm{j}\Delta\varphi(m)}]$，$m=4n+1$

偏振通道 yy：$I_{yy}(m)\ =2Re\ [\Re_{yy}\mathrm{e}^{\mathrm{j}\Delta\varphi(m)}]$，$m=4n+2$

偏振通道 yx：$I_{yx}(m)\ =2Re\ [\Re_{xy}\mathrm{e}^{\mathrm{j}\Delta\varphi(m)}]$，$m=4n+3$

序列$I_{xx}(m)$ 表示以由负载频率f_c决定的一个频率的谐波变化信号，对于每个负载周期，$I_{xx}(m)$ 的相位和幅度都是相对于产生负载来计算的。结果得到的复数与响应琼斯矩阵的$\Re_{xx}$部分相同，同理，可以在偏振通道 xy、yy 和 yx 中分别测量得到$\Re_{xy}$、$\Re_{yy}$和$\Re_{yx}$。

综上基本原理及硬件实现方法，偏振调制的基本时序如图 9.7 所示。其中，偏振调制的频率为脉冲重复频率的 1/4。2008 年，OptoPlan 团队在公开报道中给出了详细的频率设置，其中问询脉冲重复频率为 816 kHz，偏振调制频率为 204 kHz，外差调制频率为 68 kHz。

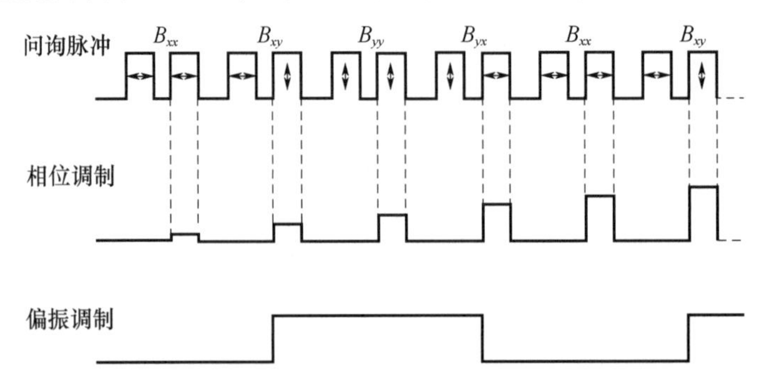

图 9.7 OBC 偏振调制时序（Waagaard et al.，2006）

本书第 5 章的实际案例（5 - 3）所示是公开报道的偏振诱导信号衰落抑制效果，可以明显看出，对于任意一个偏振通道，由于偏振态的随机扰动，干涉信号可见度和解调信号幅度都在大幅度抖动，但是四路合成以后的结果可见度始终保持为将近为 1，解调的信号幅度保持稳定。

（2）时分复用通道串扰抑制技术

针对时分复用串扰技术，OBC 光纤光栅地震波监测阵列采用反转剥层算法。2006 年，OptoPlan 团队在专利 Method and apparatus for reducing crosstalk interference in an inline Fabry - Perot sensor array（US Patent 7113287B2）中对所采用的反转剥层算法进行了详细报道，包括其基本原理、技术实现手段等。反转剥层算法主要根据串扰脉冲的干涉形式已知的特点，通过时域分析的手段来剥除串扰脉冲。

反转剥层算法的主要流程如图 9.8 所示。剥层算法在本书第 7 章已有详细阐述，本身是逆散射算法的一种，基本思路是将光纤光栅水听器时分复用阵列的每一个传感通道当作一个均匀的层。剥层算法要解决的就是从已知的初始条件出发，求出光纤光栅阵列中每一层的特征参量，各层的特征参量包括光纤光栅的反射率和每层的光纤琼斯矩阵。这些特征参量反映的仅仅是各层的特性，而与其他层无关，这样各层拾取的信号就可以单独得到而不再包含串扰。剥层算法在光纤光栅传感阵列的应用是一种全时域的分析方法，其基本思路仍然为从已知初始条件出发，以光场在各层中传递的因果关系为线索，当考察某层时，可以把被考察的层当作第一层，这样就剥除了前面各层的影响，各层的特性就可以从前往后依次推导得到。

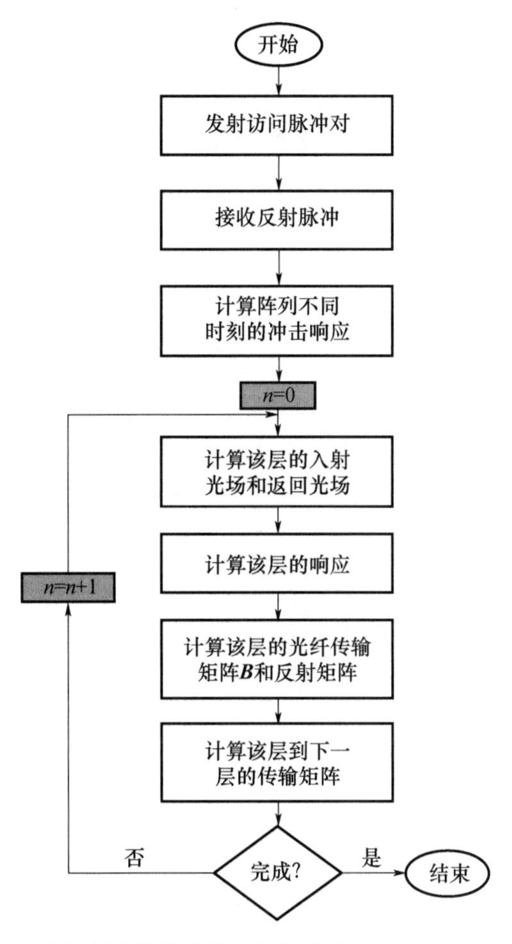

图 9.8　剥层算法抑制串扰噪声实验结构示意图（Waagaard et al.，2008）

OptoPlan 团队在 2008 年报道了单个 4C 站中五路时分复用结构的串扰抑制效果。光栅的反射率设计为 5%。当在第一个探头上施加了 97 Hz 的信号时，通过反转剥层方法，后续 4 个时分通道串扰比没有使用剥层算法降低了 15～20 dB，且低于 -40 dB 的概率达到 97% 以上（见本书第 7 章图 7.9），证明了反转剥层算法的有效性。这一算法是保证系统中采用的光纤光栅反射率可达到 5% 的技术基础。

（3）链路噪声抑制技术

针对链路噪声抑制技术，OBC 光纤光栅阵列尚没有独立的专利来进行系统的阐述。2009 年，OptoPlan 团队在公开报道的文献 Suppression of Cable Induced Noise in an Interferometric Sensor System（Proc. of SPIE Vol. 7503，75034Q）中简单报道了链路噪声的抑

制方法及效果。在这篇报道中，OptoPlan 团队把链路噪声分为多普勒噪声、CIF 光频噪声和链路偏振噪声 3 种。在抑制方法上，用参考探头的方法来抑制多普勒噪声，其他两种噪声由于系统所采用的偏振切换方法本身就具备抑制链路噪声的效果而没有特别关注。同时，对于长程传输，链路光纤中瑞利后向散射所导致的噪声也有提及，主要通过加入相干调制方法在保证激光光频噪声不提高的前提下减小相干长度。

图 9.9 是公开报道的多普勒噪声、偏振噪声和整体抑制效果。实验室条件测量得到的多普勒噪声抑制效果为 22 dB，偏振噪声的抑制效果为 36 dB。整体系统测试中通过综合处理系统的本底噪声在 2 Hz 以下有效抑制了近 30 dB，同时显示出相比于任意一个偏振通道，偏振合成后的链路噪声抑制效果还要低 5 dB 左右。

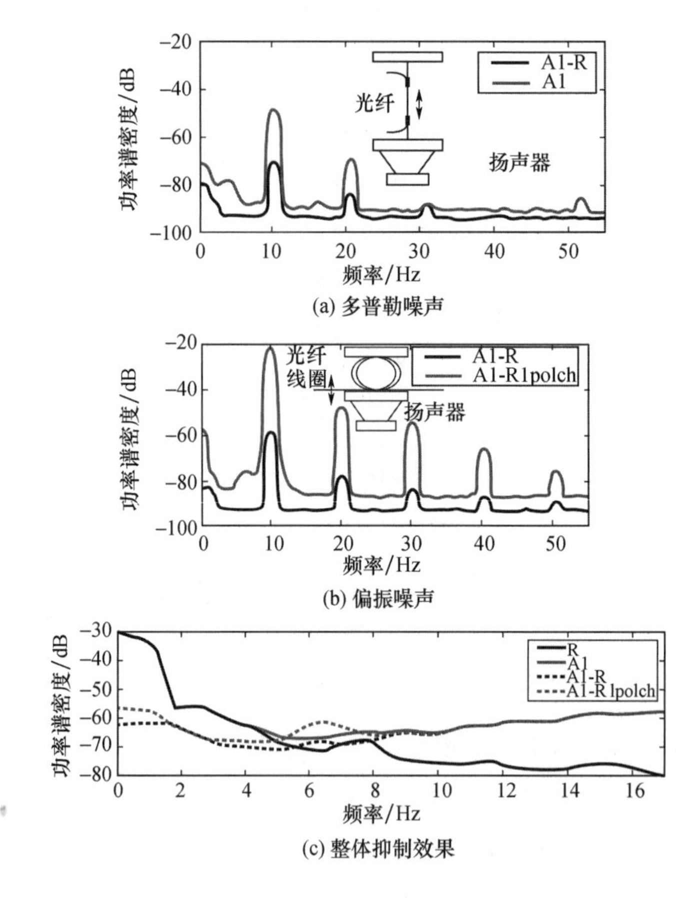

图 9.9　链路噪声抑制效果（Waagaard et al.，2009）

9.1.4　挪威 OBC 光纤光栅传感阵列未来发展评估

综合 9.1 节的内容不难看出，基于光纤光栅的 OBC 地震波监测阵列是目前公开报道的系统中技术成熟度最高的一种，对于本书中所介绍的光纤光栅水听器关键技术基础均已得到良好的解决。经过 26 年的海上应用实践，特别是多个实际海上石油平台永久性测量系统的充分检验，OBC 系统已经成为地震波检测领域中成熟的市场化产品，在海上油气勘探领域的应用越来越成熟。目前的阵列规模量已经超过 10 000 个 4C 结构（60 000 支以上光栅）。按照 C 波段最多可容纳 16 波长、现代海缆 64 芯光纤通用设计，目前 OptoPlan 团队的技术在单条传感缆上具备不少于 16×32 =512 个站位的复用能力。24 条传感缆的阵列规模即可达到上万个。这一复用结构显示了光纤光栅技术体制在水下大规模组阵上无与伦比的优势。无论是从技术分析，还是对其发展状态的调研都可以预计，其未来发展方向为超大规模阵列，同一片海域部署的 4C 传感站位更多，覆盖的范围更加广阔。事实上，当前作为阿尔卡特公司海洋事业部的重要组成部分，基于光纤光栅的地震波监测系统已经作为一套成熟的产品，在世界多个油田中部署安装。其所测得的地震波数据与 CGC 等地震波数据分析中心强强联合，已经成为挪威国家石油部门的重要支撑。

9.2 美国 TB -33 细线拖曳阵

本节系统整理了美国 TB -33 光纤光栅细线拖曳阵的发展历史和现状，包括研究团队的历史与现状，实际试装的发展历程；分析了 TB -33 光纤光栅细线拖曳的解决手段和解决效果，最后对其未来应用做出了评估。

9.2.1 TB -33 光纤光栅细线拖曳阵的发展历史及现状

美国 TB -33 细线拖曳阵是目前唯一公开的准备列装到潜艇上的光纤光栅水听器装备，一直是光纤光栅水听器研究领域的关注焦点。但是由于军事保密原因，能够公开查阅到的文献非常少。TB -33 细线拖曳阵的主体研制单位为美国切萨匹克科学公司(Chesapeake Sciences Corporation)。

在 TB -33 列装之前，美国海军实验室（NRL）展开了关于匹配干涉型光纤光栅系统的基础技术研究。1990 年，Morey 首次提出光纤光栅对构成的 FP 干涉仪的构想，并于 1991 年采用两个反射率为 95.5% 的光纤光栅构成腔长为 10 cm 的 FP 腔，系统结构如本书第 1 章图 1.3 所示。对干涉型光纤光栅 -FP 传感系统的时分复用能力进行了研究，分析了光纤光栅间多次反射光对传感系统的影响，测量谐振腔透射光谱带宽为 15 MHz，指出光纤光栅 -FP 腔的窄线宽特性可以提高传感灵敏度。2006 年，Cranch 等对光纤光栅 -FP 传感系统的偏振特性进行了研究，指出引导光纤对外界扰动的敏感性会使传感系统的干涉条纹可见度下降，从而使传感性能退化。他们利用琼斯矩阵和邦加球描述系统的偏振特性，推导了干涉条纹可见度函数表达式，并与实验结果进行验证。同类关于匹配干涉型光纤光栅传感技术报道较多，但不确定这些技术是否用于直接支撑 TB－33 细线拖曳阵的研发。

2006 年，在切萨匹克科学公司官网上公布，美国海军向切萨皮克科学公司订购了两套 TB－33 光纤光栅细线拖曳阵声呐系统。该阵列采用光纤光栅构成法布里－珀罗传感腔，仅用 4 个光源就可以实现上百基元的复用，这种结构可以实现阵列中光学器件的最小化，减小阵列直径，同时采用较厚的外部保护套管，提高阵列可靠性。

2007 年，Kirkendall 等在 2007 NRL Review 上发表了题为《Fiber Optic Towed Arrays》的文章，对 TB－33 的技术细节进行了简单披露。TB－33 由海军水下作战中心（Naval Undersea Warfare Center，NUWC）、切萨皮克科学公司（Chesapeake Sciences Corporation）、通用公司（General Dynamics）和美国海军实验室联合研制，其中美国海军实验室在设计水听器结构、解调系统和复用方式等方面起主要作用。

从目前可查阅到的资料来看，TB－33 主要用于替代现有的 TB－29 系列细线阵，与 TB－16 粗线阵（更新型号为 TB－34 矢量拖曳阵）搭配使用，装备于潜艇，如图 9.10 所示。目前，TB－33 主要用于装备“洛杉矶”（SSN－688 和 SSN－688I）和“弗吉尼亚”（SSN－774）级攻击型核潜艇。在收放系统配置上，TB－33 设计为与 TB－29 兼容，采用 OA－9070A（“洛杉矶”）和 OA－9070E（“弗吉尼亚”），部署在潜艇尾部主压载水舱。潜艇壁上的槽缆、穿孔及光电滑环等部位同样要求兼容 TB－29 的设计。在系统应用上，TB－33作为 AN/BQQ5E 声呐的拖曳阵段，与 MK2 控制系统一起配合形成 QE－2 系统。

图 9.10 “弗吉尼亚”级潜艇与拖曳阵相兼容的舷侧面板（共 6 组，Dandridge，2019）

2019 年，美国海军实验室的 Dandridge 在《Fiber Optic at Sea》一文中指出，TB－33 目前已在切萨皮克科学公司进入预生产阶段，预计很快将大批量装备于潜艇上。

9.2.2　TB－33 光纤光栅细线拖曳阵关键技术分析

9.2.2.1　基元技术分析

TB－33 为标量式声压水听器，探头光学结构非常简单，如本书第 1 章图 1.1 所示。探头设计的核心理念是最小化水听器探测的直径，从而为拖缆尺寸受限情况下将拖曳缆外壁至水听器距离最大化，这对降低拖线阵的流噪声至关重要。此外，为提高等效噪声压指标，需要将基元灵敏度尽可能提高，而基元灵敏度的提高往往是以牺牲耐高压特性为代价的（灵敏度越高，缠绕水听器探头的外壁越薄弹性越好，高压下变形甚至损伤的概率越大）。

图 9.11 是试验筛选阶段公开报道的 TB－33 探头筛选实验，最终确定的探头结构为图中的第二个，直径约 10 mm。最终进入预生产阶段的探头结构为芯轴型标量探头结构。

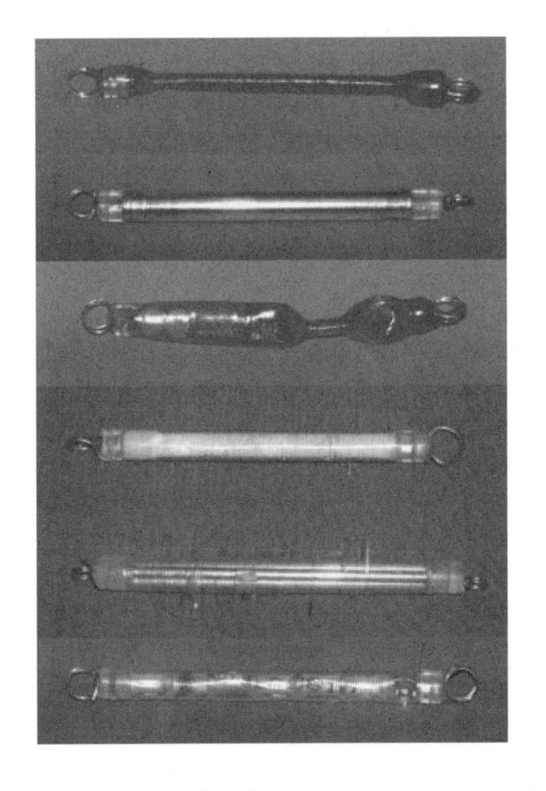

图 9.11　TB－33 探头结构图（Kirkendall et al.，2007）

实验测试了 24 个水听器在静态情况下在 10～1 000 Hz 频率范围的响应波动，小于

0.2 dB（图9.12）。84个水听器探头在拖曳状态下响应的一致性如彩图6所示，响应一致性良好。

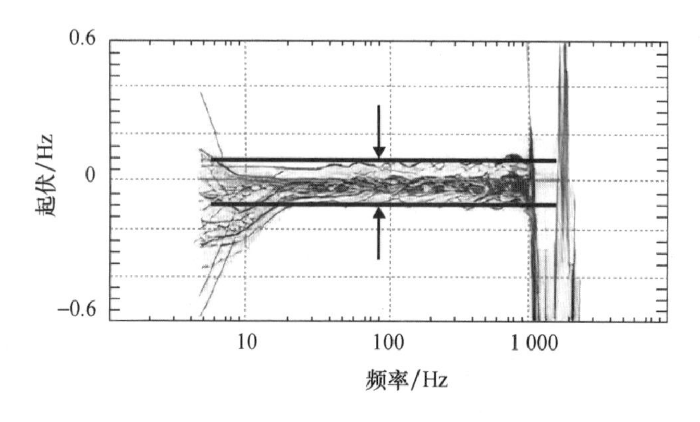

图9.12 24个水听器在静态情况下的频率响应波动（Kirkendall et al.，2007）

9.2.2.2 调制解调技术分析

1）偏振诱导信号衰落抑制技术

针对偏振诱导信号衰落抑制技术，目前并没有明确的文献确认TB－33使用的是何种技术。2019年7月，NRL研究光纤水听器的著名专家A. Dandridge发表了《Fiber Optic at Sea》一文，文中对光纤水听器的发展历史和现状进行了回顾，在提到拖曳阵中的偏振诱导信号衰落问题时，明确提出偏振分集是目前应用得最为广泛的一种。同时结合对其阵列结构的分析及国内相关研究者的推测，我们认为TB－33光纤光栅拖曳阵采用的是偏振分集接收技术。

偏振分集技术的基础原理如本书第5章5.2.3节所述，其核心器件为偏振分集接收器。通过在接收端采用不同夹角的检偏器对信号进行检偏并采用一定的算法来消除被检信号的偏振衰落问题。一般采用3个互成60°角的检偏器检偏再选择可见度最好的一路进行解调，这样总能从其中拾取到一个不为0的可见度，完全衰落将不会发生。由于对每一帧信号需要在3路中选取可见度最好的一路进行解调，当前两帧选取用于解调的信号不是同一路时，这种方法将不可避免地导致信号不连续问题。将3路偏振分集信号通过组合，如平方相加等算法，可解决信号不连续问题。

2）时分复用通道串扰抑制技术

TB－33光纤光栅拖曳阵采用了2重时分结构，这在很大程度上降低了抑制系统时分复用串扰的难度。如本书第7章7.2节中对时分复用串扰技术瓶颈的成因中所进行的分析；时分复用容量越大，串扰越大，且在位置上越往后的基元，其串扰越高、串扰干涉项中不同基元相位耦合越复杂、抑制越困难；光栅的反射率越高，串扰量越大。2重构时分串扰抑制的压力主要集中在第二个基元上，但处理非常容易。

当光栅的反射率在 1% 以下时，第二重时分结构串扰量本身就在 -40 dB 以下，已经可以满足拖曳阵对时分复用串扰的要求。即便是光栅反射率达到 5% 时，由于第二个基元的串扰形式非常简单，如下列公式表示：

$$I_I(t) = I_1 r_0^2 + I_0 t_0^4 r_1^2 + 2\sqrt{I_0 I_1}\, t_0^2 r^0 r^1 \cos(\varphi_1)$$

$$I_2(t) = I_1 t_0^4 r_1^2 + I_0 t_0^4 t_1^4 r_2^2 + 2\sqrt{I_0 I_1}\, t_0^4 t_1^2 r^2 r^1 \cos(\varphi_2) + I_1 t_0^4 r_1^2 + I_0 t_0^4 r_1^4 r_0^2 + 2\sqrt{I_0 I_1}\, t_0^4 r_1^3 r^0 \cos(\varphi_1)$$

可以看出，对于第二个时分复用基元而言，串扰脉冲的干涉形式与第一个基元的主干涉完全一致，在光栅参数已知的情况下，可以通过简单的运算消除掉，这也是剥层算法在 2 重构时分复用结构中不考虑偏振态变化的简单形式。

从查阅到的公开文献及特殊渠道获取情报资料综合分析来看，美国海军实验室相关研究者未提及过时分复用串扰抑制相关的技术报道。从 2 重时分复用结构的功率预算分配来看，采用 1% 左右的光栅反射率也完全足够，因此，我们推断在 TB -33 系统中，时分复用串扰抑制技术由于采用光栅反射率相对较低、时分复用串扰数量少，未做特殊的技术处理。

3）链路噪声抑制技术

由于针对拖曳阵应用，链路噪声的影响更为严重，特别是拖缆作为链路中的一个主要光传输环节，在拖曳阵列应用中拖缆的抖动会带来巨大的噪声。在 TB -33 光纤光栅水听器中，链路特别是在拖曳状态下所导致的噪声是重要的技术内容之一。从调研资料来看，TB -33 光纤光栅在链路噪声的抑制上主要进行了 3 个方面的工作。

（1）增加匹配干涉仪的数量

从理论上分析而言，匹配干涉仪两臂的相位差视为恒定值，并且声明通过将匹配干涉仪进行良好的屏蔽可以有效地降低发生干涉的两束光在匹配干涉仪两臂中传输时的相位差抖动，但是在拖曳阵应用中，由于匹配干涉仪也位于运动平台上，TB -33 光纤光栅拖曳阵仍将降低匹配干涉仪的噪声作为要考虑的技术内容之一。

匹配干涉仪所导致的系统噪声主要体现在两个方面：一是光纤内分子运动所导致的极限热噪声；二是用于问询多个工作在不同时间、空间和波长上探头的激光脉冲在同一个匹配干涉仪内传输时，相互影响（混频），同时与各种背向散射回来的激光相互影响（混频与干涉），最终由于激光光源质量下降导致系统噪声增加，在相关报道中将此称为相干噪声。

为了解决这一问题，TB -33 光纤光栅水听器的处理方法是增加匹配干涉仪的数量。理论上来讲，所有光纤光栅水听器基元的问询脉冲对可通过一个匹配干涉仪产生，但是为了降低匹配干涉仪的相干噪声，TB－33 光纤光栅水听器系统将匹配干涉仪的数量由 1 个增加到 8 个。与其复用结构对比，初步可预测出 4 路空分复用结构所使用的匹配干涉仪相互独立，但其余 2 重独立匹配干涉仪是模块之间相互独立还是波长之间相互独立目前尚未有明确的资料。

（2）匹配干涉仪移向湿端

匹配干涉仪与光纤光栅 FP 腔之间的传输链路抖动所导致的偏振及多普勒噪声是 TB－33 链路噪声抑制的重点。公开报道的文献显示，与上一项相干噪声相比，链路随机抖动所导致的噪声水平要高出 60 dB 以上。

TB－33 光纤光栅解决链路抖动噪声的主要做法是将匹配干涉仪移向水下，最大程度地降低链路的长度。由于 TB－33 采用偏振分集方案在匹配干涉仪之后不需要增加额外的调制器件，且 TB－33 本身就含有电学传感器采用光纤混合传输缆，匹配干涉仪本身需要施加的调制信号可通过电缆送至水下，这些设计方案为将匹配干涉仪从拖曳平台移向湿端提供了可能。公开的报道显示，TB－33 采用这一技术手段，将链路噪声降低了约 30 dB。

（3）链路伺服反馈系统

链路伺服反馈系统主要用来消除链路中明显的扰动。图 9.13 是公开报道的 TB－33 链路伺服反馈系统实物及抑制效果图，对链路噪声的抑制效果达到 30 dB。

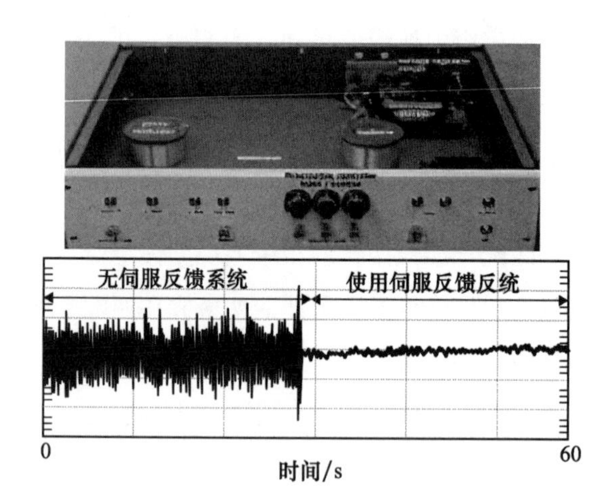

图 9.13　链路噪声伺服反馈抑制系统（Kirkendall et al.，2007）

除了上述 3 种直接抑制噪声的手段外，考虑到噪声对系统的影响与水听器的灵敏度相关，水听器灵敏度越高，可以容忍的本底噪声越高。TB－33 将对光纤光栅水听器灵敏度的提高也作为抑制噪声的技术手段之一。公开报道显示，为了实现这一技术目标，NRL 提出了将水听器探头灵敏度进一步提高 6 dB 的指标要求。由于探头灵敏度的提高往往是以牺牲耐高压特性为代价的，为此不得不对探头进行了新一轮耐测试筛选。

通过几种手段并用，TB－33 由于链路问题所导致的系统本底噪声被抑制了共约 70 dB。

9.2.3 TB－33 光纤光栅细线拖曳阵未来发展评估

TB－33 作为拟列装到潜艇上的拖曳声呐装备，从出现公开报道至今已有十几年的历史。我们注意到，在 2019 年 7 月 NRL 研究光纤水听器的著名专家 Dandridge 发表的《Fiber Optic at Sea》一文中有这样一段话："由 Chesapeake 公司已完成预生产的最先进的光纤拖曳式阵列（称为 TB－33 拖曳式阵列），使用预先写入光纤的布拉格光栅作为反射元器件来构造水声传感单元，并实现远距离传感功能。"根据这一结论，可以推断出目前 TB－33 光纤光栅细线拖曳阵尚未完全服役，但根据实际应用需求在不断地引进新技术，同时也被认为是最先进的光纤水听器拖曳阵形式。原定要替代的 TB－29 系列目前也仍有相关应用报道，表明装备的升级尚未完全完成。预计在未来 10 年内，TB－33 光纤光栅细线拖曳阵将会成为美国潜艇细线拖曳阵的主要装备。

同时，我们也注意到，美国在发展 TB－33 的同时也启动了 TB－34 计划。TB－34 以粗线阵形式用于替代原有的 TB－16 粗线拖曳阵。TB－34 的承研商仍是 Chesapeake Sciences Corporation。鉴于 TB－33 的成功研制，TB－34 采用了光学矢量结构，相关技术细节值得关注。综合考虑 TB－33 技术特点和光栅矢量结构发展趋势，研制光纤光栅矢量拖曳阵不失为一种很好的技术方案。同时，我们也注意到，2019 年美国国防部和海军重点投资了拖曳阵环境监测系统、TB－37、TB－34 隔振段研制等项目，表明美国的拖曳阵列研究一直在不断发展，相关动态值得国内相关学者及装备研究部门关注和跟踪整理。

9.3 本章小结

本章系统整理了挪威 OBC 系统和美国 TB－33 光纤光栅细线拖曳阵两套光纤光栅水听器应用案例的发展历史、现状、关键技术解决情况及未来发展评估。挪威 OBC 系统已经进入实用化阶段，单基元为 5C 结构的矢量水听器，包括 3 个轴向的加速度传感器、1 个声压水听器和 1 个参考通道，采用外差调制解调技术解决随机相位衰落问题，采用偏振切换解决偏振诱导信号衰落问题，采用剥层算法解决时分通道串扰问题，采用综合调制手段抑制传输链路的噪声干扰。美国 TB－33 细线拖曳阵目前正处于试装阶段，为标量声压水听器，采用外差调制解调技术解决随机相位衰落问题，采用偏振分集解决偏振诱导信号衰落问题。这两个典型的应用案例为光纤光栅水听器的发展和实际使用提供了良好的借鉴。

主要参考文献

柏林厚，廖延彪，张敏，等，2009. 干涉型光纤传感器相位生成载波解调方法改进与研究［J］. 光子学报，34（9）：1 324 – 1 327.

蔡冰涛，景翠萍，舒鹏，等，2019. 非平衡式光纤水听器拖曳阵列拖缆抖动噪声抑制［J］. 光纤与电缆及其应用技术，2：33 – 36.

蔡冰涛，牟志修，陈小宝，2018. 实时偏振切换的光纤光栅水听器阵列信号解调［J］. 光纤与电缆及其应用技术，3：33 – 37.

曹家年，李旭友，王照霞，等，2001. 采用频分多路复用方案的干涉型光纤水听器阵列研究［J］. 声学学报，26（3）：222 – 226.

曹家年，张立昆，李绪友，等，1999. 干涉型光纤水听器相位载波调制及解调方案研究［J］. 光学学报，19（11）：1 536 – 1 540.

曹家年，张立昆，等，2000. 芯轴式干涉型光纤加速度传感器相位灵敏度特性分析［J］. 仪器仪表学报，21（6）：584 – 587.

戴维栋，2017. 基于 FBG – FP 腔的光纤矢量水听器研究［D］. 成都：电子科技大学.

丁桂兰，刘振富，等，2000. 三分量全光纤加速度地震检波器的设计［J］. 光电子激光，13（1）：50 – 52.

丁桂兰，刘振富，等，2002. 顺变柱体型全光纤加速度检波器［J］. 光学学报，22（3）：340 – 343.

董波，张郑海，2016. 美国潜艇拖曳阵声呐技术特点及发展趋势［J］. 舰船科学技术，38（9）：150 – 153.

甘鹏，2017. 光纤光栅时分复用传感系统偏振衰落和串扰同步抑制研究［D］. 长沙：国防科技大学.

高学民，1996. 光纤水听器及阵列的发展概况［J］. 光纤与电缆及其应用技术，1：48 – 53.

郭振，高侃，杨辉，等，2019. 外径 20 mm 的光纤光栅干涉型拖曳水听器阵列［J］. 光学学报，39（11）：84 – 89.

韩泽，1999. 干涉型光纤水听器研究［D］. 长沙：国防科技大学.

胡正良，蒋鹏，马丽娜，等，2016. 利用正交偏振切换抗偏振衰落和抑制偏振噪声［J］. 中国激光，43（9）：8.

黄俊斌，丁朋，唐劲松，2021. 弱反射光纤光栅阵列制备、解调与应用进展［J］. 激光与光电子学进展，58（17）：1－18.

惠俊英，刘宏，等，2000. 声压振速联合信息处理及其物理基础初探［J］. 声学学报，25（4）：303－306.

季家镕，冯莹，2007. 高等光学教程［M］. 北京：科学出版社.

贾志富，1997. 采用双迭片压电敏感元件的声压梯度水听器［J］. 传感器技术，16（1）：22－29.

贾志富，1997. 同振球型声压梯度水听器的研究［J］. 应用声学，16（3）：20－25.

贾志富，2001. 三维同振球型矢量水听器的特性及其结构设计［J］. 应用声学，20（4）：15－20.

姜暖，2013. 用于光纤光栅传感网络的光纤光栅阵列和新型光栅器件研究［D］. 长沙：国防科技大学.

蒋鹏，2016. 光纤光栅水听器阵列抗偏振衰落和串扰抑制技术研究［D］. 长沙：国防科技大学.

李川，张以谟，赵永贵，等，2005. 光纤光栅：原理、技术与传感应用［M］. 北京：科学出版社：1－4.

李风华，郭永刚，吴立新，等，2015. 海底观测网技术进展与发展趋势［J］. 海洋技术，34（3）：33－35.

梁迅，2008. 光纤水听器系统噪声分析及抑制技术研究［D］. 长沙：国防科技大学.

廖延彪，2021. 光纤光学［M］. 北京：清华大学出版社.

林惠祖，2013. 基于匹配干涉的光纤光栅水听器阵列关键技术研究［D］. 长沙：国防科技大学.

刘伯胜，1993. 水声学原理［M］. 哈尔滨：哈尔滨工程大学出版社：16－26.

刘悦，蒋鹏，马丽娜，等，2015. 干涉型光纤传感系统偏振切换技术原理及实验研究［J］. 激光与光电子学进展，12：66－71.

娄英明，王惠文，等，1998. 一种弹性盘光纤加速度传感器的探讨［J］. 光学技术，4：64－66.

陆曼，张自丽，2013. 光纤分布式传感器抗偏振衰落技术研究［J］. 声学与电子工程，4：6－9.

路阳，2011. 基于剥层算法的 Fabry－Perot 腔光纤光栅传感系统时分复用串扰抑制技术［D］. 长沙：国防科技大学.

吕文磊，2009. 压差式光纤矢量水听器基元与测试技术研究［D］. 哈尔滨：哈尔滨工程大学.

吕文磊，庞盟，王利威，等，2010. 基于顺变柱体和膜片复合结构的压差式光纤矢量水听器研究［J］. 光学学报，30（2）：340－346.

罗洪，2006. 光纤水听器［D］. 长沙：国防科技大学.

马丽娜，2010. 光纤激光水听器技术［D］. 长沙：国防科技大学.

倪明，2003. 光纤水听器关键技术研究［D］. 长沙：国防科技大学.

倪明，胡永明，孟洲，等，2005. 数字化 PGC 解调光纤水听器的动态范围［J］. 激光与光电子学进展，42（2）：33－37.

牛嗣亮，2011. 光纤法布里－珀罗水听器技术研究［D］. 长沙：国防科技大学.

饶伟，2012. 光纤矢量水听器海底地层结构高分辨率探测关键技术研究［D］. 长沙：国防科技大学.

尚凡，戚悦，马丽娜，等，2021. 基于干涉型光纤光栅时分复用传感阵列相位噪声研究［J］. 光学学报，41（13）：1－11.

申铉国，张铁强，1993. 光电子学［M］. 北京：兵器工业出版社.

宋章启，2007. Sagnac 光纤水听器阵列关键技术研究［D］. 长沙：国防科技大学.

孙贵青，杨得森，张揽月，等，2003. 基于矢量水听器的最大似然比检测和最大似然方位估计［J］. 声学学报，28（1）：66－72.

孙培懋，刘正飞，1991. 光电技术［M］. 北京：机械工业出版社.

唐波，黄俊斌，顾宏灿，等，2017. 光纤光栅水听器探头封装技术研究进展［J］. 光通信技术，41（1）：45－48.

王付印，2011. 新型组合式光纤矢量水听器研究［D］. 长沙：国防科技大学.

王建飞，王潇，罗洪，等，2012. 基于法拉第旋镜的干涉型光纤传感系统偏振相位噪声特性研究［J］. 物理学报，61（15）：111－120.

王林，何俊，李芳，等，2011. 用于探测极低频信号的光纤传感器相位生成载波解调方法［J］. 中国激光，38（4）：1－7.

王鸣晓，李平雪，许杨涛，等，2022. 啁啾光纤布拉格光栅展宽器的设计与制作［J］. 光学学报，42（7）：1－11.

王伟，2014. 光纤光栅法布里－珀罗传感系统光学增敏技术研究［D］. 长沙：国防科技大学.

王潇，2009. 基于 FRM 的干涉型光纤传感系统偏振噪声研究［D］. 长沙：国防科技大学.

王泽峰，胡永明，孟洲，等，2008. 干涉型光纤水听器相位载波调制－解调中信号混叠产生的机理及解决方案［J］. 光学学报，28（1）：92－98.

谢敬晖，赵达尊，闫吉祥，2005. 物理光学教程［M］. 北京：北京理工大学出版社.

熊水东，2003. 光纤矢量水听器研究［D］. 长沙：国防科技大学.

杨昌，2012. 光纤三维矢量传感器研究［D］. 天津：天津大学.

尤立克，1990. 水声原理［M］. 哈尔滨：哈尔滨船舶工程学院出版社.

于华兵，刘宏，潘悦，等，2000. 小尺度声传感器得指向性锐化技术研究［J］. 声学学报，25（4）：319－322.

张楠，孟洲，饶伟，等，2011. 干涉型光纤水听器数字化外差检测方法动态范围上限研究［J］. 光学学报，31（8）：92－98.

张仁和，倪明，2004. 光纤水听器的原理与应用［J］. 物理，7：503－507.

张振宇，2008. 光纤矢量水听器噪声声场特性分析［D］. 长沙：国防科技大学.

周少玲，2016. 光纤光栅水听器阵列串扰抑制技术［J］. 光纤与电缆及其应用技术，3：26－31.

周效东，周文，1998. 干涉型光纤传感器及阵列的分集检测消偏振衰落技术的研究［J］. 光学学报，18（6）：773－778.

AINSLEIGH P L, GEORGE J D, 1995. Signal modeling in reverberant environments with application to underwater electro－acoustic transducer calibration［J］. JASA, 98: 270－279.

ANTHONY D, 2019. Fiber Optic Interferometric Sensors at Sea［J］. Optics and Photonics News, 30（6）: 34－41.

BROWN DAVID A, 1996. Fiber Optic Accelerometers and Seismometers［J］. American Institute of Physice, 368（1）: 260－273.

BUCARO J A, DARDY H D, CAROME E F, 1977. Fiber－optic hydrophone［J］. The Journal of the Acoustical Society of America, 62（5）: 1 302－1 304.

BUCARO J A, LAGAKOS N, HOUSTON B H, et al., 1996. Large Area Planar Fiber Optic Acelerometers for Measurement of Acoustic Velocity［J］. American Institute of Physics, 368（1）: 274－284.

BUCARO J A, LAGAKOS N, 2001. Lightweight fiber optic microphones and accelerometers [J]. Review of Scientific Instruments, 72 (6): 2 816 -2 821.

CATTA - PRETA FERNANDO, 2016. Northrop Grumman Delivers First Block Ⅳ Light Weight Wide Aperture Array (LWWAA) Submarine Shipset. [EB/OL]. https: // news. northropgrumman. com/news/releases/northrop - grumman - delivers - first - block - iv - light - weight - wide - aperture - array - lwwaa - submarine - shipset.

CAZZANIGA FRANCESCA, 2018. Equinor And Alcatel Submarine Networks Sign Contract For Permanent Reservoir Monitoring On Johan Castberg Field [EB/OL]. https: //web. asn. com/en/press - room/equinor - and - alcatel - submarine - networks - sign - contract - for - permanent - reservoir - monitoring - on - johan - castberg - field. html.

CAZZANIGA FRANCESCA, 2019. ASN Delivers First Phase of Jahan Sverdrup PRM Project [EB/OL]. https: //www. offshore - energy. biz/asn - delivers - first - phase - of - jahan - sverdrup - prm - project/.

CAZZANIGA FRANCESCA, 2019. Alcatel Submarine Networks Announces the Completion of The Johan Sverdrup PRM System (Phase 1) [EB/OL]. https: //web. asn. com/en/press - room/alcatel - submarine - networks - announces - the - completion - of - the - johan - sverdrup - prm - system - phase - 1. html.

CHAN C C, JIN W, WANG D N, 2003. Intrisic crosstalk analysis of a serial TDM FGB sensor array by using a tunable laser [J]. Microwave and Optical Technology Letters, 36 (1): 2 -4.

CHENG LUN K, BRUIJN DICK D E, 1993. A high sensitivity flatted mandrel hydrophone [C]. SPIE Vol. 2070, Fiber Optic and Laser Sensors Ⅺ, 2070: 24 -29.

CHRISTMAS S P, 2000. High - resolution vibration measurements using wavelength - demultiplexed fiber Fabry - Perot sensors [C] //Fourteenth International Conference on Optical Fiber Sensors. International Society for Optics and Photonics, Vol. 4185, id. 41853P.

COLE J H, KIRDENDALL C K, DANDRIDGE A, et al. , 2004. Twenty - five years of interferometeric fiber optic acousitc sensors at Naval Research Laboratory [J]. Journal of the Washington Academy of Sciences, 90 (3): 40 -57.

CONOCOPHILLIPS, 2019. Ekofisk - The Discovery That Transformed. [EB/OL]. https: //www. conocophillips. com/.

COOPER DAVID J F, COROY TRENT, SMITH PETER W E, 2001. Time - division multiplexing of large serial fiber - optic Bragg grating sensor systems [J]. Appl. Opt, 40 (16): 2 643 -2 654.

CRANCH G A, CRICKMORE R, KIRKENDALL C K, et al. , 2004. Acoustic performance of a large - aperture, seabed, fiber - optic hydrophone array [J]. J. Acoust. Soc. Am. , 115 (6): 2 848 -2 858.

CRANCH G A, F G M H, KIRKENDALL C K, 2006. Polarization properties of interferometrically interrogated fiber Bragg grating and tandem - interferometer strain sensors [J]. Journal of Lightwave Technology, 24 (4): 1 787 -1 795.

CRANCH G A, FLOCKHART G M H, KIRKENDALL C K, 2006. Efficient Large - Scale Multiplexing of Fiber Bragg Grating and Fiber Fabry - Pérot Sensors for Structural Health Monitoring Applications [C] //Proc. of SPIE, Vol. 6179, id. 61790P: 1 -12.

CRANCH G A, KIRKENDALL C K, DALEY K, et al. , 2003. Large - scale remotely pumped and interrogated fiber - optic interferometric sensor array [J]. IEEE Photonics Technology Letters, 15 (11): 1 579 -1 581.

CRANCH G A, NASH P J, 2001. Large - scale multiplexing of interferometric fiber - optic sensors using TDM and DWDM [J]. Journal of Lightwave Technology, 19 (5): 687 -699.

CRANCH G A, NASH P J, et al. , 2003. Large - scale remotely interrogated arrays of fiber - optic interferometric sensors for underwater acoustic applications [J]. IEEE Sensors Journal, 3 (1): 19 -30.

CRANCH G, KIRKENDALL C K, DALEY K, et al. , 2003. Large - scale remotely pumped and interrogated fiber - optic interferometric sensor array [J]. IEEE Photonics Technology Letters, 15 (11): 1 579 -1 581.

CRICKMORE R I, NASH P J, WOOLER J P F, 2004. Fibre optic security system for land and sea based applications [P]. Proceedings of SPIE, 5611: 79 -86.

DAKIN J P, WADE C A, 1984. Novel optical fibre hydrophone array using a single laser source and detector [J]. Electronics Letters, 20 (1): 53 -54.

DANDRIDGE A, 1994. Development of fiber optic sensor systems [C] //10th Optical Fiber Sensors Conference. Bellingham: Society of Photo - optical Instrumentation Engineers, 10: 154 -161.

DANDRIDGE A, COGDELL G B, 1991. Fiber optic sensors for navy applications [J]. IEEE LCS, 2: 81 -89.

DANDRIDGE A, TEVTEN A B, KIRDENDALL C K, 2004. Development of the fiber optic wide aperture array: from initial development to production [Z]. NRL Annual Review, NRL/PU/3430 -04 -471.

DANDRIDGE A, TVELEN A B, GLALLORENZI T G, 1982. Homodyne demodulation scheme for fiber optic sensors using phase generated carrier [J]. IEEE Journal of Quantum Electronics, QE-18 (10): 1 647-1 653.

DANDRIDGE A, TVETEN A B, KERSEY A D, et al., 1987. Multiplexing of interferometric sensors using phase carrier techniques [J]. Journal of Lightwave Technology, 12 (10): 947-952.

DANDRIDGEANTHONY, 2019. Fiber Optic Interferometric Sensors at Sea [J]. Optics & Photonics News, 30 (6): 34-41.

DONG L, ARCHAMBAULT J L, REEKIE L, et al., 1993. Single pulse Bragg gratings written during fiber drawing [J]. Electronics Letters, 29 (17): 1 577-1 578.

ERIKSRUD M, KRINGLEBOTN J T, 2014. Fiber optic sensor technology for oil and gas applications [M]. Photonics for Safety and Security. Italy: Antonello Cutolo: 309-333.

EXPRO GEO, 2010. Monitoring of the Ekofisk Field. [EB/OL]. https://www.geoexpro.com/articles/2010/03/monitoring-of-the-ekofisk-field, Vol. 7, No. 3.

FARSUND Ø, ERBEIA C, LACHAIZE C, et al., 2002. Design and Field Test of a 32-element Fiber Optic Hydrophone System [J]. 15th Optical Fiber Sensors Conference Technical Digest, 15: 329-332.

FERREIRA L A, SANTOS J L, FARAHI F, 1995. Polarization-induced noise in a fiber-optic Michelson interferometer with Faraday rotator mirror elements [J]. Applied Optics, 34 (28):6 399-6 402.

FOSTER S, TIKHOMIROV A, MILNES M, et al., 2005. A fiber laser hydrophone [C] //17th International Conference on Optical Fibre Sensors. International Society for Optics and Photonics, 5855: 627-630.

FRIGO N J, DANDRIDGE A, TVETEN A B, 1984. Technique for elimination of polarization fading in fibre interferometers [J]. Electronics Letters, 20 (8): 319-320.

GILES I P, UTTAM D, CULSHAW B, et al., 1983. Coherent optical fiber sensors with modulated laser sources [J]. Electronics Letters, 19: 14-15.

HE ZUYUAN, LIU QINGWEN, TOKUNAGA TOMOCHIK, 2012. Development of nano-strain-resolution fiber optic quasi-static strain sensors for geophysical applications [J]. Proc. of SPIE, Vol. 8421, id. 84210T: 1-4.

HILL D, NASH P, 2005. Fibre-Optic Hydrophone array for acoustic surveillance in the littoral [P]. Proceedings of SPIE, 5780: 1-10.

HILL K O, F Y, JOHNSON D C, 1978. Photosensitivity in optical fiber waveguidence: application to reflection filter fabrication [J]. Applied Physics Lett. , 32 (10): 647 -649.

HILL K O, MALO B, BILODEAU F, et al. , 1993. Bragg Graing Fabricated in Monomode Photosensitivitive Optical Fiber by UV Exposure Thorough a Phase Mask [J]. Applied Physics Letters, 62: 1 035 -1 037.

HOFFMAN C, GIALLORENZI T G, SLATER L B, 2015. Optics research at the US Naval Research Laboratory [J]. Applied optics, 54 (31): 268 -285.

JIANG PENG, MA LINA, HU ZHENGLIANG, et al. , 2016. Low - Crosstalk and Polarization - Independent Inline Interferometric Fiber Sensor Array Based on Fiber Bragg Gratings [J]. Journal of Lightwave Technology, 34 (18): 4 232 -4 239.

JIANG PENG, WANG WEI, HU ZHENGLIANG, et al. , 2014. A new method for reflectivity measurement of ultra - weak fiber Bragg gratings [C] //In Pro. of SPIE, Vol. 9297, 10. 1117/12. 2069416.

JIN M, GE H, ZHANG Z , 2016. The optimal design of a 3D column type fiber - optic vector hydrophone [C] // IEEE/OES China Ocean Acoustics (COA), Harbin.

KERSEY A D, DANDRIDGE A, DAVISA R, et al. , 1996. 64 - channel time - division multiplexed interferometric sensor array with EDFA telemetry [C] //Optical Fiber Communication Conference/OSA Technical Digest Series . Optica Publishing Group, 2: ThP5.

KERSEY A D, DANDRIDGE A, TVELEN A B, 1987. Time - division multiplexing of interferometric fiber sensors using passive phase - generated carrier interrogation [J]. Optics Letters, 12 (10): 775 -777.

KERSEY A D, DANDRIDGE A, TVETEN A B, 1988. Elimination of polarization induced signal fading in interferometric fiber sensors using input polarization control [C] //Optical Fiber Sensors/OSA Technical Digest Series. Optica Publishing Group, 2: WCC2.

KERSEY A D, 1993. Fiber optic Michelson sensor and arrays with passive elimination of polarization fading and source feedback isolation [P]. U. S. Patent 5206924.

KERSEY A D, DANDRIDGE A, 1989. Multiplexed Mach - Zehnder ladder array with ten sensor elements [J]. Electronics Letters, 25 (19): 1 298 -1 299.

KERSEYA D, DORSEY K L, 1988. Cross talk in a fiber - optic Fabry - Perot sensor array with ring reflectors [J]. Opt. Lett. , 14 (1): 93 -95.

KERSEYA D, MARRONE M J, 1988. Input - polarization scanning technique for overcoming polarization - induced signal fading in interferometric fiber sensors [J]. Electronics Letters, 24 (15): 931 -933.

KERSEYA D, MARRONE M J, DANDRIDGE A, 1988. Observation of input - polarization - induced phase noise in interferometric fiber - optic sensors [J]. Optics letters, 13 (10): 847 - 849.

KIRDENDALL C K, CRANCH G A, 2003. Fiber - Optic Bottom - Mounted Array [J]. NRL Review.

KIRKENDALL C K, DANDRIDGE A, 2004. Overview of high performance fibre - optic Sensing [J]. J. Phys. D: Appl. Phys., 37: 197 -216.

KIRKENDALL C K, DAVIS A R, DANDRIDGE A, et al., 1997. 64 - channel all - optical deployable array [J]. NRL Review.

KIRKENDALL C, BAROCK T, TVETEN A, et al., 2007. Fiber optic towed arrays [R]. Naval Research Lab Washington Dc Optical Sciences Div, 121.

KIRKENDALL CLAY, COLE JAMES H, TVETEN ALAN B, et al., 2006. Progress in Fiber Optic Acoustic and Seismic Sensing [C] //OSA Technical Digest. USA: Optica Publishing Group: paper ThB1.

KOO K P, TVETEN, DANDRIDGE A, 1982. Passive stabilization scheme for fiber interferometer using 3 ×3 fiber directional couplers [J]. Applied Physics Letters, 41 (7): 616 - 618.

KOPP CARLO, 2010. Identification underwater with towed array sonar [C] //Pacific maritime conference.

KRINGLEBOTN J T, NAKSTAD H, ERIKSRUD M, 2009. Fibre optic ocean bottom seismic cable system: from innovation to commercial success [C] //20th International Conference on Optical Fibre Sensors. International Society for Optics and Photonics, Volume 7503, id. 75037U: 1 -4.

KRINGLEBOTN J T, 2010. Large scale fibre optic Bragg - grating based ocean bottom seismic cable system for permanent reservoir monitoring [C] //Advanced Photonics & Renewable Energy. OSA Technical Digest (CD) (Optica Publishing Group): SWA1.

KROHN D A, MACDOUGALL T, MENDEZ A, 2014. Fiber optic sensors: fundamentals and applications [M]. Bellingham, WA: Spie Press.

LASKY M, DOOLITTLE R D, SIMMONS B D, et al., 2004. Recent Progress in Towed Hydrophone Array Research [J]. IEEE Journal of Oceanic Engineering, 29 (2): 374 -387.

LI R, WANG X, HUANG J, et al., 2013. Spatial - division - multiplexing addressed fiber laser hydrophone array [J]. Optics letters, 38 (11): 1 909 - 1 911.

LI Y, HUANG J, GU H, 2014. Crosstalk analyse of DFB fiber laser hydrophone array based on time division multiplexing [C] //In Pro. of SPIE, 9297, 10. 1117/12. 2072479.

LIAO Y I, AUSTIN E D, NASH PHILIP J, et al. , 2012. High performance fibre - optic acoustic sensor array using a distributed EDFA and hybrid TDM/DWDM, scalable to 4096 sensors [C] //22nd International Conference on Optical Fiber Sensors. Beijing: International Society for Optics and Photonics, 8421: 1 - 4.

LIU B N, W C, XIAO C X, 2006. Experimental research on fiber bragg grating hydrophone [C] //The International Society for Optical Engineering. Optical Information Processing: no. 60273Z.

LIU Q, TOKUNAGA T, MOGI K, et al. , 2012. Ultrahigh Resolution Multiplexed Fiber Bragg Grating Sensor for Crustal Strain Monitoring [J]. IEEE Photonics Journal, 4 (3): 995 - 1 003.

LIU YANG, WANG LIWEI, TIAN CHANGDONG, 2008. Analysis and Optimization of the PGC Method in all digital demodulation systems [J]. Journal of Lightwave Technology, 26 (18):3 225 - 3 323.

LO Y L, LAI H Y, WANG W C, 2000. Developing stable optical fiber refractometers using PMDI with two - parallel Fabry - Perots [J]. Sensors and Actuators B: Chemical, 62 (1):49 - 54.

MA L, YU Y, WANG J, et al. , 2020. Analysis on real - time phase delay in an interferometric FBG sensor array using polarization switching and the PGC hybrid processing method [J]. Optics Express, 28 (15): 21 903 - 21 915.

MAAS S, BUNN J, BUNN B, et al. , 2004. Fiber optic 4C seabed cable field trials [J]. Seg Technical Program Expanded Abstracts: n. pag.

MAAS STEVEN J, BUCHAN LAIN, 2007. Fiber Optic 4C Seabed Cable For Permanent Reservoir Monitoring [J]. 2007 Symposium on Underwater Technology and Workshop on Scientific Use of Submarine Cables and Related Technologies.

MCDEARMON G, 1987. Theoretical analysis of a push - pull fiber optic hydrophone [J]. Journal of Lightwave Technology, 5: 647 - 652.

MOREY W W, DUNPHY J R, MELTZ G, 1991. Multiplexing fiber Bragg grating sensors [J]. Fiber & Integrated Optics, 10 (4): 351 - 360.

NAKSTAD H, KRINGLEBOTN J T, 2008. Realization of a full - scale fibre optic ocean bottom seismic system [C] //19th International Conference on Optical Fibre Sensors. International Society for Optics and Photonics, Volume 7004, id. 700436.

NASH P J, 1996. Review of interferometric optical fibre hydrophone technology [J]. IEE Proc. – Radar. Sonar Navig. , 143 (3): 204 –209.

NASH P J, CRANCH G A, CHENG L K, et al. , 1998. 32 element TDM optical hydrophone array [J]. Proceedings of SPIE – The International Society for Optical Engineering, 3483: 238 –242.

NASH P J, CRANCH G A, HILL D J, 2000. Large – scale multiplexed fiber optic arrays for geophysical applications [J]. Industrial Sensing Systems, SPIE Conference, Boston, 4202: 55 –65.

NASH P J, LATCHEM J, CRANCH G, et al. , 2002. Design, Development and Construction of Fibre – Optic Bottom Mounted Array [C] //15th Optical Fiber Sensors Conference Technical Digest. Portland, USA, 15: 333 –336.

NASH P, 1996. Review of interferometric optical fiber hydrophone technology [J]. IEE Pro. Rador Sonar Navig, 143 (3): 204 –209.

NASH P, STRUDLEY A, CRICKMORE R, et al. , 2009. High Efficiency TDM/WDM Architectures for Seismic Reservoir Monitoring [C] // 20th International Conference on Optical Fibre Sensors. Edinburgh: International Society for Optics and Photonics, 20: 1 –4.

NI M, YANG H, XIONG S, 2006. Investigation of polarization – induced fading in fiber – optic interferometers with polarizer – based polarization diversity receivers [J]. Applied Optics, 45 (11): 2 387 –2 390.

OKAWARA C, SAI JYOU K, 2007. Fiber opticinterferometr ic hydrophone using fiber Bragg grating with time division multiplexing [J]. Acoust Sci &Tech, 28 (1): 39 –42.

OKAWARA C, SAIJYOU K, 2008. Fiber optic interferometric hydrophone using fiber Bragg grating with wavelength division multiplexing [J]. Acoustical science and technology, 29 (3): 232 –234.

OKAWARA CHIAKI, S K, 2007. Fiber optic interferometric hydrophone using fiber bragg grating with time division multiplexing [J]. Acoust. Sci & Tech, (28): 39 –42.

PECHSTED R D, JACKSON D A, 1994. Transducer mechanism of an optical fiber accelerometer based on a compliant cylinder design [C]. Optical fiber Sensors Conference, 10: 380 –383.

PECHSTED R D, JACKSON D A, 1995. Design of a compliant – cylinder – type fiber –

optic accelerometer: theory and experiment [J]. Applied Optics, 34 (16): 3 009 – 3 017.

PECHSTEDT R, WEBB D, JACKSON D, 1994. Optical fiber accelerometers for high temperature applications [C]. Fiber Optic and Laser Sensors XI, SPIE Vol. 2070.

RAJAN S, WANG S, INKOL R, et al., 2006. Efficient approximations for the arctangent function [J]. IEEE Signal Processing Magazine, 23: 108 – 111.

RAJAN S, WANG SICHUN, INKOL R, 2008. Error reduction technique for four – quadrant arctangent approximations [J]. IET Signal Process, 2 (2): 133 – 138.

RAMAN KASHYAP, 2010. Fiber Bragg grating [M]. Burlington, San Diego, London: Elsevier.

ROBINSONS P, HARRIS P M, 1999. Modeling acoustic signals in the calibration of underwater electro – acoustic transducers in reverberant laboratory tanks [R]. NPL Report CMAM.

RONNEKLEIV E, 2005. Elimination of polarization fading in unbalanced optical measuring interferometers [P]. US, US 6856401 B1.

RONNEKLEIV E, WAAGAARD O H, BLOTEKJAER K, et al., 2008. Active coherence reduction for interferometer interrogation [P]. US, US 7433045.

RONNEKLEIV E, WAAGAARD O H, NAKSTAD H, et al., 2010. Bi – directional interrogation of optical sensors [P]. U. S. Patent 7, 679, 994.

RONNEKLEIV E, WAAGAARD O H, THINGBO D, et al., 2008. Suppression of Rayleigh scattering noise in a TDM multiplexed interferometric sensor system [C] // 2008 Conference on Optical Fiber Communication/National Fiber Optic Engineers Conference. San Diego, California, United States: 1 – 3.

ROSENTHAL A, R D, NTZIACHRISTOS V, 2011. High – sensivitity compact ultrasonic detector based on a pi – phase – shifted fiber Bragg grating [J]. Opt. Lett., 36 (10): 1 833 – 1 835.

RYU S, MOCHIZUKI K, 1989. Polarization diversity light receiving system using baseband combining [P]. U. S. Patent 4, 888, 817.

RØNNEKLEIV E, WAAGAARD O H, NAKSTAD H, et al., 2008. Ocean bottom seismic sensing system [P]. U. S. Patent 7, 366, 055.

SAIJYOU K, OKAWARA C, OKUYAMA T, et al., 2012. Fiber Bragg grating hydrophone with polarization – maintaining fiber for mitigation of polarization – induced fading [J]. Acoustical Science and Technology, 33 (4): 239 – 246.

SAIJYOU K, OKUYAMA T, 2015. Method for intrinsic crosstalk reduction on a serial array of interferometric optical fiber hydrophones based on fiber Bragg gratings [J]. Acoustic. Sci. and Tech. , 36 (4): 366 -369.

SAKAI I, YOUNGQUIST R C, PARRY G, 1987. Multiplexing of optical fiber sensor using a frequency - modulated source and gated output [J]. Journal of Lightwave Technology, 5 (7): 932 -939.

SHEEM S K, GIALLORENZI T G, KOO K, 1982. Optical techniques to solve the signal fading problem in fiber interferometers [J]. Applied Optics, 21 (4): 689 -693.

SHEEM S K, 1981. Optical fiber interferometers with 3 ×3 directional couplers: analysis [J]. Journal of Applied Physics, 52 (6): 3 865 -3 872.

SHINDO YUGO, YOSHIKAWA TAKASHI, MIKADA HITOSHI, 2002. A Large Scale Seismic Sensing Array on the Seafloorwith Fiber Optic Accelerometers [J]. IEEE Sensors, 2: 1 767 -1 770.

SKOPLJAK NADJA, 2021. CGG seismic data to back Northern Lights JV's CO_2 storage projects. CGG seismic data to back Northern Lights JV's CO_2 storage projects [EB/OL]. https: //www. offshore - energy. biz/CGG seismic data to back Northern Lights JV's CO_2 storage projects.

SKOPLJAK NADJA, 2022. Equinor resumes working with CGG for PRM imaging [EB/OL]. https: //www. offshore - energy. biz/equinor - resumes - working - with - cgg - for - prm - imaging/.

STOWE D W, HSU T Y, 1983. Demodulation of interferometric sensors using afiber - optic passive quadrature demodulator [J]. Journal of Lightwave Technology, LT - 1 (3): 519 -523.

STRUCK MYRON, 1991. Naval Research Laboratory - Developing future technology today [J]. Defense Electronics.

TAKAHASHI N, Y K, TAKAHASHI S, 2000. Development of an optical fiber hydrophone with fiber Bragg grating [J]. Ultrasonics, 38: 581 -585.

TANAKA S, YOKOSUKA H, TAKAHASHI N, 2006. Fiber Bragg grating hydrophone array using feedback control circuit: time - division multiplexed and thermally stabilized operation [J]. Journal of Marine Acoustic Society of Japan, 33 (2): 17 -24.

TICHAVSKY P, WONG K T, ZOLTOWSKI M D, 2001. Near - Field/Far - Field Azimuth & Elevation Angle Estimation Using a Single Vector - Hydrophone [J]. IEEE Transactions on Signal Processing, 49 (11): 2 498 -2 510.

TIETJEN BYRON W, 1985. Bias compensated optical grating hydrophone [J]. Journal of the Acoustical Society of America, 77: 786.

VLASOV A A, PLOTNIKOV M Y, ALEINIK A S, et al., 2020. Environmental Noise Cancellation Technique for the Compensation Interferometer in Fiber - Optic PMDI - Based Sensor Arrays [J]. IEEE Sensors Journal, 20 (23): 14 202 - 14 208.

VOHRA S T, DANVER B, TVETEN A, et al., 1996. Fiber optic interferometric accelerometers [J]. American Institute of Physics, 368 (1): 285 - 293.

VOHRA S T, DANVER B, TVETEN A, et al., 1997. High performance fiber optic accelerometers [J]. Electronics Letters, 33 (2): 155 - 157.

WAAGAARD O H, 2006. Method and apparatus for reducing crosstalk interference in an inline Fabry - Perot sensor array [P]. US, US 7019837 B2.

WAAGAARD O H, 2008. Method and apparatus for providing polarization insensitive signal processing for interferometric sensors [P]. US, US 7359061 B2.

WAAGAARD O H, RØNNEKLEIV E, FORBORD S, et al., 2009. Suppression of cable induced noise in an interferometric sensor system [C] //20th International Conference on Optical Fibre Sensors. International Society for Optics and Photonics, Volume 7503, id. 75034Q.

WAAGAARD O H, RØNNEKLEIV E, 2006. Method and apparatus for providing polarization insensitive signal processing for interferometric sensors [P]. U. S. Patent 7, 081, 959.

WAAGAARD O H, R E, FORBORD S, et al., 2008. Reduction of crosstalk in inline sensor arrays using inverse scattering [C] //Proc. of SPIE, Volume 7004, id. 70044Z.

WANG L, ZHANG M, MAO X, et al., 2008. The arctan approach of digital PGC demodulation for optic interferometric sensors [J]. Proc. of SPIE, Volume 6292.

WANG ZHUANG, SHEN FABIN, SONG LIJUN, et al., 2007. Multiplexed Fiber Fabry - Pérot Interferometer Sensors Based on Ultrashort Bragg Gratings [J]. IEEE Photonics Technology Letters, 19 (8): 622 - 624.

WONG K T, CHI H, 2002. Beam Patterns of an Underwater Acoustic Vector Hydrophone Located Away from any Reflecting Boundary [J]. IEEE Journal of Oceanic Engineering, 27 (3): 628 - 637.

WONG K T, ZOLTOWSKI M D, 2000. Self - Initiating MUSIC - Based Direction Finding in Underwater Acoustic Particle Velocity - Field Beamspace [J]. IEEE Journal of Oceanic Engineering, 25 (2): 262 - 273.

WONG K T, ZOLTOWSKI M D, 1997. Closed - Form Underwater Acoustic Direction -

Finding with Arbitrarily Spaced Vector – Hydrophones at Unknown Locations [J]. IEEE Journal of Oceanic Engineering, 22 (3): 566 –575.

WONG K T, ZOLTOWSKI M D, 1999. Root – MUSIC – Based Azimuth – Elevation Angle – of – Arrival Estimation with Uniformly Spaced but Arbitrarily Oriented Velocity Hydrophones [J]. IEEE Transactions on Signal Processing, 47 (12): 3 250 –3 260.

WUTTKE C, BECKER M, BRUCKNER S, et al. , 2012. Nanofiber Fabry – P′erot microresonator for non – linear optics and cavity quantum electrodynamics [J]. Optics Letters, 37 (11): 1 949 –1 951.

XU M G, ARCHAMBAULT J L, REEKIE L, et al. , 1994. Discrimination between strain and temperature effects using dual – wavelength fiber grating sensors [J]. Electronics Letters, 30 (13): 1 085 –1 087.

YIN K, Z M, WANG L W, et al. , 2007. Research of the acceleration responsivity of the fiber – optic air – backed mandrel hydrophones [J]. Proc. of SPIE, 6830: p. 683013.

ZBOROWSKI MATT, 2018. Equinor expands North Sea Sverdrup monitoring system [EB/OL]. Journal of Petroleum Technology. https: //www. offshore – mag. com/field – development/article/16803585/equinor – expands – north – sea – sverdrup – monitoring – system.

ZHANG N, MENG Z, RAO W, et al. , 2012. Phase noise suppression for fibre optic interferometric sensors using a synchronous optical reference signal [J]. Electronic Letters, 48 (22): 1 422 –1 423.

ZHANG N, MENG Z, XIONG S, et al. , 2010. Heterodyne demodulation scheme for fiber – optic hydrophone array [P]. The International Society for Optical Engineering, 7853. 10. 1117/12. 870444.

ZHEN G, KAN G, ZHANG W, et al. , 2017. Doppler noise in the inline FBG – based interferometric hydrophone array [C] //2017 16th International Conference on Optical Communications and Networks (ICOCN) IEEE.

后　记

在本书交稿之际，恰好胡永明教授找我讨论光纤水听器的创新发展问题。几番讨论后，一点不成熟的思考附上，与光纤水听器的同行共勉。

在光纤水听器出现之前，压电水听器已具有80多年的发展应用史。在20世纪10年代前后，针对潜艇探测的压电水听器开始迅猛发展，并在“一战”和“二战”中发挥了重要作用。到了冷战后期，随着潜艇降噪技术的提升，压电水听器遇到了灵敏度低、探测安静型潜艇困难的技术瓶颈。

光纤水听器技术颠覆性的根源在于将光学相位检测方式与光纤传输方式相结合应用到了水声探测领域。从信息加载角度而言，微弱的水声信号与信息载体频率相乘得到响应信号。正是由于光波的频率到了10^{14}量级，在整个电磁波谱上远高于无线电波和微波，更远大于机械振动频率，从理论上而言，除了射线以外，光波相位检测方式的灵敏度是远超越其他技术手段的。尽管人类很早就深刻认识到光波相位检测的高灵敏度特性，但由于水下光波衰减严重，一直到光纤出现并成熟，这一技术才得以应用到水下声学探测领域。高灵敏度特性与光纤材料天然抗电磁干扰特性相结合，为水下声学探测带来了跨越性的技术变革。

光纤水听器核心技术挑战性同样根源于自光学相位检测方式和光纤。光波相位的高灵敏度特性同时决定了这一个非常容易受干扰的物理量。环境扰动导致的相位随机抖动、光纤双折射扰动导致的偏振态漂移、传输光纤中的线性和非线性散射光干扰是光纤水听器必须解决的三大核心问题，任何一个问题都会导致提取水声信号错误，从而对水下探测产生致命性影响，且这三个核心问题在不同应用方式中对系统的影响程度不同。这些来源于光波物理特性和光纤传输特性的问题只能在光波物理层面解决，常见的手段是通过相位、偏振、强度等调制方式精准控制光波的每一个物理参量，再通过光学算法精准提取微弱的水声信号。因此，光纤水听器绝非是一个简单的光纤传感结构件，而是包括了多种光学发射与调制解调、同步驱动与控制和综合性光学处理算法等的复杂体系。准确来讲，最具挑战性的核心技术不在于水下，而在于干端。

光纤光栅水听器作为光纤水听器的一种，同样存在上述必须要解决的三个核心问题。《光纤光栅水听器技术基础》一书目前只对前两个问题进行了深入分析，但在分析典型应用案例时，对于第三个问题略有提及。与之相关的理论模型和解决方案目前团队已经展开了深入的研究，希望在不久的将来能与读者再次分享。

马丽娜

2022 年 11 月

彩　　图

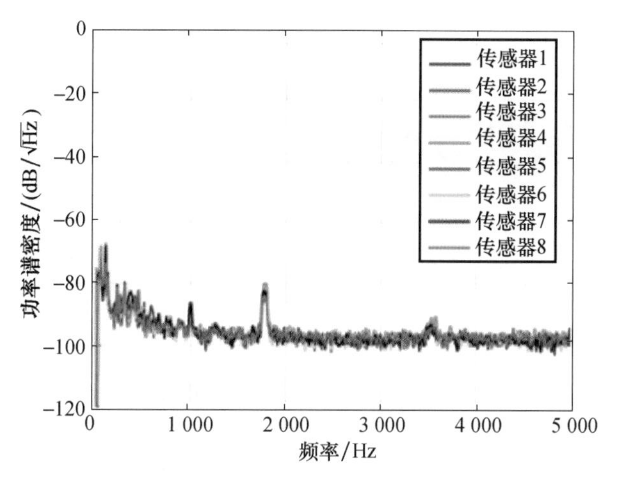

彩图 1　8 通道稳定的本底相位噪声解调结果

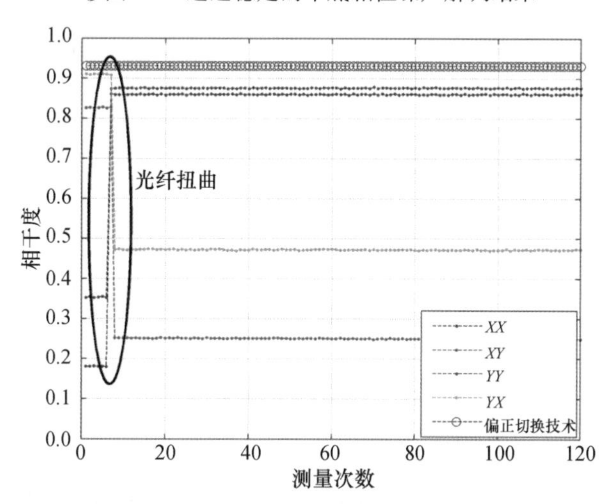

彩图 2　偏振切换实验效果（蒋鹏，2016）

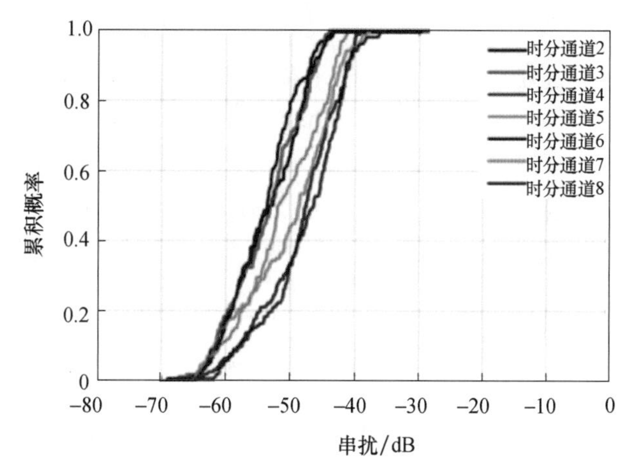

彩图 3　8 重时分复用光纤光栅水听器阵列的串扰测试结果（蒋鹏，2011）

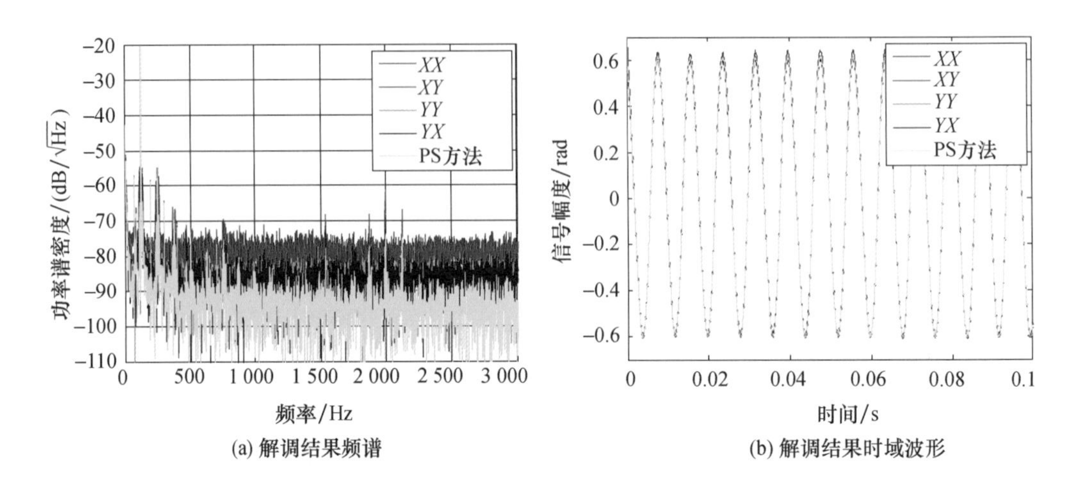

(a) 解调结果频谱　　(b) 解调结果时域波形

彩图 4　通道 1 解调结果

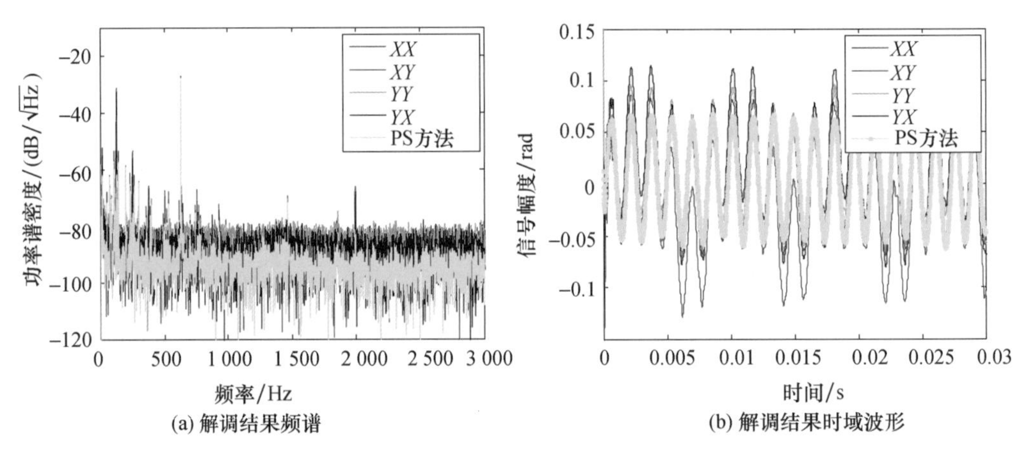

(a) 解调结果频谱　　(b) 解调结果时域波形

彩图 5　通道 2 解调结果

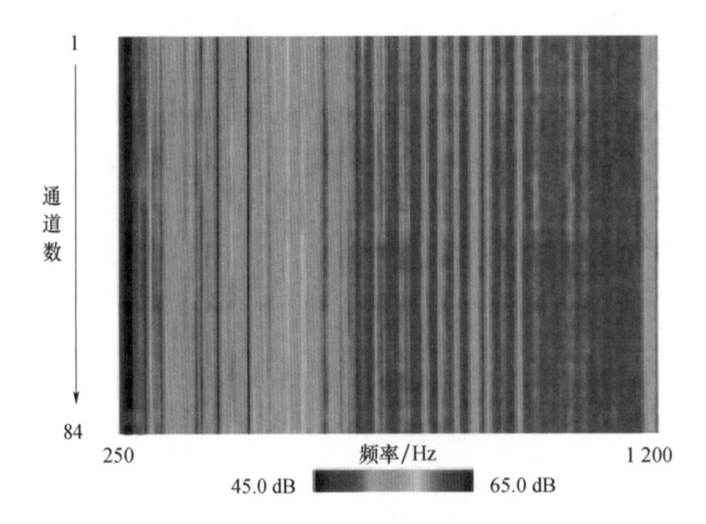

彩图 6　24 个水听器在 10 ~ 1 000 Hz 频率范围的响应波动（Kirkendall et al.，2007）